Hans Christian Altmann

# Die Neuen Spielregeln im Verkauf

**Hans Christian Altmann**

# Die Neuen Spielregeln im Verkauf

*Wie Sie einzigartige Angebote entwickeln, Kunden zum Abschluss verführen und außergewöhnliche Umsätze erreichen*

WILEY-VCH
WILEY-VCH Verlag GmbH & Co. KGaA

1. Auflage 2009



**Bibliografische Information der Deutschen Nationalbibliothek**
Die Deutsche Nationalbibliothek verzeichnet diese Publikation in der Deutschen Nationalbibliografie; detaillierte bibliografische Daten sind im Internet über http://dnb.d-nb.de abrufbar.



Printed in the Federal Republic of Germany

Gedruckt auf säurefreiem Papier.

**Satz** K+V Fotosatz GmbH, Beerfelden
**Druck und Bindung** AALEXX Buchproduktion GmbH, Großburgwedel
**Umschlaggestaltung** Torge Stoffers Graphik-Design, Leipzig

**ISBN:** 978-3-527-50484-8

# Inhaltsverzeichnis





*Die Neuen Spielregeln im Verkauf.* Hans Christian Altmann

ISBN: 978-3-527-50484-8

## Teil III: Die Neuen Spielregeln der Überzeugung
## Wie Sie trotz Wettbewerbsnachteilen, Kundenwiderständen und Preisschwächen die Kauflust der Kunden wecken

# Vorwort
# Leichter, erfolgreicher und mit mehr Spaß verkaufen!

»Wenn wir wollen, dass alles bleibt, wie es ist, dann ist nötig, dass sich alles ändert.«

*Tomasi di Lampedusa (Der Leopard)*

Trotz schwieriger Zeiten stoße ich immer wieder auf Verkäufer, die außergewöhnliche, ja geradezu überragende Erfolge erzielen. Dabei frage ich mich:

- Warum verkaufen sie nicht um drei- oder viermal, sondern gleich um zwanzigmal (!) besser?[1)]
- Warum erzielen sie Top-Ergebnisse Jahr um Jahr, ohne eine einzige Neukundenakquise machen zu müssen?
- Warum gewinnen sie mit der Zeit einen immer größeren, ja fast uneinholbaren Vorsprung vor ihren Konkurrenten?

Doch am brennendsten interessiert mich dabei die Frage: Wie gehen sie vor? Wie erreichen sie ihre überragenden Erfolge? Dazu einige Beispiele:

- Wie gelingt es einem Verkäufer von Telefonanlagen, der zuvor an Preisvergleichen schier verzweifelte, durch einzigartige Problemlösungen die Nr. 1 zu werden?
- Wie erreicht ein IT-Berater, der zuvor ein Vergleichsangebot nach dem anderen schrieb, dass er plötzlich Angebote schreibt, die dreimal mehr Aufträge bewirken?
- Wie schafft es ein Spielzeugverkäufer, der sich zuvor mit harten Wettbewerbern und Preisvergleichen herumschlug, so einzigartige Angebote zu entwickeln, dass er plötzlich allen Preisvergleichen entkommt?
- Wie gelingt es einem Telefonverkäufer seine Bau-Informationen an knurrige Handwerker um 300 Prozent erfolgreicher zu verkaufen als seine Kollegen?



*Die Neuen Spielregeln im Verkauf.* Hans Christian Altmann

ISBN: 978-3-527-50484-8

- Wie kommt ein Anlageberater der Spitzenklasse auf die sensationelle Abschlussquote von 10:8, während seine Kollegen nur eine Quote von 2:1 erreichen?
- Wie gelingt es einem Verkäufer von Wintergärten doppelt so teure und doppelt so viele Wintergärten zu verkaufen als alle seine Kollegen?
- Wie schafft es ein Versicherungsmakler, seit 15 Jahren keine einzige Neukundenakquise zu machen und dennoch so viele Kunden anzuziehen, dass sie Schlange stehen?

Glauben Sie zu träumen? Nein. **Alle diese Beispiele werden Sie in diesem Buch kennenlernen und erleben.** Und zwar durch Interviews, nicht durch irgendwelche Fantasiegeschichten. Aber natürlich interessieren Sie jetzt vor allem folgende Fragen:

- Warum sind diese Spitzenverkäufer so außergewöhnlich erfolgreich? Was ist ihr Geheimnis?
- Welche Strategien setzen sie ein?
- Welchen Gesetzmäßigkeiten verdanken sie ihre außergewöhnlich beeindruckenden Erfolge?

Und ganz besonders wird Sie die Frage interessieren:

Wie schaffen diese Spitzenverkäufer ihre Erfolge? – Trotz der harten Zeiten? Trotz des gnadenlosen Wettbewerbs? Trotz der sinkenden Kundenloyalität? – Und vor allem: Was kann ich von ihnen lernen?

Sind das Ihre Fragen? Okay. Dann werden Sie in diesem Buch erfahren:

- wie Sie aus langweiligen Me-too-Produkten ein einzigartiges Angebot entwickeln, durch das Sie sich sofort von der Konkurrenz abheben und nervigen Preisvergleichen entrinnen.
- wie Sie trotz technischer und preislicher Nachteile gegenüber dem Wettbewerb selbst hart umkämpfte Aufträge gewinnen.
- wie Sie trotz sinkender Kundenloyalität Ihre Kunden so erfolgreich an sich binden, dass Sie nie mehr Neukunden akquirieren müssen und dennoch weiter wachsen.

- wie Sie Kunden, die den Abschluss hinauszögern oder im letzten Moment noch abspringen wollen, an sich binden und sicher zum Abschluss führen.
- wie Sie die Kunden nicht nur überzeugen, sondern – oft noch viel besser! – durch die neurowissenschaftlichen Methoden des Symmetriebruchs verführen.

Hier gilt: Selbst wenn Sie von diesen Spitzenverkäufern nur eine neue Idee übernehmen und in der Praxis verwirklichen, haben Sie die Chance zu ungeahnten Verkaufserfolgen. Doch nicht genug damit! Die wichtigste Idee kommt noch:

Heute entscheidet über den Erfolg eines Verkäufers eine einzige Frage: Wie kommt er mit den rasend schnell sich verändernden Marktbedingungen und Kundenbedürfnissen zurecht? **Das ist heute die Königsdisziplin der Spitzenverkäufer!** Und daher finden Sie in diesem Buch eine Fülle von Topverkäufern, die es glänzend verstehen, all diesen Veränderungen erfolgreich Paroli zu bieten.

Ich will Ihnen in diesem Buch nicht nur die Geheimnisse der Spitzenverkäufer und ihre faszinierenden Strategien aufzeigen, die Sie wie Schienen zum Erfolg führen, sondern ich will Sie auch anspornen, es den Siegern in diesem permanenten Prozess der Veränderungen gleichzutun. Ich will Ihnen mit diesem Buch

- Mut machen, wie Sie aus Ihrem Me-too-Produkt ein einzigartiges Angebot gestalten können, das sofort auffällt und das Sie von nervigen Preisvergleichen befreit;
- zeigen, wie Sie trotz Krise dank neuer Einstellungen und Strategien außergewöhnliche Umsätze und Provisionen erzielen – und
- helfen, wie Sie trotz sinkender Kundenloyalität und Umsatzzuwächse einen fast uneinholbaren Vorsprung erreichen.

Ein kluger Mann schrieb einmal: »Der Erfolg hat nur einen Grund: **Der Betreffende konnte sich höchst erfolgreich an die veränderten Zeiten anpassen!** Das ist Ihre Herausforderung und Ihre Chance! Mit den *Neuen Spielregeln im Verkauf* sind Sie bestens dafür gerüstet!

Germering, September 2009 *Dr. Hans Christian Altmann*

# Teil I
# Die Neuen Spielregeln der Kundengewinnung

Wie Sie durch einzigartige Angebote, verführerische Sprache und Empfehlungen problemlos neue Kunden gewinnen

*Die Neuen Spielregeln im Verkauf.* Hans Christian Altmann

ISBN: 978-3-527-50484-8

# 1. Kapitel
# Kunden am Telefon verblüffen

»Es genügt nicht die Leute von der Wahrheit zu überzeugen, man muss sie auch zu ihr verführen!«

*Friedrich Nietzsche*

## Wie ein Telefonverkäufer von Bau-Informationen um 300 Prozent besser verkauft als seine Kollegen

Peter Müller arbeitete früher als Maschinenschlosser und Bautechniker, bevor er sich entschloss, am Telefon Handwerkern und Baufirmen Info-Broschüren über geplante Bauobjekte zu verkaufen. Mit ihnen wissen sie frühzeitig, wer wo welche Bauten plant und können sich rechtzeitig um Aufträge bewerben.

Seine Berufserfahrungen, seine Fähigkeit in der Sprache der Handwerker zu reden und seine gekonnte Präsentation am Telefon katapultierten ihn an die Spitze von 70 Verkäufern – mit 300 Prozent mehr Umsatz und Provision als seine schwächeren Kollegen.

Wieder taucht die spannende Frage auf: Was ist sein Erfolgsgeheimnis? Was macht er anders als die anderen? Und Hand aufs Herz: Würde es Ihnen nicht auch Spaß machen, an der Spitze zu stehen, bewundert und beneidet zu werden? Die große Kohle zu machen statt nur Durchschnittsprovisionen zu kassieren? Dann lesen Sie den folgenden Text mit großer Aufmerksamkeit. Er hat das Zeug dazu, Sie einen ganz entscheidenden Schritt vorwärts zu bringen!

Meine erste Frage gilt natürlich sofort diesem Unterschied:

### Was machen Sie anders als Ihre Kollegen?

Ich glaube, ich führe meist wesentlich längere Gespräche mit den Kunden als meine Kollegen. Und ich spreche mit ihnen auch über Privates. Alles mit dem Ziel, sie aufzulockern, in eine gute Stimmung zu bringen, auf das Thema einzustimmen und ein Vertrauensverhältnis aufzubauen.



*Die Neuen Spielregeln im Verkauf.* Hans Christian Altmann

ISBN: 978-3-527-50484-8

Schon hier erkennen wir den ersten Erfolgsgrundsatz:

> Topverkäufer fangen mit ihren Verkaufsgesprächen erst an, wenn sie den Kunden zuvor in eine positive Stimmung gebracht haben!

**Wie schaffen Sie es so schnell, ein Vertrauensverhältnis aufzubauen?**

Natürlich versuche ich wie jeder Verkäufer als Erstes den Eindruck zu erwecken, offen und ehrlich zu sein und spreche daher in der Sprache der Handwerker. Außerdem vermeide ich sofortigen Abschlussdruck sowie jede nervöse Hast oder falsche Versprechungen.

Allein diese Punkte bewirken schon, dass der Handwerker denkt: Der Typ da will mir nicht auf die Schnelle was aufs Auge drücken, was ich nicht brauche. Und der redet auch nicht über Dinge, die er gar nicht versteht. Das beruhigt ihn, dadurch wird er lockerer und offener für meine Infos. Hier gilt: In eine geballte Faust kann man nichts legen!

**Welche innere Einstellung haben Sie dabei?**

Ganz entscheidend ist: Ich stehe voll hinter meinem Produkt und bin felsenfest davon überzeugt, dass meine Informationen für den Erfolg meiner Kunden absolut brauchbar sind! Diese positive Grundüberzeugung ist der Schlüssel dafür, dass ich mein Produkt glaubwürdig und auch euphorisch darstellen kann. Das wirkt! Denn der Kunde spürt das unbewusst sofort! Der letzte Punkt aber, der mich wahrscheinlich am meisten von den andern unterscheidet ist der: Ich mag meine Kunden! Ich freue mich auf den Kontakt mit ihnen! Und ich spreche auch gerne mit ihnen!

**Folgt daraus, dass Sie deshalb gute, also erfolgversprechende Kunden geradezu magnetisch anziehen?**

Ja, denn die Kunden spüren meine Einstellung und reagieren nun ihrerseits mit Offenheit, Vertrauen und Sympathie – den unersetzlichen Voraussetzungen für Verkaufserfolge! Aber ganz entscheidend dabei ist – und das fällt vielen Kollegen schwer –, ich kann meine Enttäuschung über Absagen schnell wegstecken. Und ich habe auch ganz schnell wieder positive Erwartungen statt Groll oder Missmut auszustrahlen. Ich habe einmal gelesen: Erfolgreiche sind vor allem deshalb erfolgreich, weil sie sich sehr schnell von Misserfolgen erholen und sofort wieder hohe positive Erwartungen haben. Genau das ist mein Motto.

Und wir erkennen:

> Sieger strahlen unbewusst die Überzeugung aus, ihren Kunden helfen zu wollen, ihnen echten Nutzen anbieten zu können und sich auf den Kontakt mit ihnen zu freuen!
> Das ist es, was sie so anziehend macht!

**Aber wie schaffen Sie es trotz einer hohen Absagequote von 80 Prozent Ihre positive Einstellung beizubehalten?**

Erstens: Meine Absagequote beträgt nur 80 Prozent, die meiner Kollegen im Durchschnitt 90 bis 95 Prozent. Bei 100 Anrufen habe ich also mindestens zehn Erfolgserlebnisse mehr. Das baut mich auf. Zweitens: Ich finde fast zu jedem Kunden einen Draht, selbst wenn er nicht kauft. Dadurch hinterlassen die Absagen keinen bitteren Nachgeschmack, sondern bieten mir noch Chancen für später. Und drittens: Ich mag die Kunden und die Gespräche mit ihnen wirklich. Sie interessieren mich! Das ist keine Schauspielerei! Mit Kunden zu sprechen – das ist mein Leben!

**Warum haben Ihre Kollegen eine höhere Absagequote?**

Sie spulen ihr Gesprächskonzept zu mechanisch herunter. Sie machen auch oft keine individuelle Bedarfsanalyse. Obwohl sie dadurch am besten ihr Interesse an dem Kunden signalisieren und ihn auch noch besser kennenlernen könnten. Aber oft wollen sie ihn gar nicht wirklich kennenlernen. Wenn ich dagegen meinen Kunden Fragen stelle, wie zum Beispiel: Was machen Sie genau? Worauf haben Sie sich spezialisiert? Was für Objekte haben Sie in der Vergangenheit mit Erfolg realisiert? Wie weit würden Sie für einen guten Auftrag fahren?, dann weiß er sofort, ich interessiere mich für ihn und kenne seine Probleme. Stattdessen sprechen viele Verkäufer die Kunden oft viel zu schablonenhaft und zu allgemein an. Aber Handwerker sind meist Gefühlstypen und keine Analytiker. Und daher wollen sie auch individuell und emotional angesprochen werden.

**Wie wirkt sich das im Verkaufsgespräch aus?**

Manche Kollegen haben merkwürdigerweise auch oft Hemmungen gute Erfolgsbeispiele vorzustellen. Da haben sie zum Beispiel einem Interessenten ein Probeexemplar unserer Info-Broschüre zugeschickt und der hat damit zwei Tage später prompt einen Auftrag an Land gezogen. Das ist doch eine Superreferenz! Davon muss ich doch jedem neuen Interessenten erzählen. Am besten mit den genauen Umständen. Doch was tun sie? Nichts! Sie lassen die Referenz links liegen. Das verstehe ich nicht.

**Kommen wir zu Ihrem Verkaufsgespräch am Telefon. Wie fangen Sie Ihre Gespräche an?**

Meistens so: »Guten Tag, mein Name ist Peter Müller von der Firma XY. Sind Sie verantwortlich für die Auftrags-Neugewinnung?« Wenn er es nicht ist, lasse ich mich mit dem richtigen Ansprechpartner verbinden.

**Und dann?**

»Können Sie noch neue Aufträge gebrauchen?« Mit dieser humorvollen Frage versuche ich den Kunden aufzulockern. Daraufhin lacht er und sagt: »Was für eine Frage?« Und schon ist das Eis zwischen uns ein wenig geschmolzen.

**Was tun Sie sonst noch, um die Beziehung zu verstärken?**

Jetzt stelle ich ihm Fragen, die meine Anteilnahme beweisen. Zum Beispiel: »Wie gehen Sie bisher bei der Auftragsgewinnung vor? …« Oder: »Was macht Ihnen dabei am meisten zu schaffen? …« Oder: »Wo können Sie am ehesten Hilfe bei der Auftragsgewinnung brauchen?«

**Und wie stellen Sie Ihr Angebot vor?**

Ich beginne sofort mit einem konkreten Vorteil: »Herr Kunde, wir sind ein Dienstleistungsunternehmen und können Ihnen Objekte aus Ihrer Region nennen, die Ihr Gewerk brauchen.«

Um dem Kunden die Vorteile unserer Informationen **bildhaft** vor Augen führen zu können, fordere ich ihn dann sofort – schon am Telefon – auf, unsere Internetseite aufzurufen.

Sie wird täglich mit neuen Objekten aktualisiert und gehört neben unseren gedruckten Informationen ebenfalls zu unserem Angebot. Anhand dieser Seite und der neuesten Angebote kann ich ihm am besten unser Produkt, seinen Nutzen und den optimalen Umgang mit unseren Infos zeigen. Dabei habe ich festgestellt: Die Präsentation im Internet ist für den Kunden wesentlich überzeugender und konkreter als jede mündliche Information.

**Und wie stellen Sie fest, ob der Kunde überhaupt Bedarf für Ihre Bau-Informationen hat?**

Das mache ich nicht nach einem starren Plan, sondern je nach der Stimmung des Kunden: entweder vor der Präsentation, dazwischen oder manchmal sogar erst nach der Präsentation. Dazu stelle ich ihm in der Regel acht Fragen:

1. Welches Gewerk führen Sie aus? Worauf sind Sie spezialisiert? (Je genauer ich hier Bescheid weiß und darauf eingehe, umso größer ist das Vertrauen des Kunden in meine Informationen und umso höher ist seine Abschlussbereitschaft.)
2. Wie viele Kilometer würden Sie für einen Auftrag fahren? (Auf diese Weise weiß ich, welche Form der Informationen von der Größe her für ihn überhaupt infrage kommt und kann bei größeren Angeboten sofort die günstigeren Kosten pro Information ins Spiel bringen.)
3. Was für Objekte haben Sie in der Vergangenheit mit Erfolg realisiert? (Dadurch spreche ich über das, was er gerne tut, worauf er stolz ist und wofür er sich spezialisiert hat. So gibt er mir die Gelegenheit, meine Kompetenz ins Spiel zu bringen.)

4. Welche Bauart interessiert Sie vor allem? Neubau, Sanierung, Umbau oder Restaurierung? (Auf diese Weise suggeriere ich ihm, wie speziell unsere verschiedenen Informationen aufgebaut sind und dass er dadurch genau das findet, was er sucht.)
5. An welcher Größe sind Sie vor allem interessiert? Einfamilienhaus? Mehrfamilienhaus? Oder an größeren gewerblichen Bauten ab 1000 bzw. 5000 qm? (Daraus erkenne ich die Größe seines Betriebes, die technische Ausstattung und auch die Anzahl der Angestellten, für die mein Angebot von Nutzen ist.)
6. Welche Art der Ausschreibung verfolgen Sie gewöhnlich? Reagieren Sie auf öffentliche Bauobjekte oder sind Sie eher Spezialist für beschränkt oder freihändig ausgeschriebene Bauobjekte? (Auf diese Weise lerne ich seine Akquisemethoden und -erfahrungen, aber auch seine Defizite kennen und weiß genau, wie ich argumentieren muss.)
7. Welche Form der Auftragsvergabe ziehen Sie vor? Die durch Bauträger, Architekten, Planer oder Generalunternehmer? (So weiß ich, welche Erfahrungen er bisher bei der Auftragsvergabe gemacht hat und wie groß der Unterschied zu einer Auftragsbearbeitung nach meinem Report ist. Auf diese Weise kann ich ihm – quasi als Kontrast zu seinen bisherigen Erfahrungen – die Vorteile meines Reports ganz gezielt bewusst machen.)
8. Worauf legen Sie bei guten Informationen über Bauvorhaben besonderen Wert? (Egal, welchen Punkt er hier nennt – Schnelligkeit, Qualität oder Aktualität – für jeden kann ich ihm sofort überzeugende Argumente und ein Super-Referenzbeispiel nennen.)

Diese präzise Bedarfsanalyse bestätigt die Erfahrung:

> Die Qualität der Bedarfsanalyse entspricht ziemlich genau der Wahrscheinlichkeit des Abschlusses!

**Gibt es noch einen Punkt, auf den Sie bei der Bedarfsanalyse ganz besonders achten?**

Ich brauche eine klare Bedarfsanalyse, dann kenne ich den Ist-Zustand des Kunden, seine Defizite, aber auch seinen erwünschten Idealzustand. Dann weiß ich, mit welch konkreten Nutzen-Vorteilen meines Angebotes ich hier punkten kann. Das gibt mir das Gefühl, diesen Kunden gewinnen zu können und diese »Erfolgsgewissheit« treibt mich zum Abschluss voran! Deshalb ist die Bedarfsanalyse für mich der Knackpunkt, der über den Abschluss entscheidet und nicht die Präsentation!

**Kommen Sie danach schon zum Abschluss?**

Das hängt von der Zustimmung des Kunden ab. Wenn der Kunde an der Internet-Präsentation Interesse gefunden hat, biete ich ihm an, ein kostenloses **Muster** unserer Info-Broschüre zuzufaxen, das er auch sofort für seine Akquise nutzen kann. Zuvor frage ich ihn natürlich, ob er auch die Zeit dafür hat und ob ich ihn nach zehn Tagen wieder anrufen kann, um ihn nach seinen Erfahrungen und seinem Interesse für einen regelmäßigen Bezug unserer Infos zu fragen. Damit mache ich bereits eine Art Vorabschluss. 50 Prozent der ersten Gespräche enden damit, dass ich potenziellen Kunden zumindest eine kostenlose Info-Broschüre zusenden und sie in einem zweiten Gespräch nach ihren Erfahrungen fragen darf.

**Und was tun Sie bei den andern 50 Prozent?**

Die sind in der Regel sofort so stark interessiert, dass ich gleich zum Abschluss übergehe. In diesem Fall bespreche ich mit dem Kunden, welche Informations-Broschüre aufgrund der Bedarfsanalyse für ihn infrage kommt, nenne ihm den Preis und zeige ihm ausführlich die Werthaltigkeit unserer Infos auf. Danach schicke ich ihm per Fax gleich die Auftragsbestätigung mit dem Hinweis zu, in zwei Stunden wieder anzurufen, um sicherzustellen, ob auch alles gut leserlich angekommen ist.

Bei dem Nachfassanruf bespreche ich noch Einzelheiten der Bestellung und bitte ihn dann, die Auftragsbestätigung gleich zu bearbeiten und an mich zurückzusenden. Dieser nochmalige Rückruf ist sehr wichtig, damit der Kunde das Fax nicht »aus Versehen« irgendwo ablegt und vergisst.

Und wir erkennen:

> Der erfolgreiche Abschluss ist keine einmalige Hauruck-Aktion, sondern ein Prozess, bei dem es auf jeden Schritt ankommt!

**Wie gehen Sie bei den anderen Kunden im zweiten Gespräch vor?**

Ich frage den Kunden als Erstes: »Haben Sie meine Info-Broschüre bereits ausprobiert? Wie sind Ihre Erfahrungen? Haben Sie sich auch im Internet unsere Seite mit den täglichen Aktualisierungen angesehen? Wie viele Infos möchten Sie pro Monat? Welcher Umkreis kommt dafür infrage?«

Danach gehe ich ausführlich auf den Unterschied der einzelnen Info-Broschüren ein, erkläre ihm, was sie kosten, welche »monetären Vorteile« er davon hat und wie sie sich rechnen.

Wenn er keinen Einwand hat, leite ich zum Abschluss über und frage ihn: »Wenn alles klar ist, können wir doch gleich Nägel mit Köpfen machen. Welche Broschüre ist für Sie am wichtigsten? ... Und: Wann wollen Sie die erste Lieferung haben: Schon nächsten Montag oder am ersten des nächsten Monats?«

**Und wie reagieren Sie, wenn der Kunde noch zögert?**

Dann frage ich natürlich nach dem Grund. In der Regel besteht er darin, dass der Kunde weder seinen Zeit-, Arbeits- und Kostenaufwand bei der Jagd nach Aufträgen noch den Nutzen unserer Informationen genau kennt. Jetzt heißt es, ein echtes Problembewusstsein zu schaffen.

**Zuvor noch eine andere Frage: Wie reden Sie mit dem Kunden, damit er sie am Telefon wirklich versteht?**

Entscheidend ist: Ich erkläre dem Kunden alles so, dass er es wirklich ganz genau kapiert. Selbst wenn er nur mit »halbem Ohr« zuhört. Und das gelingt mir, wenn ich ihm alles so einfach und so kurz wie möglich erkläre. Am besten in drei Sätzen.

**Sehen Sie das als etwas Besonderes an?**

Ja. Denn viele Verkäufer machen da einen Riesenfehler. Sie reden zu schnell, zu hastig und ohne Nachdruck. Sie machen sich nicht bewusst, dass die Handwerker mit ihren Gedanken ganz woanders sind, dass sie unter enormem Termindruck stehen und dass sie daher häufig nicht ganz bei der Sache sind. Sie vergewissern sich auch nicht, ob der Kunde sie wirklich verstanden hat und sie lassen sich auch weder die aufgezeigten Probleme noch ihre Nutzenvorteile vom Kunden ausdrücklich bestätigen. Die Folge ist: Der Kunde versteht sie nicht und deshalb kauft er auch nicht!

**Und was tun Sie, damit dem Kunden sein vergeblicher Zeit-, Kosten- und Arbeitsaufwand wirklich bewusst wird?**

Dann spreche ich seine Auftragsprobleme genauso an, wie er sie selbst jeden Samstag erlebt und lasse sie mir durch Fragen wie »Stimmt's? ... Nicht wahr? ... Das kennen Sie doch?« von ihm bewusst bestätigen. Ich frage ihn also, wie er zu neuen Aufträgen kommt und stelle ihm dabei die Realität vor Augen: »Herr Kunde, Sie fahren am Samstagnachmittag wahllos in der Stadt herum, um auf der grünen Wiese nach Bauschildern zu suchen. Stimmt's?... Das kostet Zeit, Geld und Arbeit, nicht wahr? ... Und dann notieren Sie sich die Anschriften auf irgendwelchen Zetteln, die Sie dann genau in dem Augenblick, wo Sie sie brauchen, nicht finden. Das kennen Sie doch? ... Und wie oft sind Sie schon zu spät gekommen, weil der Architekt Ihr Gewerk bereits vergeben hat? Haben Sie sich da nicht geärgert? ... Und haben Sie sich nicht auch geärgert, wenn Sie Ihre Verkäufer auf Akquise schickten und die außer hohen Benzinrechnungen nichts zurückbrachten? ... All das können Sie sich mit unseren Info-Broschüren ersparen.«

Wir sehen:

> Profis wecken beim Kunden zuerst ein Problembewusstsein, denn nur dann können sie ihr Angebot als Problemlösung verkaufen.

**Reicht das schon für die Überzeugung? Oder müssen Sie noch nachlegen?**

Nein, jetzt beginnt erst die eigentliche Überzeugung. Doch hier heißt es aufpassen: Ich könnte jetzt dem Kunden schnell einen Vorteil nach dem andern aufzählen, um damit einen Mehrwert zu schaffen, so wie das in den Verkaufsseminaren gepredigt wird. Aber das langweilt den Kunden. Das berührt ihn nicht emotional. Da hört er gar nicht mehr hin, sondern schaltet ab. Nein, da muss ich heute viel emotionalere Methoden einsetzen. Zum Beispiel Vergleiche, Bilder, Schuldgefühle, provozierende Fragen, Kontrast-Effekte, Schweigepausen, Problemfragen und emotionale Schlagwörter.

**Klingt spannend. Wie hört sich das im Gespräch an?**

In der Kurzfassung bei den einzelnen Punkten ungefähr so: Um das Bewusstsein des Kunden zu verändern, gebrauche ich gerne einen **Vergleich** und sage ihm: »Was passt besser: ein Maßanzug oder ein Anzug von der Stange? Natürlich ein Maßanzug. Und wo haben Sie bessere Auftragschancen: mit maßgeschneiderten Infos, die genau auf Ihr Gewerk, Ihr Gebiet und Ihre Größe selektiert wurden oder mit zufälligen Hinweisen auf der grünen Wiese?«

Oder ich stelle ihm ein **Bild** vor: »Herr Kunde, Sie sind als Installateur ein Profi. Wir sind auf dem Gebiet der Akquise Profis. Sie arbeiten auch nicht plötzlich als Heizungsbauer. Warum wollen Sie nicht uns als Profis die Info-Beschaffung überlassen?«

Oder ich spreche seine **Schuldgefühle** an: »Wann haben Sie das letzte Mal am Wochenende mit Ihren Kindern gespielt oder etwas für Ihre Fitness gemacht? Glauben Sie nicht, dass es mehr Sinn macht, uns die Beschaffung guter Auftragstipps zu überlassen und dafür das Wochenende mit Ihrer Familie zu genießen?«

Sehr gut wirkt auch eine **provozierende Frage**: »Herr Kunde, was ist Ihnen lieber: Jeden Samstag auf der grünen Wiese vergeblich nach Aufträgen zu jagen oder jeden Montagmorgen 100 Bauvorhaben auf den Tisch des Hauses zu bekommen, die genau nach Ihren Wünschen selektiert wurden?«

Effektiv sind auch **Kontrast-Effekte**: »Herr Kunde, wie notierten Sie bisher Ihre Bauinformationen? Auf irgendwelchen Zetteln, die dann in irgendwelchen Taschen auf Nimmerwiedersehen verschwanden? Ist es da nicht viel effizienter, wenn Sie jede Woche die neuesten Bauinformationen übersichtlich vor sich liegen haben, statt auf lose Zettel zurückgreifen zu müssen?«

Eine starke Wirkung löst oft auch eine **Schweigepause** nach einer Frage aus: »Herr Kunde, sagen Sie selbst: Rentiert sich ein solcher Aufwand an Zeit, Geld und Arbeit, wenn Sie gleichzeitig auch noch Aufträge verlieren? Wie sieht es da bei Ihnen aus? …«

Wenn der Kunde die Kosten der eigenen Suche bagatellisiert, stelle ich eine **Problemfrage**: »Herr Kunde, haben Sie einmal ausgerechnet, was Sie jeden Tag die Sternfahrten Ihrer Verkäufer kosten, wenn sie nach dem Zufallsprinzip irgendwelchen Bauschildern nachjagen? Glauben Sie nicht, dass Sie mit unseren Informationen viel zeit- und kostensparender akquirieren können?«

Dazwischen setze ich immer wieder **emotionale Schlagwörter** ein: »Herr Kunde, mit unseren Infos haben Sie ›die Nase vorn‹, wenn es gilt, sich rechtzeitig zu bewerben … Mit ihnen können Sie locker ›die Wettbewerber ausstechen‹, die noch die grünen Wiesen nach Baustellenschildern abklappern … Und mit ihnen vermeiden Sie es, ›sich vor Wut in den Hintern zu beißen‹, wenn Sie wieder einmal mit Ihrer Suche zu spät gekommen sind.«

**Was für Wirkungen haben Sie mit diesen modernen Methoden erzielt?**

Soviel ich weiß, stammen sie von den modernen Neurowissenschaften. Ihr Vorteil ist, dass ich mit ihnen am schnellsten konservative Kunden aus ihren alten Denk- und Verhaltensgewohnheiten herausholen und sie veranlassen kann, die Sache aus einem ganz anderen Blickwinkel zu betrachten: also ihre altmodische Form der Akquise viel bewusster mit meiner modernen Methode der Info-Auswahl zu vergleichen.

**Und was überzeugt die Kunden nun am meisten?**

Das sind eindeutig die Erfolgsbeispiele aus der Praxis. Zum Beispiel, wenn ich dem neuen Interessenten erzähle, dass ich vor zwei Wochen einer Firma für Naturstein-Fassaden einige Objekt-Infos als Muster zugefaxt habe und der Kunde mir eine Woche später zurückfaxte: »Ihre Infos waren so gut, dass ich gleich einen Auftrag bekam. Schicken Sie mir doch gleich den Vertrag zu.« Klar: Das fasziniert die Kunden! Denn sie wollen ja auch so schnell wie möglich neue Erfolge!

**Worauf achten Sie noch bei der Überzeugung Ihrer Kunden?**
Wenn ich meine Vorteile vorstelle, dann achte ich ganz stark darauf, welcher Vorteil dem Kunden spontan besonders gut gefällt und wo er plötzlich positiv reagiert. Denn nur die führen auch zum Abschluss. Alle anderen lasse ich einfach weg.

**Worauf kommt es Ihnen bei diesen Vorteilsargumenten ganz besonders an?**
So wie die Probleme lasse ich mir auch die Vorteile, die ihm gefallen, bewusst bestätigen. Denn nur »bestätigte Vorteile« zählen als echte Vorteile. Nur an diese kann ich den Kunden beim Abschluss noch erinnern, wenn er sie unter dem Druck der Kaufentscheidung plötzlich vergessen hat.

Und wir wissen:

| |
|---|
| Nur die Vorteile, die der Kunde bewusst bestätigt hat, sind auch für den Abschluss echte Vorteile! |

**Und wie überzeugen Sie den Kunden, jetzt gleich abzuschließen?**
Einmal empfehle ich ihm unsere laufende Sonderaktion. Ein anderes Mal biete ich ihm einen Testversuch über drei Monate an. Aber das wichtigste Abschlussargument ist mein Service. Dann sage ich zu ihm: »In den ersten drei Monaten helfe ich Ihnen persönlich, aus unseren Infos Aufträge zu machen. Ich zeige Ihnen, wie Sie erfolgreiche Angebote machen, geschickt nachfassen und Ihre Auftragsquote verbessern. Hier ist meine Handy-Nummer.«

Und zum Abschluss wiederhole ich nochmals die Werthaltigkeit meiner Infos: »Herr Kunde, mit unseren Infos bekommen Sie jeden Montag Hunderte wertvoller Chancen für neue Aufträge, so früh wie möglich, super aufbereitet, genau selektiert, sofort abrufbar, dazu die Nutzung unserer Internetseite, die täglich mit brandneuen Chancen aktualisiert wird. Damit ist Schluss mit den Sternfahrten. Stattdessen wissen Sie genau, welcher Architekt wo was plant und wer Ihre Bewerbung braucht. Das ermöglicht exakte Routenplanung und optimale Vorbereitung statt Fahrten ins Blaue.«

**Wie kommen Sie zu neuen Kunden-Adressen?**

Wir bekommen aus unserem Pool mit 400000 Adressen jeden Tag neue auf den Tisch. Aber ihre Qualität ist nicht besonders. Die besten Adressen bekomme ich durchs **Internet**. Ich habe eine Verbindung zu www.immoportal.de, das bei Google an erster Stelle steht und von mehr als 1000 Leuten pro Tag angeklickt wird und bei dem große Bauvorhaben angegeben sind. Hier stellen wir unsere Bauinfos zusammen mit meiner Anschrift zur Verfügung. Ich habe auch noch andere Firmen mit dem »immoportal« verlinkt, wie z. B. www.soka-bau.de für Ausschreibungen oder www.aktuelle-bauobjekte.de.

Ich klicke regelmäßig www.wlw.de (Wer liefert was) an, denn da stehen Handwerker drin, die Aufträge suchen. Oder ich klicke www.cedus.de an, weil da Handwerker aufgeführt sind, die sich auf Fenster und Türen spezialisiert haben. Insgesamt klicke ich 50 bis 80 Internet-Adressen an und habe selbst **eigene Domaines** gekauft.

Darüber hinaus telefoniere ich die Handwerker an, die in der Lokalzeitung unter der Rubrik »Handwerker suchen Aufträge« Anzeigen geschaltet haben. Oder ich telefoniere der Werbung von Handwerkerfirmen nach, die ich z. B. auf Bussen oder auf Lastwagen sehe. Und natürlich bekomme ich auch **Empfehlungen** von zufriedenen Kunden, aber auch von Interessenten, zu denen ich einen guten Draht hatte, die aber zurzeit über genügend Aufträge verfügen.

**Haben Sie auch Beispiele für besondere Ideen bei der Akquise?**

Ja, ich bemühe mich auch darum, **Hotels** als Kunden zu akquirieren. Denn meine Informationen können gerade für die Hoteliers sehr interessant sein. Wenn zum Beispiel Handwerker für ein neues Bauobjekt von außerhalb kommen, dann brauchen sie Übernachtungsmöglichkeiten. Der Hotelier kann aufgrund meiner Infos die Architekten anrufen und sich nach den Handwerksfirmen erkundigen, die von außerhalb kommen und in seiner Region arbeiten. Dann kann er diesen Handwerksfirmen Zimmer zu Sonderkonditionen anbieten.

**Gibt es noch ein Beispiel?**

Ich versuche auch **Baumärkte** als Kunden zu gewinnen. Da es an Baustellen häufig zu Diebstählen kommt bzw. Material nachgeliefert werden muss, können sich die Baumärkte mithilfe meiner Infos rechtzeitig mit entsprechendem Material eindecken. Oder ich rufe **Galerien** an, wenn zum Beispiel neue Hotels in ihrer Region gebaut werden. Dann können sie sich mit meinen Infos rechtzeitig für die Ausstattung mit Bildern bewerben.

## 20 Tipps, wie Sie Ihre Kunden effektiver zum Abschluss bewegen

Neben den Überzeugungsmethoden, die Sie bereits im Interview kennengelernt haben, verwendet Peter Müller noch weitere Abschlussmethoden. Überprüfen Sie, ob Sie sie nicht für Ihre eigenen Abschlüsse verwenden können:

### 1. Machen Sie dem Kunden etwas Angst

»Herr Kunde, Sie bekommen jede Woche Hunderte neuer Informationen. Und jedes Angebot könnte die Chance Ihres Lebens sein. Wollen Sie die verpassen?«

### 2. Provozieren Sie beim Kunden ein Gefühl der Frustration

»Herr Kunde, was für ein Gefühl haben Sie, wenn Sie plötzlich auf der grünen Wiese auf ein Objekt Ihres Architekten stoßen, von dem Sie nichts gewusst haben? Weil er Sie vergessen oder übergangen hat? Mit unseren Bau-Infos passiert das nicht.«

### 3. Stellen Sie die Vorteile Ihres Angebotes in Form von Geschichten vor

»Herr Kunde, wissen Sie, was mir ein Handwerker erst kürzlich erzählte? Als er sich vor einem Jahr bei dem Ausbau des Münchner Flughafens für sein Gewerk Trockenbauwände bewarb, musste er zu seinem Schrecken feststellen, dass ausländische Firmen viel billiger angeboten haben als er. Durch unsere Infos kam er dann auf die Idee, sich auf hochwertige Brandschutzmauern zu spezialisieren und hatte damit sofort Erfolg.«

### 4. Sprechen Sie die »Dringlichkeit« beim Kunden an

»Herr Kunde, ein Handwerker, der bisher unsere Infos konsequent ablehnte, erzählte mir, was ihm passierte, als er das letzte Mal bei einem Architekten vorsprach und einen Auftrag wollte. Der sagte ihm, die seien schon längst vergeben. Aber, wenn er unbedingt einen brauche, dann könne er ja dem Handwerker X einen abkaufen. Mit 20 Prozent Aufpreis. Seitdem hat er unsere Infos bestellt, um sich rechtzeitig bewerben zu können.«

### 5. Stellen Sie dem Kunden Referenzerfolge vor

»Herr Kunde, wissen Sie, wie ein Handwerker Ihrer Branche und Größe es geschafft hat, seinen Auftragsbestand dank unserer Infos binnen weniger Monate um 30 Prozent zu steigern? Und dass er anfangs dieselben Bedenken wie Sie hatte? Interessiert es Sie zu erfahren, wie er sie überwand und mit welchen Ideen und Strategien er den Erfolg schaffte?«

### 6. Versuchen Sie den Kunden zu mehreren »Ja-Antworten« zu veranlassen

»Herr Kunde, sehen Sie es auch als Vorteil an, möglichst frühzeitig von neuen Bauobjekten zu erfahren? Ist es für Ihre Verkäufer nicht motivierender zu qualifizierten Kunden zu fahren statt in der Gegend herumzusuchen?«

**7. Veranlassen Sie den Kunden auch zu »Mini-Handlungen«**

»Herr Kunde, ich sende Ihnen jetzt gleich per Fax eine Muster-Info zu! Probieren Sie sie gleich aus! Wann kann ich Sie wieder anrufen, um über Ihre Erfahrungen zu sprechen?«

**8. Definieren Sie das Profil Ihrer Idealkunden**

Klären Sie vorab, welche Kunden Ihre Infos am besten brauchen können und sie daher am ehesten kaufen (z. B. Betriebsgröße, Auftragsgröße, Verkäuferzahl). Überlegen Sie, mit welchen Fragen Sie dieses Profil bei neuen Interessenten am schnellsten erkennen können.

**9. Fordern Sie den Kunden auf, über das zu sprechen, worüber er gerne spricht und was bei ihm positive Gefühle auslöst**

»Herr Kunde, was war Ihr erfolgreichster Auftrag in letzter Zeit?« Je besser sich der Kunde fühlt, umso positiver reagiert er.

**10. Wecken Sie den Besitzwunsch des Kunden, wenn er zögert**

»Herr Kunde, hier liegen 25 aktuelle Auftragschancen auf meinem Schreibtisch – versandbereit für Sie. Leider fehlt noch Ihr Auftragsformular.«

**11. Sprechen Sie das Konkurrenzstreben des Kunden an**

»Herr Kunde, wollen Sie wissen, was Sie tun können, um sich gegenüber den großen Baufirmen zu behaupten?«

**12. Schüren Sie den Wunsch des Kunden, die Wettbewerbsfähigkeit seiner Firma zu sichern.**

»Herr Kunde, ich hatte einmal einen Baustoffhändler, der mir vor vier Jahren sagte: ›Wir brauchen eure Infos nicht. Denn die Handwerker kommen zu uns an den Tresen und schauen nach den Aufträgen‹. Aber das war einmal. Heute ist er froh, dass er mit seinen Verkäufern und unseren Infos selbst aktiv an die Handwerker herangehen, sie über neue Objekte informieren und ihnen sagen kann, dass er dafür bereits die entsprechenden Materialien vorrätig hat.«

**13. Verstärken Sie den Besitzwunsch des Kunden**

»Herr Kunde, soll ich Ihnen kurz sagen, welchen Auftrag ein Handwerker schon mit der ersten Muster-Info von uns gewonnen hat?«

**14. Wecken Sie den Wunsch des Kunden, eine Information ganz exklusiv zu bekommen**

»Herr Kunde, wissen Sie schon, dass in Ihrer Nachbarstadt ein neuer Wohnblock entsteht? Interessiert Sie das? Dann lege ich Ihnen die Infos dafür gleich aufs Fax. So haben Sie als erster die Chance, sich zu bewerben – ganz exklusiv!«

**15. Stacheln Sie die Neugierde des Kunden an**

»Herr Kunde, raten Sie mal, wie viele Angebote wir für Ihr Gewerk in Ihrem Landkreis haben?«

**16. Verunsichern Sie den Kunden**

»Herr Kunde, wie viele Fahrten machen Sie pro Woche, um neue Objekte zu suchen? ... Wie viele Angebote schreiben Sie pro Woche? ... Das habe ich vermutet. Und wie viele Angebote werden zu Aufträgen? ... Das habe ich mir auch gedacht.« Erst nach dieser Verunsicherung ist der Kunde bereit, sich Ihre nächste Frage genau anzuhören: »Wollen Sie wissen, wie Sie Ihre Auftragsquote sofort verbessern können?«

**17. Stellen Sie die Auftrags-Qualität des Kunden infrage**

»Herr Kunde, sind die Aufträge, die Sie bekommen, auch die Aufträge, die Sie wirklich wollen? Oder bekommen Sie Freundschaftsaufträge vom Gesangsverein, die Sie zu Freundschaftspreisen ausführen müssen? ... Wollen Sie wissen, wie Sie an wirklich lukrative Aufträge herankommen?«

**18. Wecken Sie die Lust des Kunden an einem Wissensvorsprung**

»Herr Kunde, wollen Sie wissen, was augenblicklich auf Ihrem Markt los ist? Wie andere Kollegen zu Ihren Aufträgen kommen? Nächsten Dienstag findet unser nächstes Akquise-Seminar statt. Wollen Sie allein kommen oder mit Ihren Verkäufern?«

### 19. Machen Sie den Kunden auf bestimmte Gefahren aufmerksam

»Herr Kunde, vor zwei Monaten sagte ein Handwerker zu mir: ›Ich brauche eure Infos nicht mehr. Ich habe mich darauf spezialisiert, Bauverzögerungen anderer Handwerker aufzuholen. Das ist meine Nische.‹ Da habe ich ihn nur gefragt: ›Und wie hoch ist die Konventionalstrafe, wenn Sie nicht rechtzeitig fertig werden?‹ Da war er ganz still und hat unsere Infos wieder bestellt.«

### 20. Stellen Sie die Erfolgstradition Ihrer Firma als Vorbild hin

»Herr Kunde, wenn Sie eine bessere Akquisemethode als unsere Infos wissen, dann sagen Sie die mir. Die übernehmen wir sofort! Unsere Firma ist seit 55 Jahren auf dem Markt. Was glauben Sie? Hätten wir das ohne gute Tipps für unsere Kunden geschafft? Wenn Sie und Ihr Geschäft, genauso alt werden wollen, müssen Sie unsere Reporte kaufen und anwenden.«

# 2. Kapitel
# Die neue Struktur der Überzeugung

»Nichts ist so beständig
wie der Wechsel.«

*Heraklit*

Alles hat sich verändert! Je schneller Sie sich jedoch an die veränderten Bedingungen anpassen, umso besser sind Ihre Chancen für neue Erfolge. Dazu brauchen Sie:

- eine neue **Struktur der Überzeugung**, damit Sie nicht nur Ihre Kunden besser überzeugen, sondern sie sogar beeinflussen können, sich selbst zu überzeugen.
- eine **neue Qualität der Einstellung**, damit Sie Ihre Glaubensüberzeugungen, Werte und Denkgewohnheiten mit den rasend schnell sich veränderten Markt- und Kundenbedürfnissen wieder in Übereinstimmung bringen. Und:
- eine **neue Erkenntnis der Kundenbedürfnisse**, damit Sie auch die verborgenen Wünsche des Kunden zum Leben erwecken und für Ihren Verkaufserfolg nützen können.

Doch zunächst konzentrieren wir uns auf eine ganz neue Struktur der Überzeugung. Wie gehen wir dabei vor?

In diesem Kapitel erfahren Sie, wie Sie künftig auf der Basis neuester psychologischer Forschungen Ihre Kunden nicht nur besser überzeugen, sondern sogar dazu bringen können, sich unbewusst selbst zu überzeugen. Im nächsten Kapitel erfahren Sie, wie Sie mit den modernen Methoden der Neurowissenschaften Ihre Kunden viel erfolgreicher verführen als mit harten Facts überzeugen können und wie Sie die neue Überzeugungsstruktur mit den neuen Verführungsmethoden zu einer neuen Form des Verkaufsgesprächs verbinden können.

Doch jetzt Vorhang auf für unser erstes Thema:



*Die Neuen Spielregeln im Verkauf.* Hans Christian Altmann

ISBN: 978-3-527-50484-8

## Der alte 5-Stufen-Prozess ist megaout!

Sie kennen doch den alten 5-stufigen-Prozess für Verkaufsgespräche: Beziehung schaffen, Bedarf analysieren, Produkt präsentieren, Einwände behandeln und Abschluss machen? Und Sie kennen auch die alte Formel, die beim Kunden ein Wertbewusstsein aufbauen soll: zuerst Produktvorteile aufzählen und dann dem Kunden suggerieren: »Das bedeutet für Sie ...«

Funktionieren diese »alten Spielregeln« noch? Nein!

Warum nicht?

- Weil die guten Kunden heute keine echten Bedürfnisse haben und daher die alte Bedarfsanalyse nichts mehr bringt.
- Weil die Kunden stattdessen heute vor allem Wünsche, oft sogar verborgene Wünsche haben, die Sie erst aufspüren und zum Leben erwecken müssen und daher die Präsentation von Me-too-Angeboten nur ihren Widerspruch auslöst.
- Und drittens: Weil die Kunden heute individuelle Problem- und Wunschlösungen suchen und ihnen daher die Vorteile von Standardprodukten und die Formel »Das bedeutet für Sie ...« nichts mehr bedeuten.

## So überzeugen Sie heute neue Kunden!

Die neue Lösung ist: Der Kunde soll sich selbst überzeugen! Wie gehen Sie vor? Sie wecken bei ihm zuerst ein Mangelbewusstsein (Ohne das tut er überhaupt nichts!). Dann lassen Sie ihn von einer neuen Ideallösung träumen (Das bewirkt Sog statt Druck!). Daraufhin stellen Sie seinem Ist-Zustand seinen erwünschten Idealzustand gegenüber und schaffen so unbewusst einen Spannungszustand, der ihn unzufrieden macht, (Diese Spannung bewirkt überhaupt erst die Neigung, etwas Neues zu kaufen) und zum Schluss stellen Sie ihm Ihr Angebot als die beste Chance dar, seine Ideallösung zu verwirklichen. (Damit bedeutet Ihr Angebot für ihn die »Er-Lösung« von dieser Spannung.)

Ist das nicht super? Und es geht ganz einfach! Sie brauchen nur Schritt für Schritt die folgenden vier Punkte anzuwenden. [2)]
Und so funktioniert diese einzigartige Strategie:

**1. Erzeugen Sie ein Mangelbewusstsein**

Erzeugen Sie durch eine Ist-Analyse beim Kunden ein starkes Mangelbewusstsein, indem Sie die Auswirkungen seines Ist-Zustandes so dramatisch aufzeigen, dass er sie bildhaft vor sich sieht und empfindet. Je stärker dieses Mangelbewusstsein ihm auf den Nägeln brennt und je mehr er dabei ein Ungenügen verspürt, umso größer ist sein Antrieb, diese Unzufriedenheit durch Ihr Angebot aufzulösen.

**2. Definieren Sie eine Ideallösung**

Formulieren Sie gemeinsam mit dem Kunden durch Fragen nach seinen offenen oder verborgenen Wünschen – also nach dem, was er gerne wäre, hätte oder täte –, wie er sich seinen Idealzustand, seine ideale Problemlösung oder seine neue Identität vorstellt und welche verlockenden Auswirkungen sie für ihn hat. Je mehr sich dabei seine Miene aufhellt, umso stärker ist seine Kauflust.

**3. Schaffen Sie einen Spannungszustand**

Stellen Sie jetzt dem Ist-Zustand mit seinen Mängeln seinen Idealzustand gegenüber, indem Sie den Kontrast zwischen beiden dramatisieren und ihm die unterschiedlichen Auswirkungen bewusst machen. Erzeugen Sie so einen Spannungszustand, der den Kunden innerlich so stark bewegt, dass er ihn unbedingt auflösen will. Je stärker diese Spannung zwischen dem Ist und dem Soll ist, umso größer ist seine Neigung, Ihr Angebot zu kaufen.

**4. Verwirklichen Sie die Wunschlösung**

Zeigen Sie jetzt dem Kunden wie Ihr Angebot optimal geeignet ist, den erwünschten Idealzustand zu erreichen. Machen Sie ihm bewusst, wie er sich auf diese Weise aus der Spannung zwischen seinem Ist- und seinem Wunschzustand befreien kann und wie er mit dieser Wunschlösung glücklicher und zufriedener als zuvor sein wird. Dieser Wunsch nach »Er-Lösung« ist einer der Hauptantriebe für den Abschluss.[3)]

Sehen wir uns das Ganze jetzt an einem konkreten Beispiel in der Kurzfassung an:

### Wie man neue Software-Programme viel raffinierter verkauft

Die Ausgangssituation: Verkäufer Hans Jäger will einem Architekten ein neues Software-Programm verkaufen, mit dem er seine Projekte betriebswirtschaftlich und damit kostengerecht abrechnen kann.

Wie weckt er ein **Mangelbewusstsein**?
Er fragt den Architekten: Wie stellen Sie sicher, dass Sie alle Aufwendungen exakt festhalten? Wie können Sie genau feststellen, was Sie bei jedem Projekt unterm Strich wirklich verdienen? Woher wissen Sie bei einem neuen Auftragsangebot, dass Sie mit dem angebotenen Honorar zurechtkommen, wenn Sie keine exakten, vergleichbaren Kostenübersichten zur Verfügung haben? ... Wissen Sie, wie schnell man sich bei solchen Projekten aufgrund einer »Zettelwirtschaft« täuschen kann? Darf ich Ihnen dazu von den Erfahrungen einer Ihrer Kollegen berichten?

Wie stellt er eine **Ideallösung** vor?
Er fragt den Architekten: Wäre es nicht viel sinnvoller, wenn Sie mit einem betriebswirtschaftlichen Software-Programm, alle Aufwendungen zeitgerecht und präzise erfassen, jederzeit über die Kostenentwicklung unterrichtet wären und notfalls sofort reagieren könnten und zuletzt genau wissen, was unterm Strich bleibt?

Wie erreicht er einen **Spannungszustand**?
Er macht dem Architekten klar: Wenn Sie nie genau wissen, was unterm Strich bleibt, besteht die Gefahr, dass Sie bei den häufigen Veränderungswünschen Ihrer Kunden immer öfter draufzahlen, während Sie andererseits durch eine exakte Kostenerfassung notwendige Nachverhandlungen genau belegen können und sich künftig auf Projekte konzentrieren können, bei denen Sie unterm Strich auch etwas verdienen.

Wie stellt er ihm die **Wunscherfüllung** vor?
Er sagt zum Architekten: Mit unserem neuen Programm wissen Sie genau, woran Sie sind, können Sie besser entscheiden, besser nachverhandeln, besser die Kosten unter Kontrolle bringen. Und Sie können unser Programm bereits mit einem einzigen gut abgerechneten Auftrag amortisieren.

# 3. Kapitel
# Nie wieder Neukundenakquise!

»Gute Verhandlungstaktik besteht darin, die Antworten zu provozieren, die man haben will.«

*Hans Habe*

## Warum ein Versicherungsmakler seit 15 Jahren keine einzige Neukundenakquise macht und dennoch den Terminkalender voll hat

Wenn es jemand gibt, der Trends richtig vorausahnen und richtig darauf reagieren kann, dann sind das die Spitzenverkäufer. Warum sind sie so erfolgreich? Was machen sie anders? Genau das wollen wir an der Person von Heinz Kapferer, Versicherungsmakler mit vier Mitarbeitern in Innsbruck, untersuchen. Er ist unbewusst ein **wahrer Künstler der Verführung!** Schon der Name seiner Agentur lässt aufhorchen: »VersicherungsVertrauen Kapferer« steht auf der Visitenkarte und sein Motto lautet: »Jetzt handeln, als ob ich DU bin.« Das ist vielleicht nicht das eleganteste Deutsch. Aber es fällt auf und der Erfolg gibt ihm recht.

Seit 1993 ist er selbstständiger Versicherungsmakler, und in dieser Zeit hat er noch nie einen neuen Kunden akquiriert und dennoch den Terminkalender voll. Denn die Kunden kommen aufgrund von **Empfehlungen** zu ihm, und das, obwohl er noch nie einen Kunden um Empfehlungen gebeten hat. Aber nicht genug damit! Er kann es sich sogar leisten, für die Betreuung seiner Kunden eine »Extragebühr« zu verlangen. Und wenn Kunden – man höre und staune – nicht zu seiner Unternehmensphilosophie passen, dann trennt er sich notfalls von ihnen. Natürlich macht das neugierig und so frage ich ihn als Erstes:



*Die Neuen Spielregeln im Verkauf.* Hans Christian Altmann

ISBN: 978-3-527-50484-8

**Wie sieht Ihre Unternehmensphilosophie aus?**

Kernpunkt meiner Unternehmensphilosophie ist es, die Kundenbedürfnisse aufs Genaueste im Auge zu behalten, den Nutzen für meine Kunden ständig weiterzuentwickeln und mich um die Anliegen der Kunden so zu kümmern, als ob es meine eigenen wären. Dabei will ich durch eine immer bessere Kunden- und Serviceorientierung die Erwartungen meiner Kunden jeden Tag aufs Neue übertreffen.

Und wir erkennen ein typisches Siegermerkmal:

| |
|---|
| Gute Verkäufer ruhen sich nicht auf ihren Lorbeeren aus,<br>sie wollen jeden Tag besser werden – für ihre Kunden! |

**Besser kann man die neuen Herausforderungen nicht beschreiben. Und was bedeutet Ihr Slogan »VersicherungsVertrauen Kapferer«?**

Dass wir dieses Vertrauen des Kunden voll rechtfertigen müssen. Denn der Kunde soll uns voll und ganz vertrauen!

**Waren Sie denn immer schon so kundenorientiert oder gab es ein bestimmtes Erlebnis für diesen radikalen Wandel?**

Es gab ein solches Erlebnis, als ich noch der typische Außendienstmitarbeiter einer Krankenversicherung war. Damals hatte die Versicherung einen Wettbewerb ausgeschrieben, bei dem wir allen Kunden einen kleinen Zusatzvertrag anbieten sollten, der an sich lächerlich war: Er versprach ihnen ab dem 100. Tag einen Euro mehr an Tagegeld. Aber dieser neue Tarif wurde in der Rennliste bewertet und so haben wir eben die Kunden abgegrast. Mit einer bedarfsgerechten Beratung hatte das überhaupt nichts zu tun. Am Ende dieses Wettbewerbs kam ich zu zwei Einsichten: erstens, dass ich niemals mehr dem Kunden etwas verkaufen werde, was er nicht braucht. Und zweitens, dass ich dem Kunden mehr bieten muss als nur ein Produkt, nämlich einen echten Nutzen.

**Wie ging es dann weiter?**

Kurze Zeit später machte ich mich selbstständig und da war mir sofort klar: **Ich muss besser sein als die anderen!** Aber nicht rhetorisch, sondern in punkto echtem Nutzen, klarer Transparenz und enger, freundschaftlicher Kundenbindung. Sowie in Form einer klaren Vorgehensweise und Kundenselektion.

**Müssen Sie deshalb seit 15 Jahren keine Akquise mehr machen?**

Es steckt noch mehr dahinter. Es hat mit meiner veränderten Einstellung zu tun: Statt wie früher die Kunden als Opfer zu sehen, bemühe ich mich heute, sie als Mitmenschen zu lieben, unabhängig davon, wie sie in den verschiedenen Situationen auf mich wirken. Und statt dem früheren Motto »anhauen, umhauen, abhauen« bemühe ich mich heute mit meinem Team darum, jedem Kunden einen für ihn ganz persönlich wertvollen Nutzen zu bieten und diesen Nutzen ständig noch weiterzuentwickeln.

**Was heißt wertvoller Nutzen?**

Am besten stelle ich Ihnen diesen Nutzen und damit unsere ganze Verkaufsphilosophie anhand unseres Beratungs- und Betreuungskonzeptes vor. Normalerweise versucht ein Versicherungsberater ja seine Verträge so schnell wie möglich abzuschließen. Ich stelle dagegen dem Kunden erst einmal unser fünfstufiges Beratungskonzept mit unseren außergewöhnlichen Dienstleistungen vor. Und der erste Punkt, der uns von vielen Mitbewerbern unterscheidet, ist der, **dass wir jeden Sofortabschluss kategorisch ausschließen**.

Denn bevor der Kunde unterschreibt, will ich ihm seinen besonderen persönlichen Nutzen ganz gezielt transparent machen. Er soll genau wissen, was wir ihm – im Vergleich zu anderen – an **Mehrleistungen** bieten. Das ist für mich auch die unbedingte Voraussetzung für eine langfristige Kundenbeziehung. Und nur die ist für mich interessant.

**Wie sehen diese besonderen Mehrleistungen im Einzelnen aus?**

Zuvor noch ein anderer Punkt. Die Dienstleistungen in unserer Branche sind sehr schwer vergleichbar. Für unseren Erfolg aber ist es unbedingt notwendig, dass der Kunde unsere Dienstleistungen und den damit verbundenen Nutzen so transparent und so bewusst wie möglich empfindet. Nur das verblüfft ihn. Und nur dann sind wir für ihn außergewöhnlich. Gelingt mir diese Unterscheidung von den Wettbewerbern nicht, nimmt er weder meine Leistungen in Anspruch noch zahlt er meine Service-Gebühr. Dann kauft er da, wo es ihm am billigsten erscheint.

Ein echtes Siegermerkmal! Denn nur Topverkäufer schätzen diesen ersten »Moment der Wahrheit« richtig ein und wissen:

> Nur ein »einzigartiges« Angebot, das sich sofort von der Konkurrenz abhebt und den Kunden geradezu verblüfft, weckt spontan seine Aufmerksamkeit und seine Kauflust.

**Die Präsentation Ihres Unternehmens und Ihrer Dienste hat also Top-Prioriät für Sie. Und was für Gefühle haben Sie dabei?**

Wenn ich im ersten Gespräch meine Firma präsentiere, dann berührt mich das jedes Mal aufs Neue, dann habe ich Glücksgefühle. Dann bin ich völlig von dem Gefühl durchdrungen, dass ich dem Kunden etwas Wertvolles biete, das er woanders nicht so schnell bekommt. Dann weiß ich, dass ich hier einzigartig bin. Und das macht mich stolz.

Und wir erkennen:

> Je mehr ein Verkäufer vor der Präsentation seines Angebots von Glück, Stolz und dem Gefühl der Einzigartigkeit und des Nutzens durchdrungen ist, umso größer sind seine Erfolgschancen!

**Diese Einzigartigkeit stärkt also sowohl Ihre Motivation wie Ihre Überzeugungskraft. Sie machen mich wirklich neugierig. Wie sieht sie aus?**

Nur ein paar Beispiele. Schon im **ersten Gespräch** überrasche ich den Kunden mit der Mitteilung, dass unser Beratungskonzept nicht ein oder zwei, sondern fünf Gespräche vorsieht, dass wir ihm für jede erwünschte Versicherung nicht ein Angebot, sondern gleich drei Alternativen vorstellen, dass wir ihm nicht sofort zu einer Versicherung raten, sondern ihm sagen, was jede Versicherung wirklich leistet und was überflüssig ist, dass wir ihm nicht nur jede Schadensbearbeitung vollständig abnehmen, sondern notfalls sogar seine Ansprüche gerichtlich geltend machen und dass wir jedes Jahr nicht nur alle seine Versicherungen durchchecken, sondern ihm auch automatisch die für ihn günstigste Kfz-Versicherung empfehlen.

**Natürlich überraschen und verblüffen den Kunden solche Nutzenvorteile. Aber was überzeugt ihn dann so spontan? Was ist Ihr Geheimnis?**

Der Kunde soll mich sofort als jemand Besonderer wahrnehmen, der für ihn etwas Besonderes hat. Nur so schenkt er mir seine volle Aufmerksamkeit. Und durch eine Gegenüberstellung, ja einem Kontrast zwischen seiner früheren und unserer Lösung soll er sofort die außergewöhnlichen Nutzenvorteile erkennen.

Und sie sollen den Kunden so überraschen und verblüffen, dass er spontan sagt: »So etwas habe ich bisher noch nie erlebt!« Und das tun sie auch, denn er sieht nicht nur unsere Top-Qualität, er erlebt sie auch ganz hautnah. Zum Beispiel, wenn er die günstigsten Versicherungen oder die zahlreichen Einsparmöglichkeiten für sich entdeckt. **Außerdem zieht er dabei unbewusst auch einen Vergleich zu seiner früheren Beratung** und spürt, wie sehr der damalige Verkäufer ihm etwas reinverkaufen wollte, statt ihn professionell zu beraten.

Diese Überlegungen des Kunden unterstütze ich natürlich, indem ich ihn frage: Was hat Ihnen Ihr bisheriger Berater hier geraten? Warum hat er Sie auf diesen Nachteil nicht aufmerksam gemacht? Welche Auswahl hat er Ihnen geboten? Und wie hat er einen Schaden bearbeitet? Durch diesen Kontrast zwischen seiner bisherigen Lösung und unserem Konzept erlebt er nicht nur den Unterschied, sondern spürt auch, dass er jetzt etwas verändern kann: Er sieht eine Ideallösung vor sich und er spürt, dass er statt ein 0815-Kunde zu sein ein respektierter, voll umsorgter Kunde werden und damit eine neue Identität gewinnen kann.

**Wie reagieren die Kunden darauf?**

Mehr als 80 Prozent sagen dann spontan: »Das gefällt mir. Ja, das will ich auch haben. Können wir gleich den Vertrag machen?«

**Warum glauben Sie, reagiert er so spontan?**

Weil er durch diesen Vergleich wirklich verblüfft wurde und durch diesen Kontrast sofort glasklar seinen Nutzen gesehen hat. Und da er auf die Empfehlung eines anderen Kunden zu mir kam, weiß er auch, dass diese Dienstleistungen keine bloßen Versprechungen sind, sondern dass er sie wirklich bekommt.

**Das klingt einleuchtend.**
**Aber steckt nicht noch mehr dahinter?**

Ja. Er will spontan handeln, weil er durch diesen Vergleich nicht nur ein Mangelbewusstsein erlebt hat, sondern weil zwischen seiner unbefriedigten Ist-Situation und der neuen Ideallösung auch eine Spannung in ihm entstanden ist, von der er sich schnellstmöglich befreien will. Und das heißt, dass er die alten Verträge sofort kündigen und die neue Lösung sofort in Angriff nehmen möchte.

**Wie reagieren Sie auf seinen Wunsch, sofort abzuschließen?**

Auch hier unterscheide ich mich von vielen Mitbewerbern. Statt dem Wunsch des Kunden sofort nachzukommen oder ihn gar dazu zu drängen, sage ich zu ihm: »Warten Sie ab! Überlegen Sie sich alles in Ruhe! Denn ich möchte Sie als dauerhaften Kunden gewinnen!« Ja, ich verlange sogar nach dem ersten Gespräch von ihm, dass er sich die Zusammenarbeit mit uns genau überlegt und sich dabei unsere Philosophie, unsere Leistungen sowie unsere Kosten genau vor Augen führt. Er soll sich mit Bedacht für uns entscheiden. Aus diesem Grund nützen auch wir die »Bedenkzeit«, um zu prüfen, ob wir mit diesem Kunden zusammenarbeiten wollen, also ob er zu uns passt.

Und wir erkennen:

> Langfristige Kunden bekommt man nur, wenn sie eine Rubikon-Entscheidung treffen, also sich ganz bewusst aufgrund der Vorteile für den Verkäufer oder die Firma entscheiden.

**Auf der andern Seite selektieren auch Sie ganz bewusst Ihre Kunden? Wie gehen Sie da vor?**

Das beginnt mit dem ersten Kontakt. Hier prüfen wir, ob der Kunde und wir im Rahmen unserer Unternehmensphilosophie zusammenpassen. Und natürlich, ob er bereit ist, unsere wertvollen Dienstleistungen anzuerkennen und zu bezahlen. Wenn er dazu nicht bereit ist, dann sind sie ihm anscheinend nicht so wichtig und dann kommt es zu keiner Zusammenarbeit.

**Wie geht es dann weiter?**

Wenn wir uns gemeinsam für eine Partnerschaft entschieden haben, kommt es zu einem **zweiten Gespräch**. Hier geht es darum, mit dem Kunden eine **persönliche Risikoanalyse** und darauf aufbauend, eine individuelle Bedarfsermittlung durchzuführen. Dieser Vorgang kann bis zu vier Stunden in Anspruch nehmen, denn unsere gesamte Risikoanalyse umfasst, aufgegliedert nach den verschiedenen Risiken und Leistungen, im Extremfall über 30 Detailblätter mit 342 Fragen. Auch diese Professionalität beeindruckt ihn, schafft ein Mangelbewusstsein und damit einen Spannungszustand, den er dann auch durch eine optimale Lösung beenden will. So kommt es in der Regel schon am Ende des zweiten Gesprächs zur Unterzeichnung der Servicevereinbarung.

**Ist es nicht absolut erstaunlich, dass Sie in dieser heiß umkämpften Branche sogar für Ihren Service noch etwas verlangen können?**

Ja, aber das funktioniert nur, weil wir dem Kunden außergewöhnliche Leistungen anbieten, die für ihn wirklich von Vorteil sind und die er ganz nach seinen Wünschen individuell **auswählen** kann.

**Und das dritte Gespräch?**

Zuvor machen wir noch unsere Hausaufgaben. Auf der Basis der Risikoanalyse ermitteln wir den persönlichen Versicherungsbedarf und holen dafür verschiedene Versicherungsangebote ein.

Dabei wählen wir nur solche Verträge aus, die wir auch für uns selbst abschließen würden. Damit gehen wir dann zum Kunden, besprechen die einzelnen Angebots-Varianten hinsichtlich der Prämien und Leistungen und informieren ihn auch genau über das Kleingedruckte, sodass der Kunde ganz genau weiß, woran er im Ernstfall ist. Oft will der Kunde jetzt gleich unterschreiben. **Aber das machen wir auch jetzt nicht.** Es sei denn, es drängt wirklich ein Termin, wie zum Beispiel das Fehlen einer Berufsunfähigkeitsversicherung. Ansonsten sage ich zu dem Kunden: »Prüfen Sie in den nächsten Tagen Ihr Deckungskonzept genau. Stellen Sie fest, welche Risiken Sie sofort abbauen wollen und welche nicht und welche Einsparungspotenziale Sie verwirklichen wollen. Das alles muss er jetzt ganz bewusst entscheiden. Denn nur so ist er an einer langfristigen Kundenbeziehung interessiert.

**Warum ist diese langfristige Kundenbindung für Sie so wichtig?**

Wir haben errechnet, dass wir bei Neukunden erst nach durchschnittlich vier Jahren einen Deckungsbeitrag erwirtschaften. So beträgt unser Zeitaufwand bei einem Privatkunden mit einer dreiköpfigen Familie, zwei Autos und einem Einfamilienhaus rund 17 bis 20 Stunden. Es ist also eine wirtschaftliche Notwendigkeit, dass die Kundenbeziehung langfristig erhalten bleibt. Sonst rechnen sich Aufwand und Ertrag nicht. Und dieser Service ist so gut, dass die Kunden im Durchschnitt über 15 Jahre bei uns bleiben. Das heißt, dass wir eine Kundenloyalität von rund 98 Prozent haben. Das ist entscheidend, denn diese treuen Kunden sind durch ihre aktiven Empfehlungen auch die beste Basis für unser kontinuierliches Wachstum.

**Und was geschieht im vierten und fünften Gespräch?**

Im vierten Gespräch legen wir nach der nochmaligen Bedenkzeit gemeinsam mit dem Kunden endgültig den zukünftigen Versicherungsschutz fest und entscheiden uns für die Annahme bestimmter Versicherungsangebote.

Und beim **fünften Besuch** übergebe ich dann dem Kunden einen Service-Ordner, der alle Verträge enthält. Dazu sage ich ihm, dass wir ihm nun jährlich eine solche Vertragsübersicht zusenden werden. Und dass er außerdem **jährlich** von uns eine **Checkliste** erhält, durch die er eine mögliche Risikoveränderung feststellen und uns mitteilen kann. Darüber hinaus übergeben wir ihm noch unsere **Adressen-Etiketten** für einen problemlosen Schriftverkehr. Zuletzt sagen wir ihm, dass wir uns künftig jedes Jahr einmal zusammensetzen werden, um seine Situation zu überprüfen, sofern er das als besonderen Service wünscht.

Das ist auch der Augenblick, wo sich der Kunde **wirklich wohl fühlt**. Weil er sieht, dass wir uns wirklich um ihn kümmern und spürt, dass wir ihn auch im Ernstfall nicht im Stich lassen werden und ihm außerdem stets den für ihn günstigsten Vorschlag machen werden.

**Einen Punkt haben Sie noch nicht angesprochen, der den Kunden bei Ihrem Leistungsangebot wohl am meisten überrascht.**

Ich weiß, was Sie meinen: Dass wir auf unsere Kosten eine **Rechtsschutzversicherung** abgeschlossen haben, mit deren Hilfe wir die Ansprüche unserer Kunden gegenüber ihren Versicherungen notfalls auch vor Gericht vertreten.

**Das ist wirklich einzigartig. Können Sie mir da ein Beispiel nennen?**

Gerne. Der Fall von Josef Ganserer ist deshalb so interessant, weil er die Vorteile unserer Arbeitsweise aufzeigt. Die Versicherung lehnte hier die Leistung aus einer Unfallversicherung ab.

Sie begründete es damit, dass der Kunde die gesetzliche Frist zur Prämienzahlung überschritten habe. Das war zwar richtig, aber durch unsere lückenlose Aufzeichnung aller Gespräche mit dieser Versicherung konnten wir beweisen, dass der Zahlungsverzug vom Kunden nicht schuldhaft herbeigeführt worden war. Da die Versicherung nicht dieser Meinung war, gingen wir vor Gericht und die Rechtsschutzversicherung übernahm das Kostenrisiko. Bei dem Prozess wurde ich als Zeuge vorgeladen und konnte dort unsere Aufzeichnungen als Beweise vorlegen. Hier war wirklich jedes einzelne Gespräch mit unserem Kunden und der Gesellschaft übersichtlich mit Datum aufgelistet. **Das rot gefärbte Gesicht des gegnerischen Anwalts werde ich nie vergessen.** Vom Richter erhielt unser Unternehmen eine besondere Anerkennung für diese vorbildliche Arbeitsweise und Dokumentation. Durch das Gerichtsurteil erhielt der Kunde 57400 Euro Entschädigung und die Versicherung musste auch noch für die Kosten unseres Anwalts und das Gutachten in Höhe von 21300 Euro aufkommen.

**Toll! Und wann bekommen Sie die ersten Empfehlungen?**

Das ist sehr unterschiedlich. Manche Kunden empfehlen uns bereits nach wenigen Wochen weiter, manche erst nach zwei bis drei Jahren. Denn die Kunden wollen Sicherheit, bevor sie ihre Reputation aufs Spiel setzen. Wenn wir sie gezielt nach Empfehlungen fragen würden, dann würden uns sicher 70 Prozent unserer Neukunden schon nach der Vorstellung ihres Deckungskonzeptes an ihre Verwandten und Bekannten empfehlen. Wir warten aber lieber darauf, dass sie das ohne unsere Anregung machen.

**Gibt es für die Empfehlungen Ihrer Kunden Belohnungen?**

Nein. Ich will keine Empfehlungen kaufen. Und ich rufe auch die neuen Kunden nicht an. Denn wenn ein Kunde nach einer aktiven Empfehlung durch seinen Bruder mich nicht anruft, dann stört ihn irgendetwas an unserer Philosophie. Zum Beispiel die Beratungsgebühr und dann passt er wahrscheinlich nicht zu uns. Ich gebe stattdessen den Kunden das, was sie heute wirklich brauchen und wollen: Partnerschaft, Komplettlösungen, Einsparmöglichkeiten, höchste Transparenz, freundschaftliche Beziehungen sowie eine permanente Kontrolle ihrer Versicherungen und das Gefühl, in sicheren Händen zu sein.

**Wie sehen Sie die kommende Zeit? Wer wird gewinnen und wer wird verlieren?**

Die Verkäufer, die heute keine enge Kundenbindung erreichen, können sich schon morgen durch eine einzige Katastrophe, zum Beispiel die Klagen geschädigter Kunden, am Rand des Ruins befinden. Und genauso springen ihnen auch die Kunden sofort ab, die nur die Eurozeichen in ihren Augen sehen. Und auch die Kunden, die spüren, dass sie nur zu neuen Verträgen gedrängt werden, ohne dass sich der Berater auch nur einen Deut um eine wirklich gute Gesamtlösung für sie bemüht, werden künftig zu den **Verlierern** gehören. Denn die Kunden erwarten heute mehr!

Sonst holen sie sich im Internet die billigste Lösung und der Verkäufer bleibt außen vor. Und bei sinkender Kundenloyalität immer neue Kunden zu akquirieren, ist eine Sisyphus-Arbeit. Sie funktioniert heute nicht mehr.

**Daher sehen Sie auch wenig Gefahr durch das Internet?**

Ja. Denn das Internet wird niemals einem Kunden wirklich eine durchdachte optimale Gesamtlösung vermitteln können.

## Überzeugen weckt Widerstand, Verführung Kauflust!

Haben Sie gemerkt, wie viele moderne, neuropsychologische Überzeugungsmethoden Heinz Kapferer anwendet, wenn er z. B. auf einem fünfstufigen Verkaufsprozess besteht (was für den Kunden ein professioneller, bisher nie erlebter Eindruck ist) und wenn er sich weigert, den Kunden sofort abzuschließen? (was jeden irritiert!)

Haben Sie gemerkt, wie er dadurch den Kunden augenblicklich aus seiner alten Denkweise herausreißt, dass es hier nicht nur um eine neue Versicherung, sondern um ein völlig neues, umfassendes und professionelles Versicherungskonzept geht, bei dem er nahezu konkurrenzlos ist?

Haben Sie gemerkt, wie er dem Kunden die **Einzigartigkeit seines Angebots** bewusst macht (z. B. durch die Vorlage von drei Alternativen), wie er den Kunden total überrascht (z. B. durch seine Rechtsschutzversicherung), wie er den Kunden durch seine kritischen Fragen verunsichert (z. B. warum ihn sein bisheriger Berater nicht auf diesen Nachteil aufmerksam gemacht hat?), wie er durch den Vergleich, ja den Kontrast zwischen seiner unbefriedigenden Ist-Situation und der neuen Ideallösung beim Kunden zuerst ein Mangelbewusstsein und dann einen Spannungszustand auslöst, den der Kunde letztlich nur durch die neue Ideallösung, das heißt durch den Abschluss seiner neuen Versicherungen wieder auflösen kann?

Den Lohn kennen Sie ja: 15 Jahre ohne eine einzige Akquise!

Hier sehen Sie noch einmal eine Übersicht über seine verschiedenen Methoden der Verführung, also des Symmetriebruchs – als Anregung für Ihren eigenen Verkaufsprozess:

### Die modernen, neurowissenschaftlichen Methoden der Verführung (des Symmetriebruchs)

| Die Methoden | Die Durchführung |
|---|---|
| Unterschied zu den Wettbewerbern bewusst machen | Auf fünfstufigem Verkaufsprozess bestehen statt sofort abzuschließen |
| Kontrasteffekt inszenieren | Die neue Lösung mit ihren Vorteilen der alten Lösung mit ihren Nachteilen gegenüberstellen |
| Einzigartiges Angebot vorstellen | Abschluss einer Rechtsschutzversicherung vorstellen, durch die man Kundenansprüche gegenüber Versicherungen gerichtlich geltend macht |
| Unerwartete Ergebnisse bieten | Kunden das höchst positive Ergebnis einer gerichtlichen Geltendmachung von Kundenansprüchen aufzeigen |
| Mangelbewusstsein hervorrufen | Den Kunden fragen: Warum hat Ihnen Ihr Berater zu dieser teureren Versicherung geraten statt zu einer viel preisgünstigeren? |

| Die Methoden | Die Durchführung |
|---|---|
| Spannungszustand hervorrufen | Kunden den Vergleich zwischen seiner bisherigen schlechten Lösung und der neuen besseren Lösung bewusst zu Hause überdenken lassen |
| Verblüffung erzielen | Professionelle Risikoanalyse mit bis zu 300 Fragen und drei bis vier Stunden Dauer durchführen |
| Verunsicherung und Irritation bewirken | Kunden die nachteiligen Auswirkungen seiner alten Lösung in einem konkreten Schadensfall bewusst machen |
| Provokation einsetzen | Kunden fragen: Wissen Sie, was Ihnen im Schadensfall passieren kann, wenn Sie einmal die rechtzeitige Prämienzahlung vergessen? |
| Neue Kundenidentität ansprechen | Kunden durch die umfassende Risikoanalyse und das neue Versicherungsangebot unbewusst darauf aufmerksam machen, was heute ein verantwortungsvoller Familienvater (die neue Identität) im Bereich der Sicherheit alles tut |
| Veränderung und neue Chance bewusst machen | Kunden durch die Komplettlösung und Komplettbetreuung bewusst machen, dass er künftig seine Freizeit viel intensiver für sich und seine Familie einsetzen kann |
| Entscheidungskriterien aufstellen | Kunden aufzeigen, wie wichtig es ist, zu teuere oder unnütze Versicherungen zu erkennen und jedes Jahr einen Versicherungscheck zu machen |
| Kunden auch nach Abschluss optimal betreuen und an sich binden | Kunden jedes halbe Jahr Anruf anbieten, Veränderungsrisiko analysieren, automatisch die beste Kfz-Versicherung auswählen, gesamte Schadensabwicklung übernehmen und Entschädigungen notfalls bei der Versicherung einklagen |

## Die neue Form des Verkaufsgesprächs

»Qualität ist kein Zufall;
sie ist immer das Ergebnis
angestrengten Denkens.«

*John Ruskin*

Nachdem wir bisher die »Neue Struktur der Überzeugung« und die »Neuen Methoden der Verführung« kennengelernt haben, verbinden wir jetzt beide zu einer »Neuen Form des Verkaufsgesprächs«. Auch dazu ein Beispiel:

### Wie ein Anlageberater schlagartig sein Einkommen verdoppelte

Finanzdienstleister Bodo Leibrecht versteht es heute ungemein geschickt, seine Kunden von der Notwendigkeit einer vernünftigen Altersvorsorge zu überzeugen. Doch das schaffte er erst, als er nach einem Coaching sein Konzept radikal veränderte. Statt die Kunden weiterhin durch seine Argumente mühsam zu überzeugen, drehte er den Spieß um: Jetzt sollten sie sich selbst überzeugen! Er war nur der Regisseur, der durch die modernen »Methoden der Verführung« – am besten durch **emotionale Fragen** – dafür sorgte, dass sie selbst ein Mangelbewusstsein verspürten, eine Ideallösung vor Augen sahen, eine Spannung zwischen der Ist- und der Idealsituation erlebten und zuletzt sein Angebot als optimale »Er-Lösung« ansahen! Er hatte erkannt:

> Kunden lassen sich heute sehr schwer durch fremde Argumente überzeugen! Aber sie überzeugen sich gerne selbst – durch ihre eigenen Empfindungen und Wahnehmungen!

Mit diesem Konzept verdient er heute über 250000 Euro und steht an der Spitze von 300 Kollegen. Wie dieses neue Verkaufskonzept von Leibrecht aussieht und wie Sie davon am besten profitieren können, sehen Sie auf den nächsten zwei Seiten. Nützen Sie es für Ihre Abschlüsse. Es lohnt sich!

## Übersicht: So lassen Sie Ihre Kunden künftig sich selbst überzeugen!

**1. Schritt: Lassen Sie den Kunden durch die Analyse des Ist-Zustandes ein Mangelbewusstsein verspüren! – Indem Sie ...**

**Defizite aufspüren:** Zwischen Ihrer Rentenanwartschaft und Ihrem Lebensstandard klafft eine Lücke von X Euro. Wenn Sie die nicht schließen, reicht Ihre Rente nicht einmal für die Miete.

**Auswirkungen dramatisieren:** Wie wollen Sie dann Ihre Miete bezahlen? Worauf wollen Sie als Rentner alles verzichten? Auf Ihr Auto? Den Urlaub? Die Reisen? Den Besuch Ihrer Enkel?

**Verunsicherung erzeugen:** Wovon wollen Sie dann leben? Vom Staat? Haben Sie sich einmal ein Billig-Altenheim angesehen?

**Provokationen einsetzen:** Wollen Sie trotz sinkender Renten auch die nächsten 20 Jahre auf den Staat vertrauen? Nein? Warum tun Sie dann nichts?

**Schuldgefühle mobilisieren:** Ist es wirklich verantwortungsvoll zu planen, Ihren Kindern später auf der Tasche zu liegen?

**2. Schritt: Lassen Sie den Kunden durch Fragen nach seinen Wünschen eine Ideallösung erkennen! – Indem Sie ...**

**Verborgene Wünsche ansprechen:** Was würden Sie im Alter gerne tun oder sich gerne leisten, wenn Sie eine schöne Rente hätten? Reisen? ... Theaterbesuche? ... Kuren? ... Hobbys?

**Verblüffungseffekt einsetzen:** Wissen Sie, wieviele Fördermittel Ihnen zustehen? Wollen Sie die alle verschenken?

**Neugierde wecken:** Soll ich Ihnen einmal ausrechnen, welche Rente Sie durch steuerliche Vorteile und staatliche Fördermittel erreichen können?

**Einzigartiges aufzeigen:** Ich kümmere mich um den ganzen Schreibkram, um die staatliche Förderung und um die beste Rentenversicherung ... Wer bietet Ihnen das sonst noch?

**Träumen lassen:** Stellen Sie sich mal vor, wie schön es wäre, wenn Sie eine schöne Rente hätten, auf nichts verzichten müssten und sich jederzeit eine Kreuzfahrt leisten könnten?

**3. Schritt: Lassen Sie den Kunden durch den Vergleich der Ist- und Ideallösung eine Spannung erleben! – Indem Sie …**

**Gegenüberstellungen machen:** Ihre Rentenanwartschaft reicht hinten und vorne nicht. Andererseits können Sie durch staatliche Förderungen eine gute Absicherung erreichen.

**Vorfreude wecken:** Glauben Sie nicht, dass Sie und Ihre Frau nach 40 Jahren Arbeit eine Kreuzfahrt verdient haben? Ich zeige Ihnen, wie Sie das trotz Altersvorsorge erreichen können.

**Kontraste aufzeigen:** Bei unserer Lösung profitieren Sie von allen steuerlichen Vorteilen und Förderungen … Beim Sparbuch profitiert nur die Bank und das Finanzamt.

**Angst wecken:** Wenn jetzt aufgrund der Staatsschulden auch noch die Inflation dazukommt, verlieren Sie gleich zweimal! Zuerst an Kaufkraft und dann bei Ihren Ersparnissen!

**Neue Identität zusichern**: Mit einer guten Altersvorsorge sind Sie Ihr eigener Herr und werden auch noch von Ihrer Familie als treusorgender Familienvater geschätzt.

**4. Schritt: Lassen Sie den Kunden Ihr Angebot als optimale Wunscherfüllung ansehen! – Indem Sie …**

**Komplettlösungen anbieten:** Ich nehme Ihnen dabei jede Arbeit ab!

**Wunschlösungen versprechen:** Mit unserem Plan erreichen Sie eine Rente, die Ihnen ein angenehmes Leben bietet. Außerdem …

**Auswirkungen aufzeigen:** Mit dieser Rente brauchen Sie auch im Alter nicht auf Ihre Theaterbesuche und Reisen zu verzichten.

**Handlungsimpulse auslösen:** Lassen Sie die Zeit nicht verstreichen. Nützen Sie alle staatlichen Fördermittel. Wer weiß, wie lange sie noch anhalten. Starten Sie noch heute Ihre Vorsorge!

**Letzter Schritt: Lassen Sie den Kunden von einer positiven Zukunft träumen!**

Indem Sie Ihm sagen, dass Sie ihn voll zufriedenstellen und so zum Stammkunden machen wollen!

# 4. Kapitel
# Die neuen Methoden der Verführung

»Es genügt nicht, die Menschen von der Wahrheit zu überzeugen, man muss sie auch zu ihr verführen.«

*Friedrich Nietzsche*

Sie kennen natürlich die bisherigen Überzeugungsmethoden mit der Aufzählung allgemeiner Produktvorteile und der Uraltformel: Das bedeutet für Sie ...? Aber auch diese alten Spielregeln ziehen heute nicht mehr. Aus drei Gründen:

- Weil der moderne Kunde von Reizen so zugeschüttet wird, dass er alle Standardvorteile, die ihn nicht spontan emotional berühren, sofort ausblendet.
- Weil der Kunde heute ein Erregungsgehirn hat, das nur auf Neues, Verblüffendes, Provokatives oder Überraschendes anspringt, das für ihn persönlich bedeutungsvoll ist.
- Und: Weil der Kunde sich heute aufgrund seiner alten Denk-Gewohnheiten neue Produkte oder seine verborgenen Wünsche erst dann als Kaufmotive vorstellen kann, wenn er sie zuvor aus einem anderen, einem neuen und für ihn bedeutungsvollen Blickwinkel betrachtet.

Wie ist das zu verstehen?

## Was sagen die Neurowissenschaftler dazu?

Sie haben festgestellt, dass Menschen vor allem aufgrund von Gefühlen entscheiden. Ja, dass es überhaupt keine Entscheidungen ohne Gefühle gibt. Und dass der Verstand in der Regel erst nachträglich die rationalen Gründe für diese emotionale Entscheidung liefert. Und dass Menschen nur dann handeln, also einen Kauf tätigen, wenn sie sich von ihm etwas Positives oder Besonderes versprechen. Denn nur dann schüttet der Körper Belohnungshormone aus, die sie antreiben, sich das Gewünsch-



*Die Neuen Spielregeln im Verkauf.* Hans Christian Altmann

ISBN: 978-3-527-50484-8

te auch zu besorgen. Vor allem aber haben die Neurowissenschaftler festgestellt: Solange der Kunde seinen verkrusteten Denk- und Verhaltensgewohnheiten verhaftet ist, sieht er keinen »neuen Bedarf«, lehnt er selbst die Erfüllung einer Ideallösung durch Schutzbehauptungen, wie z. B. »Das brauche ich nicht! Das ist zu teuer! Das funktioniert ja doch nicht« ab. Damit findet Ihr neues Angebot in seinem Denkrahmen keinen Platz, und es hat daher auch keine Verkaufschance! **Denn was sich der Kunde nicht vorstellen kann, das kauft er auch nicht!**

Also müssen Sie heute den Kunden erst einmal dazu bringen, Ihren Vorschlag aus einem neuen Blickwinkel zu betrachten! Nur dann ist er bereit, sich ein Bild von Ihrem Vorschlag zu machen. Dann erst wird in seinem Gehirn, in seinem Entscheidungszentrum, aus Freude über Neues, Größeres oder Erfolgswirksameres das Belohnungshormon Dopamin ausgeschüttet, das ihn antreibt, sich Ihre neue oder bessere Lösung auch zu kaufen!

Um das zu erreichen, genügt die alte »Vorteilsargumentation« nicht mehr. Dazu brauchen Sie heute die modernen neurowissenschaftlichen Methoden, wie z. B. Provokationen, Überraschungen, Verunsicherungen, Verblüffungen, Dramatisierungen und viele andere, die Sie noch kennenlernen werden.

Nur dadurch kommt der Kunde oft **schlagartig** auf die Idee, Ihre neue Lösung interessant, reizvoll und verlockend zu finden und sie zu akzeptieren, statt sie mit seinem Verstand in allen Einzelheiten kritisch zu zerpflücken – und das Haar in der Suppe zu finden.

Wissen Sie jetzt, warum es so wichtig ist, dass auch Sie als Verkäufer schon vor der Türe des Kunden eine **Vorfreude** über Ihr »einzigartiges« Angebot verspüren? Weil nur dadurch auch Ihr Körper Belohnungshormone freisetzt – als Antrieb sich die Belohnung zu holen: den Auftrag! Und dass Verkäufer ohne diesen inneren Antrieb eher tot oder hölzern wie Pinocchio wirken. Deshalb erfahren Sie in diesem Buch immer wieder Beispiele, wie Sie selbst aus einem Standardprodukt etwas Einzigartiges machen können.

Diese neurowissenschaftlichen Methoden haben noch einen weiteren Vorteil: Früher ging man davon aus, dass man den

Kunden **zuerst** durch rationale Argumente überzeugen und dann erst durch die Präsentation seine Sinne und Gefühle ansprechen muss. Auf jeden Fall waren so die meisten Verkaufsgespräche ausgerichtet. Bei einem echten Bedarf ist das kein Problem. Jeder erkennt sofort den Nutzen eines Kühlschrankes. Aber sein altes Handy zu »entsorgen« und das neueste zu kaufen, da müssen Sie zuerst Gefühle der Neugierde oder der sinnlichen Lust wecken und dürfen dann erst über die technischen Einzelheiten sprechen. Hier gilt also:

> Im modernen Verkauf müssen zuerst Gefühle geweckt und dürfen dann erst rationale Argumente nachgeschoben werden!

Sie müssen heute starke Emotionen wecken! Weil der Kunde durch das Überangebot an Reizen gefühlsmäßig immer mehr abstumpft. Dazu brauchen Sie stärkere emotionale Reize. Zum Beispiel gute Verführungsmethoden.

## So funktionieren die neuen Methoden der Verführung

Statt den Kunden mit der Aufzählung allgemeiner Produktvorteile und Anwendungsmöglichkeiten zu langweilen, sollten Sie ihn heute durch die neuen Methoden des Symmetriebruchs sofort, ja schlagartig, interessieren, begeistern und vor allem sinnlich (!) verführen.[4)] Dazu gehört,

- dass Sie den Kunden überraschen, verblüffen, provozieren, schockieren, verunsichern, unzufrieden oder neugierig machen.
- dass Sie in ihm Schuldgefühle wecken oder ihm provokativ widersprechen (was früher absolut verboten war!).
- dass Sie seine Lieblingswörter wiederholen, emotionale Schlüsselwörter gebrauchen oder ihn durch Humor entspannen.
- dass Sie durch Fragen nach dem, was er gerne wäre oder hätte, verborgene Wünsche zum Leben erwecken und Kauflust auslösen.

- dass Sie ihn zuletzt durch energetische Gesten, durch die Beschreibung künftiger Vorgehensweisen und durch klare Handlungsaufforderungen unbewusst zur Nachahmung und damit zum Abschluss motivieren. Auch dazu ein konkretes Beispiel:

### Wie man Kunden zu einem ganz neuen Blickwinkel verführt

Herr und Frau Schütz, beide im Rentenalter, interessieren sich in einem großen Autozubehörgeschäft für einen Fahrradständer auf ihrem Auto. Aus Kostengründen tendieren sie zu einem relativ preiswerten Dachständer. Das bedeutet für den Verkäufer, dass der Blickwinkel dieser Kunden a) auf die bisherige Gewohnheitslösung (Dachständer) und b) auf einen billigen Preis fokussiert ist.

Nehmen wir jetzt an, der Verkäufer engagiert sich für die beste Lösung für seine Kunden, berücksichtigt ihr Alter, sieht ihre schwache Statur und hat das Gefühl, dass ein Fahrradständer auf einer Anhänger-Kupplung für sie viel besser geeignet wäre. Aber das erfordert bei dem Ehepaar einen ganz anderen Blickwinkel: weg von der Vorstellung des Dachständers und weg von dem Gedanken an eine Billig-Preis-Lösung und hin zu den Motiven Gesundheit, Bequemlichkeit und Unabhängigkeit.

Mit den **alten Überzeugungsmethoden** würde er jetzt für seine neue Idee so argumentieren: »Der Fahrradständer auf der Kupplung hat Platz für zwei Räder, hält ein Gewicht von X Kilo aus und kann sogar abgekippt werden. Das bedeutet, dass Sie trotzdem die Heckklappe Ihres Golfs aufmachen können. Er ist einfach zu bedienen … Doch spätestens, wenn er dann den satten Preis von Y Euro nennt, zucken die Kunden zusammen: Dieser Preis ist nicht in ihrem Denkrahmen! Und sie haben bei dieser Argumentation auch keinen einzigen, emotionalen Grund erfahren, der für sie bedeutungsvoll ist und der ihren Blickwinkel verändert hat. Das wäre der Fall, wenn der Verkäufer mit den **modernen Methoden** der Verführung vorgehen würde. Das würde sich in der Kurzfassung so anhören:

»Frau Schütz, Herr Schütz, wollen Sie sich durch das Hoch- und Runterheben der Räder plötzlich einen Bandscheibenvorfall zuziehen? (Angst wecken) Wollen sie das wirklich riskieren? (Kunden verunsichern) Sind Sie es nicht Ihrer Gesundheit schuldig, für eine vernünftige Lösung zu sorgen? (Schuldgefühle wecken)

Herr Schütz, wie soll Ihre Frau das Fahrrad allein auf das Dach bringen und runterholen, wenn sie einmal eine Tour alleine unternimmt? Passanten bitten? (Kunden provozieren) Bei der Kupplungs-Lösung kann das Ihre Frau allein machen und bleibt dabei gesund! (Wunschlösung ansprechen) Hier habe ich ein Modell. Probieren Sie es doch mal aus. (Sinnliche Erfahrung anbieten) Wollen Sie Ihr Rad im Vergleich dazu mal auf diesen Dachständer hochwuchten? (Kontrast anbieten) Und haben Sie vergessen, wie schwierig es ist, wenn Sie nachts nach Hause kommen und dann im Dunkeln oben auf dem Dach die Halterung Ihrer Räder lösen müssen? (An Negativerfahrungen erinnern) Mit diesem Ständer ist das kein Problem. Und wenn Sie in die Waschstraße wollen, dann ist der Ständer mit zwei Handgriffen herunter. (Wunschlösung ansprechen) Gefällt Ihnen das? Dann schreibe ich das doch gleich auf!« (Zum Handeln auffordern)

**Tableau moderner neurowissenschaftlicher Verführungsmethoden**

15 Methoden, wie Sie Ihre Kunden zu neuen Überzeugungen verführen können.

- Überraschen: Schaun Sie mal, wie leicht das geht?
- Verblüffen: Wie lange brauchen Sie für den Abbau? Nur 30 Sekunden!
- Provozieren: Sind Ihnen Ihre Bandscheiben nichts wert?
- Verunsichern: Wissen Sie, wie das Rauf- und Runterheben Ihre Wirbelsäule belastet?
- Dramatisieren: Ein Fehlgriff und die Bandscheibe lässt grüßen!
- Kontraste aufzeigen: Heben Sie doch mal Ihr Rad auf den Dachständer und dann auf diesen Ständer. Ist das ein Unterschied?

- Sinnliche Erfahrung zeigen: Probieren Sie es mal selbst aus!
- Wunschlösung anbieten: Diese Lösung ist gesund, bequem und leicht!
- An Negatives erinnern: Erinnern Sie sich noch daran, als Sie das letzte Mal Ihr Rad in der Nacht vom Dach herunterholten?
- Schuldgefühle wecken: Soll Ihre Frau das Rad allein hochheben?
- Neugierig machen: Sie können trotz des Fahrradständers jederzeit die Heckklappe öffnen!
- Reizwörter einsetzen: Kaputte Bandscheiben, lohnt das?
- Mangelbewusstsein erzeugen: Ihr Rücken wird nicht jünger! Eine falsche Bewegung und es ist passiert!
- Einzigartigkeit aufzeigen: Dieses Modell ist zertifiziert!
- Zum Handeln auffordern: Wollen Sie ihn gleich montieren lassen?

**Verführung ist nicht Manipulation!** Die modernen wissenschaftlichen Methoden der Verführung durch Symmetriebruch wollen auf keinen Fall den Kunden manipulieren oder hinters Licht führen. Aber sie sind absolut notwendig! Weil sie die einzige Chance sind, ihn emotional und situativ anzusprechen, ihn schlagartig aus seinen alten Denkmustern herauszureißen und ihn die Sache von einem andern Blickwinkel aus betrachten zu lassen.

Und sie sind die einzige Chance, ihm die Realisierung seiner verborgenen Wünsche zu ermöglichen. Hier gilt, was schon Nietzsche wusste:

> »Es genügt nicht, die Menschen von der Wahrheit zu überzeugen, man muss sie auch zu ihr verführen.«

# Teil II
# Die Neuen Spielregeln des Angebots

Wie Sie aus Me-too-Produkten einzigartige Angebote machen, die sofort auffallen, differenzieren und Abschlüsse erzielen

*Die Neuen Spielregeln im Verkauf.* Hans Christian Altmann

ISBN: 978-3-527-50484-8

# 5. Kapitel
# Aus Me-too-Produkten einzigartige Angebote gestalten

»Wenn du die Gelegenheit nicht anklopfen hörst, suche dir eine andere Tür!«

*Arnold Zenetti*

## Wie ein Verkäufer von Telefonanlagen vom Klinkenputzer zum anerkannten Lösungsspezialisten aufstieg

Vorbei sind heute die Zeiten, als einem neue Auftragschancen auf dem Silbertablett angeboten wurden. Wenn Sie heute technische Lösungen verkaufen und erfahren, dass der Kunde zum Beispiel ein neues Telefonsystem braucht, dann können Sie sicher sein, dass Sie vor dem härtesten Preiskampf Ihres Lebens stehen. Wettbewerber und Internet lassen grüßen.

Was tun? Noch mehr Kunden ansprechen? Ein noch ausgefeilteres Kommunikationssystem anbieten? Auch hier geraten Sie unbarmherzig in das altbekannte »Hase-Igel-Spiel«. So schnell kann Ihre Firma gar nicht neue Techniken entwickeln, wie irgendwo ein Anbieter weltweit die Nase vorn hat.

Also – was können Sie tun? Verzagen gilt nicht! Mut ist gefragt, Einfühlungsvermögen und Kreativität! Also Veränderung! Denn die beste Chance lautet: **Bieten Sie dem Kunden eine neue Lösung an! Eine Lösung, die einzigartig und nicht kopierbar ist!**

Das kann eine Lösung sein, von der weder Sie noch Ihr Kunde vor dem Besuch die geringste Ahnung hatten. Also eine Lösung, die Sie erst »erfinden« und dann gemeinsam mit dem Kunden und anderen Partnern realisieren müssen. Und warum ist das die beste Lösung? Weil es diese Lösung auf dem Markt noch nicht gibt. Gäbe es sie, wären Sie wiederum nur zweiter Sieger. So aber sind die Vorteile enorm! Die Konkurrenz kann nicht so schnell nachziehen, der Kunde kann Sie keinem gnadenlosen Preisvergleich unterziehen und außerdem ist er über ihre neue individuelle Lösung für ihn entzückt!



*Die Neuen Spielregeln im Verkauf.* Hans Christian Altmann

ISBN: 978-3-527-50484-8

»Leicht gesagt! Doch wie soll das funktionieren?«, fragen Sie jetzt. Keine Angst, Sie schaffen es, wenn Sie künftig Ihren Kunden bewusster zuhören und sich mit Ihrer Spürnase engagierter für neue Lösungen einsetzen. Und wenn Sie den festen Willen dazu haben.

Wie man das mit Riesenerfolg macht, zeigt uns Markus Seidel, 34 Jahre alt und wohnhaft im Schwabenland. Er begann seine Laufbahn, indem er Telefonanlagen verkaufte. Doch aggressive Wettbewerber, sinkende Preise, brutale Preiskämpfe und eine rigorose Sparpolitik der Firmen (»Das brauche mer net«) machten den Verkauf zu einer Leidenstour und ihn selbst zu einem deprimierten Menschen. So kam es, dass er zuletzt weder die Kraft hatte noch die Worte fand, den Kunden zu sagen, warum sie ausgerechnet jetzt von ihm eine neue Telefonanlage kaufen sollten. **Er konnte kein Problembewusstsein mehr bei ihnen wecken und hatte dadurch selbst ein Problem: ein leeres Auftragsbuch!**

Als dann auch noch eine Scheidung dazu kam, sank seine Stimmung auf Null ab. Denn ohne Ehefrau fehlte ihm der emotionale Rückhalt und instinktiv wusste er: Ich verkaufe nur gut, wenn ich mich auch wohlfühle! Neugierig geworden frage ich ihn:

**Wie kam der Umschwung zustande?**

Im Rahmen einer Restrukturierungsmaßnahme wurde meine Vertriebsabteilung an eine andere Firma verkauft, die herstellerunabhängig ist und integrierte Kommunikationssysteme verkauft. Das heißt: Ich verkaufe jetzt nicht mehr einzelne Produkte, sondern in Zusammenarbeit mit mehreren Produktpartnern integrierte Gesamtlösungen! Und diese Art des Verkaufs ist mir wie auf den Leib geschneidert. Seitdem rolle ich den Markt auf, statt dass er mich überrollt!

**Gratuliere, aber wie schafft man das?**
**Was ist Ihr Erfolgsgeheimnis?**

Erstens: Ich muss mich sofort aus der grauen Masse der Wettbewerber abheben. Ich muss Farbpunkte, ja Lichtpunkte setzen, damit ich beim Kunden auffalle, sonst falle ich ab! Zweitens: Ich muss dem Kunden ganz schnell zeigen, dass ich für ihn von Nutzen bin, dass ich sein Problem verstehe und dass ich ihm eine bessere Lösung anbieten kann. Und drittens: Ich muss alle Entscheider ganz individuell in ihrer Sprache ansprechen: den Geschäftsführer oder Controller mit Zahlen, den IT-Leiter mit Technofacts und den Anwender mit konkreten Nutzenbeispielen und Anwendungsmöglichkeiten.

**Und wie heben Sie sich von Ihren Mitbewerbern ab?**
Indem ich gegen den Trend vorgehe! Ich beobachte meine Konkurrenten genau und mache dann oft das Gegenteil. Wenn die Mitbewerber ihr Gespräch mit Small Talk beginnen, dann beginne ich damit, dass ich dem Kunden als Erstes eine Tüte Butterbrezen auf den Tisch stelle – als Anregung für eine kurze, gemütliche Kaffeepause. Wenn sie ihr Verkaufsgespräch nach einem starren System durchführen, dann führe ich mit meinen Kunden lieber eine offene Unterhaltung, um sie zum Reden zu bringen und um genauer zuhören und flexibler reagieren zu können. Und wenn sie Angebote mit 15 Seiten machen, dann beschränke ich mich auf drei Seiten. Denn der Kunde interessiert sich nicht für »technische Geschichten«.

Und wir erkennen:

| |
|---|
| Gute Verkäufer gehen immer anders als alle anderen vor! |

**Aber wie kommen Sie überhaupt mit neuen Kunden ins Gespräch?**
Ich verfolge drei Chancen. Die erste ist: Ich schaue mir am Jahresanfang die letzten Kundenaufträge an und frage mich: Welchen Bedarf könnte dieser Kunde in diesem Jahr haben? Welchen zusätzlichen Bedarf könnte er noch haben, um seine Produktivität, Effizienz und Rentabilität zu erhöhen? Und welchem Bedarf können wir gerecht werden? Und dann mache ich mir für jeden Kunden einen Plan, was ich ihm anbieten kann.

**Und wie sieht die zweite Chance aus?**

Da frage ich mich: Gibt es in meinen Bereichen – dem Gesundheitswesen, der öffentlichen Verwaltung und bestimmten Industriebranchen – neue gesetzliche Bestimmungen? Zum Beispiel: Wenn der Gesetzgeber verlangt, dass heute eine Klinik dem Patienten die Möglichkeit bieten muss, jederzeit Alarm auslösen zu können und dieser Alarm gleichzeitig verschiedene Stationen und Personen erreichen muss, dann funktioniert das nur über ein integriertes Alarmsystem. Dann ist das meine Chance. Oder ich frage mich: Gibt es in meinen drei Bereichen ein bestimmtes Ereignis, das plötzlich einen erheblichen Handlungsbedarf ausgelöst hat?

**Haben Sie auch dafür ein konkretes Beispiel?**

Ja. Erst kürzlich wurde auf den Mitarbeiter eines Sozialamtes im Stuttgarter Raum geschossen. Gott sei Dank vorbei. Aber das Landratsamt bestimmte sofort, dass jeder Mitarbeiter mit Kundenkontakt die Möglichkeit haben muss, einen »stillen Alarm« auslösen zu können, sei es über einen Knopf am Schreibtisch, eine Taste am PC oder einen Knopf am Telefon. Ein Idealfall für integrierte Lösungen, weil auch hier wieder gleichzeitig verschiedene Stellen informiert werden müssen. Und bei 30 Behörden wie etwa den Arbeitsämtern, Sozialämtern oder Kfz-Zulassungsstellen kommt da ein erheblicher Bedarf zusammen.

**Gratuliere. Und wodurch unterscheiden Sie sich von Ihren Wettbewerbern?**

Die gleichzeitige Information verschiedener Stellen erfordert eine Vernetzung, die nur wir anbieten können. Denn sie funktioniert nur durch die Zusammenarbeit mit mehreren Partnern, die auch unsere technischen Lösungen optimal ergänzen. Dadurch entsteht oft ein völlig neues Produkt, das wir uns gelegentlich sogar patentieren lassen können.

**Ich komme noch darauf zurück. Aber vorher noch die Frage: Wie sieht Ihre dritte Umsatzchance aus?**

Es sind an sich zwei Chancen. Zum einen überlege ich, welche anderen Kunden ebenfalls von unseren neuen (patentierten)

Lösungen profitieren können. Und zum andern – und diese Umsatzchance wird im Rahmen der individuellen Problemlösungen immer wichtiger – frage ich mich: Wie kann ich mir durch genaues Zuhören, gezieltes Nachfragen und durch meinen Spürsinn für neue, überraschende Problemlösungen neue Umsatzchancen schaffen? Das kann ich nicht vorausplanen, dafür brauche ich meine Spürnase. Aber wenn es klappt, dann bieten diese »Zufälle« heute die größten Umsatzchancen.

Und wir erkennen:

> Topverkäufer schaffen sich heute selbst neue Umsatzchancen, indem sie für aktuelle Probleme Ihrer Kunden neue und einzigartige Lösungen schaffen. Allein oder mit Partnern.

**Können Sie mir auch dazu ein Beispiel nennen?**

Gern. Bei meinem letzten Auftrag ging es um eine große Spedition, die in Europa 25 Standorte besaß. Ihr Problem war, dass diese Standorte kaum vernetzt waren, kaum Daten untereinander austauschten und mit 24 Callcentern operierten. Die Folge war, dass LKW's oft leer in der Gegend herumfuhren, die Mitarbeiter im Callcenter den Kunden nicht sofort sagen konnten, wo und wann der nächste LKW frei war und dass das ganze Auftrags- und Bestellwesen ein einziges Durcheinander war.

**Wie kamen Sie gerade zu diesem Auftrag?**

Das ist die allerwichtigste Frage. Sie zeigt, wie sehr man heute als Verkäufer ganz genau zuhören und dann gezielt nachfragen muss, wenn einem Leute aus der Branche ihren Ärger mitteilen oder der Kunde in einem Nebensatz seinen Frust ablässt. Das ist wie Goldwaschen. Unter Sand, Dreck und Steinen muss man es »blitzen« sehen.

In diesem Fall beschwerte sich die Frau eines Kollegen, die bei dieser Spedition angestellt war, über das »unmögliche« Bestellwesen. Mein Kollege wurde hellhörig und da wir einen guten Kontakt haben und diese Firma zu meinem Gebiet gehört, informierte er mich darüber.

**Wie haben Sie das Problem dann gelöst?**

Zunächst verfolgte ich eine völlig falsche Spur. Wegen der schlechten Vernetzung der 25 Standorte, glaubte ich, dass die Vernetzung das Wichtigste war. Aber – und jetzt kommt es – daran war der Kunde gar nicht besonders interessiert. Erst im Lauf des Gesprächs kamen wir dann auf das Bestellwesen zu sprechen und – siehe da! – **erst jetzt, bei dem neuen Begriff »Bestellwesen« sprang der Kunde an.** Ja, er wurde geradezu redselig, während er zuvor eher verschlossen war. Der Grund dafür? Nur dieses Problem brannte ihm auf den Nägeln und nur für dieses Problem wollte er eine Lösung haben.

Und wir sehen:

> Topverkäufer verfolgen nicht »ihr« Problem, sondern kümmern sich um das Problem, das dem Kunden auf den Nägeln brennt.

**Und wie löschen Sie diesen Brand?**

Vereinfacht gesagt, wir installierten ein umfassendes Datennetzwerk, sorgten für ein integriertes Bestellwesen, das alle 25 Standorte umfasste, konzentrierten alle Anfragen auf ein einziges Callcenter, das jedoch jede Sprache bediente und übergaben die Leitung einem einzigen Systemadministrator.

**Überzeugte den Kunden diese Lösung?**

Nur zur Hälfte. Denn technische Leistungen überzeugen den Kunden erst dann, wenn man ihm auch seinen »Return on Investment«, also die rechenbaren Vorteile der neuen Lösung präsentiert. In unserem Fall hieß das: Einsparung von 24 Systemadministratoren, Wegfall der Überstunden-Zuschläge ab 17 Uhr, Abdeckung der Zeiten, in denen die Callcenter in Frankreich und England bisher nicht besetzt waren, einmalige Adressenänderung von Kunden statt 25facher sowie Sonderkonditionen beim Kauf aller Produkte für diese Lösung.

**Ist das »Heraushören« eines möglichen Kundenbedarfs wirklich so entscheidend? Haben Sie dafür noch ein Beispiel?**

Ja. Erst kürzlich rief mich der technische Leiter einer großen Druckerei an. Dabei ging es anfangs nur um ein paar zusätzliche schnurlose Telefone. Doch plötzlich – mitten im Gespräch – begann er sich über die alten Telefone zu beschweren und äußerte seinen Ärger über die ständigen Ausfälle und den häufigen Schaden an den Akkus. Doch das war nur ein Vorwand. Erst als ich weiter nachfragte – und auf dieses Engagement des Verkäufers kommt es heute an! –, was ihn wirklich so ärgerte und auf die Palme brachte, ließ er die Katze aus dem Sack: Es ging gar nicht um die Telefone! Es ging in Wirklichkeit um das Callcenter seines Betriebes. Denn das funktionierte hinten und vorne nicht. Auf die Frage, welche Lösung er sich denn dafür vorstelle, meinte er nur wegwerfend: »Ach was, das könnt ihr ja sowieso nicht!« So schlecht hatte mein Vorgänger unsere Firma bei ihm präsentiert, dass er nicht einmal auf die Idee gekommen war, uns um Rat zu fragen.

Und wir stellen wieder einmal fest:

> Die einfachste Art neue Umsätze zu erreichen, besteht darin, dem Kunden zu sagen, was man alles liefern und leisten kann.

**Worum ging es denn dem Kunden?**

Er wollte, dass jeder Kunde immer mit der gleichen Ansprechpartnerin verbunden würde. Und dass das System daher sofort erkennen sollte, woher ein Kundenanruf kam. »Stopp!«, sagte ich da zu ihm, »dafür brauchen wir einen Termin!«

**Hatten Sie damit den Auftrag schon in der Tasche?**

Keineswegs, denn wie bei dem Spediteur verbarg dieser Ärger nur den eigentlichen, den wichtigsten Auftragsgrund des Kunden. Was ihm wirklich am Herzen lag, war das marode Auftragswesen. Seine Telefondamen arbeiteten hier noch mit einem veralteten System, bei dem sie bis zu 25 Seiten am Bildschirm aufblättern mussten, bevor sie sämtliche Bestellvorgänge eines Kunden übersehen konnten. Genauso schwierig war es für sie, sofort die aktuelle Druckkapazität festzustellen und dem Kunden auf Anhieb sagen zu können, wann sein Auftrag gedruckt und abgeholt werden könnte. Erst jetzt, im Gespräch mit dem Kunden und dem Techniker, den ich gleich mitgebracht hatte, machte es Klick und wir kamen zu dritt auf eine neue Lösung.

**Sehr schön. Und wie sah die aus?**
Das Wichtigste war: Mit der Installation eines neuen Kommunikationssystems konnte jeder Anrufer sofort mit der zuständigen Sachbearbeiterin verbunden, sein bisheriges Auftragsvolumen auf einer Seite aufgerufen, seine Anfrage sofort beantwortet und der Auftrag sofort notiert und weitergeleitet werden. Echte Vorteile, denn so brauchte er nicht mehr bei anderen Wettbewerbern nachzufragen und es bestand auch nicht mehr die Gefahr, dass der Auftrag verloren ging.

**Was war die wichtigste Erkenntnis für Sie aus diesen beiden Fällen?**
Ganz klar: Ich muss die Beschwerden der Kunden ernst nehmen, statt sie zu bagatellisieren. Und ich muss mir dadurch selbst neue Umsatzchancen schaffen, statt nur auf neue Kundenanfragen zu warten! Dieses Aufspüren und Verfolgen liegt mir, denn ich lese gerne Kriminalromane.

**Und was machen Sie sonst noch, um neue Auftragschancen aufzuspüren?**
Eine ganze Menge. Wollen Sie gleich mitschreiben?

**Gerne!**

## 10 Tipps, wie Sie neue Auftragschancen aufspüren, den Abschluss enorm beschleunigen und die Kunden an sich binden

### 1. Werten Sie den Kunden individuell auf

So habe ich das Maskottchen des VfB Stuttgart (das »Fritzle«), das der Kunde als Sponsor des VfB auf seiner Homepage hatte, in mein Angebot für ihn eingefügt und es obendrein noch mit den Originalfarben des Kunden eingefärbt. Eine kleine Extra-Mühe, die sich jedoch immer auszahlt.

### 2. Führen Sie regelmäßige, aber lockere Kundengespräche durch

So lade ich meine Kunden bereits am Anfang des Jahres dazu ein, vierteljährliche Besprechungstermine festzulegen, die außerhalb der Regelbesuche liegen. Auf diese Weise kann ich sie in ungezwungener Atmosphäre über neue Geräte und Problemlösungen informieren und erfahre zugleich aktuelle Probleme des Kunden. Denn ich weiß: Ohne Kaufdruck reden die Kunden viel freier und plaudern auch so manches aus, was sie sonst gerne verschweigen würden.

### 3. Bieten Sie Sammelbestellungen mit Sonderkonditionen an

Bei größeren Kunden strebe ich gerne einen Jahres-Sammelauftrag an. Dazu frage ich den Kunden: »Was haben Sie bisher an Kleinmaterial nachbestellt? Mehr als 25 000 Euro? Und jedes Mal einen neuen Auftrag ausgeschrieben?« – »Ich habe einen besseren Vorschlag: Machen wir einen Jahres-Sammelauftrag über diese Summe und Sie erhalten vier Vorteile: günstigere Konditionen, weniger Verwaltungsaufwand, Einmalbezahlung und einfache Nachbestellungen. Dann haben wir eine echte Win-win-Situation für uns beide.«

### 4. Sprechen Sie Cross-Selling-Geschäfte an

Ich biete dem Kunden auch unsere anderen Produkte an. Und die unserer Partner. Auf diese Weise kann ich dem Kunden ganz nebenbei mein Gesamtangebot vorstellen, ihn über neue Problemlösungen informieren und gleichzeitig aktuelle Probleme aufspüren.

**5. Denken Sie in Lösungen und nicht in Produkten**

So habe ich eine große Maschinenfabrik nur deshalb gewonnen, weil ich ihnen nicht neue Telefone anbot, sondern ihnen eine neue Lösung versprach, mit der sie ihre verschiedenen Standorte vernetzen und damit eine Reihe von Vorteilen gewinnen konnten.

**6. Laden Sie Kunden zu monatlichen Stammtischen ein**

Ich lade zu jedem Stammtisch vier bis fünf Kunden ein, damit sie sich kennenlernen und Erfahrungen austauschen können. So bekomme ich in gemütlicher Runde Infos aus erster Hand und Anknüpfungspunkte für künftige Verkaufsgespräche.

**7. Wirken Sie bei Ihrem Angebot spontan und flexibel**

Da ich weiß, wie wenig attraktiv fertige Angebote sind, male ich in meinem Angebot noch herum, füge spontan noch etwas hinzu, wofür ich zuvor absichtlich Platz gelassen habe oder schreibe auf Anregung des Kunden ganz spontan noch eine neue Idee hinzu. Mit dieser Spontaneität suggeriere ich ihm, dass ich stets neue Ideen habe und bereitwillig auch auf seine Ideen eingehe.

**8. Begeistern Sie mit Erfolgslösungen und Referenzgeschichten**

Ich spreche weniger über Produkte als vielmehr über Erfolgslösungen. Ja, ich empfehle neuen Kunden sogar, meine bisherigen Kunden anzurufen und sich mit ihnen allein auszutauschen. Denn besser als mit Beweisen überzeugt man mit guten Zeugen!

**9. Sprechen Sie den Abschluss schon vorab deutlich an**

Bereits nach dem ersten, geänderten Angebot sage ich zu dem Kunden: »Und beim nächsten Treffen können wir das Ganze in einen verlässlichen Rahmen packen, nicht wahr?« Ich übergebe manchen Kunden auch schon vorab ein leeres Auftragformular, damit er bestimmte Konditionen schon mal abchecken kann.

**10. Suchen Sie stets nach aktuellen Anknüpfungspunkten**

Ich weiß, dass sich Kunden am meisten für die Einhaltung neuer gesetzlicher Vorschriften interessieren. Daher überlege ich mir schon vorab: Wie bringe ich den Kunden dazu, plötzlich über das Thema »Arbeitsplatz-Sicherheit« zu sprechen? Zum Beispiel, indem ich ihm davon erzähle, wie beim letzten Kunden durch unsere neue, integrierte Lösung die Mitarbeiter-Zufriedenheit sprunghaft anstieg und dadurch auch die Zahl der Unfälle sofort zurückging.

Damit Sie sofort loslegen können, hier noch einmal die besten Tipps für neue Umsatzchancen aus unserem Interview:

**20 Tipps, wie Sie sofort neue Umsatzchancen aufspüren**

1. Sehen Sie Schwierigkeiten, Reklamationen und Ärgeranlässe grundsätzlich als Chancen für neue Lösungen und Umsätze an.
2. Achten Sie auf die Sätze des Kunden, in denen er seinem Ärger oder Frust Luft macht und bei denen es um Beschwerden, Reklamationen oder Unstimmigkeiten geht. Überlegen Sie, welche Lösungschancen sich dabei für Sie ergeben könnten.
3. Nehmen Sie gerade die kurzen Nebensätze des Kunden ernst. (z. B. »Die vielen Kleinbestellungen machen mir Probleme.«)
4. Hören Sie auch seine verräterischen Einschränkungen heraus (z. B. »An sich sind wir mit dem Bestellwesen zufrieden.«) Hinter dem »an sich« könnte sich ein Problem und damit eine neue Umsatzchance verbergen.
5. Fragen Sie den Kunden stets nach dem genauen Grund seines Ärgers oder seiner Unzufriedenheit.
6. Fragen Sie den Kunden bewusst, ob es in diesem Bereich noch etwas gibt, was ihn stört oder womit er unzufrieden ist.

7. Haken Sie auch nach, wenn der Kunde sagt, er wäre »eigentlich« mit seinem Lieferanten oder der bisherigen Lösung zufrieden. Dahinter könnten sich echte Probleme verbergen.
8. **Fragen Sie ihn bei allen Problemen nach der Wunschlösung, die ihm am liebsten wäre.**
9. Fixieren Sie sich nicht sofort auf ein bestimmtes Problem, von dem Sie glauben, dass es für den Kunden am wichtigsten ist (z. B. die Vernetzung). Er soll es zuvor bestätigen.
10. Forschen Sie so lange nach Problemen, bis Sie auf eins stoßen, das ihm wirklich am Herzen liegt (z. B. das Callcenter)
11. Binden Sie den Kunden in die Bearbeitung der Lösung mit ein. Dadurch stoßen Sie entweder auf weitere Probleme oder oft erst auf das wahre Problem.
12. Beobachten Sie, bei welchen Schlüsselwörtern der Kunde mit gesteigertem Interesse reagiert, (z. B. dem Bestellwesen).
13. Stellen Sie dem Kunden auch hypothetische Fragen (z. B.: Wie steht es mit dem Bestellwesen? ... oder dem Callcenter?) und achten Sie auf seine emotionalen Reaktionen. Die stärkste Reaktion weist auf das dringlichste Problem hin.
14. **Fragen Sie den Kunden, welches Problem ihm im Augenblick am meisten auf den Nägeln brennt.**
15. Fragen Sie beim Kunden auch weitere Bedarfsmöglichkeiten ab, die seine Produktivität oder Rentabilität beeinflussen.
16. Sprechen Sie nicht von neuen Produkten, sondern ganz spontan von einer neuen Idee oder einer neuen Lösung.
17. Spielen Sie bei der Lösung dem Kunden mit Ihren Worten einen Film vor, in dem er erlebt, wie Ihre Lösung die Produktivität oder Rentabilität seines Betriebes steigert.
18. Fragen Sie den Kunden, ob er schon mal an die Lösung X gedacht habe oder sich die Lösung Y vorstellen könne.
19. Erzählen Sie dem Kunden auch von erfolgreichen Lösungen bei anderen Kunden, um so sein Interesse dafür zu testen.
20. Forschen Sie nach neuen gesetzlichen Bestimmungen, die für Ihre Kunden infrage kommen.

# 6. Kapitel
# Unglaubliche Chancen durch einzigartige Angebote

»Qualität ist kein Zufall; sie ist immer das Ergebnis angestrengten Denkens.«

*John Ruskin*

## Wie Verkäufer von Spielzeugen für Kindergärten es schaffen, trotz stärkster Konkurrenz aufzufallen und Abschlüsse zu erzielen

Wie verkauft man ein Produkt, das absolut kein High-Tech-Produkt ist, dessen Lieferprogramm Hunderte von Artikeln im Niedrigpreissegment umfasst, bei dem sich die Verkäufer die Klinke in die Hand geben und die Preise wie auf dem Basar verhandelt werden? Es geht um den Verkauf pädagogisch wertvoller Spielsachen an die Erzieherinnen in Kindergärten. Der folgende Beitrag zeigt uns, wie die besten Verkäufer der Firma »Lustige Spiele« instinktiv **den einzigen Weg zum Erfolg fanden.** Und dieser Weg ist so erfolgreich, dass sie von ihren Kundinnen als echte Berater geschätzt werden, überdurchschnittlich hohe Abschlüsse erreichen, kaum Preisdiskussionen haben und stets willkommen sind.

Wie sie das schaffen, zeigt das Gespräch mit Gerhard Holz, Verkaufsleiter und gleichzeitig einer der besten Verkäufer:

Ich frage ihn:

**Was ist Ihr Erfolgsgeheimnis?**

Ich bin eher zufällig darauf gekommen. Ich prüfte einmal genau nach, was die zehn besten Verkäuferinnen und Verkäufer unserer Firma anders als die anderen machen. Dabei stieß ich auf einen sehr interessanten Erfolgsfaktor.

**Sie machen mich neugierig. Wie sieht der aus?**

Der entscheidende Faktor ist, dass sie alle einzigartig sind.

Bei einem Vergleich aller 80 Verkäufer haben sich die zehn besten allein durch diesen **Zaubereffekt** von den andern unter-



*Die Neuen Spielregeln im Verkauf.* Hans Christian Altmann

ISBN: 978-3-527-50484-8

schieden. Und warum? Weil diese Verkäufer erreicht haben, was heute für jeden Verkäufer entscheidend ist: sich sofort von der Konkurrenz abzuheben, aus der Masse der Verkäufer hervorzustechen und anders als andere zu sein. Denn nur so erreichen sie spontan die Neugierde und Aufmerksamkeit ihrer Kunden.

Holz liefert uns hier schon die erste Lektion:

| Topverkäufer wollen stets »anders als alle anderen« sein! |
|---|

**Warum ist das so erfolgreich?**
Wer heute nicht auffällt, fällt sofort weg! Wer nicht gleich die Aufmerksamkeit des Kunden gewinnt, geht bei dem Überangebot unter. Wer bei fünf bis sieben Vertretern pro Tag nicht schon beim ersten Besuch einen besonderen Eindruck erreicht, wird nicht beachtet, und wer nicht sofort echte Vorteile signalisiert, wird erst recht nicht bei Aufträgen berücksichtigt. Denn die Kundin denkt: langweiliger Typ, langweilige Spielzeuge! Und von denen hat sie bereits genug! Was sie sucht, ist Neues und Besonderes.

**Und wie erreichen sie diese sofortige Aufmerksamkeit?**
Entweder durch ein einzigartiges Angebot oder einen besonderen Auftritt. Nehmen wir die Lisa. Sie passt sich in einzigartiger Weise ihren Kundinnen an. Sie spricht wie sie und kleidet sich wie sie. Privat, am Wochenende, ist sie dagegen elegant gekleidet. Aber wenn sie wochentags einen Kindergarten betritt, dann erscheint sie mit Latzhose, Turnschuhen und Zöpfen und das hat Signalwirkung. Weil sie mit ihrer Kleidung nicht nur eine äußere Ähnlichkeit, sondern auch eine innere Ähnlichkeit, eine ähnliche Gesinnung ausdrückt. Und Kunden schätzen Verkäuferinnen oder Verkäufer, die ihnen **ähnlich sind** und die zeigen, dass sie mit ihnen auf einer Stufe stehen.

**Was zeichnet die anderen Verkäufer aus?**
Auch sie bestechen alle durch eine besondere Form der Einzigartigkeit. So brilliert Rolf durch sein pädagogisches Fachwis-

sen, indem er den Erzieherinnen genau sagt, wie sie mit seinen Spielsachen bestimmte Defizite bei den Kindern beheben und ihre pädagogischen Ziele erreichen können. Und er beeindruckt sie, weil er ihnen gleichzeitig praktische Anwendungsmöglichkeiten aufzeigt, an die sie bisher noch gar nicht gedacht haben. Welche Kindergärtnerin begeistert das nicht? Ferry kann dagegen seine Produkte so hervorragend präsentieren, dass die Kundinnen von den Socken sind. Dadurch regt er ihre Fantasie an, zeigt ihnen, was sie mit seinen Sachen alles einüben können, begeistert sie unbewusst für ihren Beruf und verstärkt obendrein auch noch ihre gute Laune. Klar, dass sie auf diese Weise von ihm fasziniert sind und massig einkaufen.

**Es zeichnet sich also jeder auf einem anderen Gebiet aus?**
Exakt. Denn der Alex hatte plötzlich die Idee, mit einer Physiotherapeutin zusammenzuarbeiten und machte aus unserer alten Spielstraße im Handumdrehen eine neue Attraktion. Da sie jetzt viel mehr Spielmöglichkeiten aufweist, wurde sie zu einem echten Verkaufsknüller. Warum? Weil er auf diese Weise einen der größten Kaufwiderstände der Erzieherinnen überwand: die Angst, dass die Kinder mit einem teuren Spielzeug nur eine Woche lang spielen und es dann achtlos in der Ecke liegenlassen.

**Und was ist mit der Begeisterung?**
Auf diesem Weg erreicht Maximilian Spitzenergebnisse. Er verkauft Fensterbausteine und sagt dazu: »Eigentlich habe ich gar keine besonderen Argumente für sie. Ich packe sie einfach aus und zeige sie her. Aber was mich von früher unterscheidet ist: Ich bin dabei total begeistert. Und damit stecke ich meine Kundinnen an. Und deren Begeisterung strahlt wiederum auf mich zurück!« Über seinen Verkaufserfolg sagt er: »**Viele Kollegen können einfach kein Feuerwerk abbrennen!** Sie wissen nicht, dass man sich anfangs zu dieser Begeisterung auch mal zwingen muss. Aber je öfters man es tut und je positiver die Resonanz ist, umso leichter fällt es. Heute freue ich mich schon im Voraus auf jede neue Vorführung. Oder soll ich sagen Verführung? Aber das ist ja wohl das Gleiche!« Das Ergebnis: Keiner verkauft heute mehr Fensterbausteine als er.

**Haben Sie auch ein Beispiel dafür, wie ein Verkäufer allein durch eine einzige Änderung einen Riesenerfolg erlebte?**

Na klar. Das war bei mir selbst. Als ich zu Beginn meiner Laufbahn von einer Kollegin gefragt wurde, wie ich denn die Holzlaterne verkaufe, sagte ich ihr: »Na ja, so mittelmäßig.« Daraufhin sollte ich ihr meine Präsentation zeigen. Als sie sie sah, lachte sie und meinte: »Kein Wunder, dass du sie nicht gut verkaufst! In dieser Form kauft sie kein Mensch!« Und dann zeigte sie mir, wie sie ihre Holzlaterne mit kreativem Geschick zu »Aladins Wunderlampe« umgestaltet hat. Mit dem Ergebnis: Schon am nächsten Tag ging mein Umsatz mit Holzlaternen wie eine Rakete ab.

**Was war der Grund dafür?**

Ganz einfach. Ich konnte den Erzieherinnen bei der nächsten Präsentation zeigen, wie man mit etwas Fantasie und Geschick eine simple Holzlaterne zu einer magischen Wunderleuchte umgestalten kann. Und was wollen die Erzieherinnen ihren Kindern beibringen? Kreativität und gestalterisches Geschick! Und genau das hatte ich ihnen bewiesen!

**Gibt es für diese verschiedenen Erfolgsmethoden einen gemeinsamen Nenner?**

Natürlich. Jeder macht es irgendwie anders. Jeder ist irgendwie einzigartig. Das ist das Entscheidende! Und jeder hat damit Megaerfolg. **Es ist, als ob es gar nicht darauf ankommt, was man anders macht, sondern dass man etwas anders macht.** Dass man es einzigartig, individuell und kreativ macht! Denn das scheint eine magnetische Ausstrahlung und Anziehungskraft zu bewirken. Warum? Weil die Erzieherinnen spüren, dass sich da jemand extra Mühe für sie gemacht hat, dass er ihnen mehr Nutzen oder mehr Wohlgefühl bringen will als die Wettbewerber. Und dass er ihnen genau das demonstriert, was sie so gerne spielerisch mit ihren Kindern einüben wollen: Individualität und Teamarbeit, Kreativität und gestalterisches Geschick.

**Das klingt spannend. Haben Sie noch weitere Beispiele?**

Da ist zum Beispiel Stani. Er erinnerte sich plötzlich an sein Hobby: das Malen. Und von dem Tag an begeisterte er sich wie kein anderer für unsere Farben und Malvorlagen. Prompt malte er am nächsten Tag alle Malvorlagen selbst aus. Und nicht genug damit: Alle diese Farben und Malvorlagen schleppt er heute zu jeder Kundin mit. Kein Wunder, dass er so viele Malvorlagen und Farben verkauft wie kein anderer. Und das Erstaunliche daran ist: Dieser Erfolg hat auch den Umsatz seiner anderen Artikel ganz wesentlich gesteigert.

**Und was macht Ihr bester Verkäufer?**

Sie werden es nicht glauben. Es ist eine Verkäuferin. Emma macht gleich zwei außergewöhnliche Dinge. Das erste ist: Jedes Quartal bringt sie ihren Kundinnen einen **Blumenstrauß** der Jahreszeit mit und macht dann an Ort und Stelle die Termine fürs nächste Quartal aus. Mit gespenstischem Erfolg. Denn auf diese Weise hat sie stets ein Terminpolster von 100 bis 150 Terminen im Voraus. Und zweitens: Wenn sie dann zum Termin kommt, bringt sie immer einen **speziellen Flyer** mit, mit dem sie den Kindergärtnerinnen bestimmte Spielsachen im Paket zu einem Sonderpreis anbietet. Mit enormem Erfolg: Ihre Kundinnen sehen sofort den Preisvorteil, können den Preis aber nicht mehr mit den Wettbewerberpreisen vergleichen, kommen durch das Komplettangebot leichter zur Entscheidung und machen außerdem auch noch eine größere Bestellung.

**Gibt es auch einen Verkäufer, der an seiner Arbeit nichts geändert hat, aber dennoch sehr erfolgreich ist?**

Ja und nein. Denn auch Till ist in seiner Weise einzigartig. Nachdem er monatelang zu unseren schwächsten Verkäufern zählte, packte ihn plötzlich eine solche Wut über seine Misserfolge, dass er von einem Tag auf den anderen das Ruder herumriss. Statt wie bisher frühmorgens ohne Plan und Ziel loszufahren, setzt er sich heute bereits **am Vorabend für jeden Tag ein ganz bestimmtes Tagesziel**. Und obwohl in der Regel bei uns 30 Prozent der vorher vereinbarten Termine von den Kundinnen nicht eingehalten werden, schafft er dennoch sein Tagesziel.

**Wie ist das möglich?**

Weil er bei Terminausfällen nicht aufgibt, sondern spontan auf Kaltbesuche umschaltet und an diesem Tag solange arbeitet, bis er sein Ziel erreicht hat. Und genauso verfolgt er auch sein Monatsziel mit der gleichen Ausdauer und Konsequenz. Auf diese Weise – und das ist der eigentliche Erfolgsfaktor – hat er sein Unterbewusstsein auf ganz bestimmte Ergebnisse programmiert. Und das drückt sich wiederum in seinem Verhalten aus. Das ist heute viel überzeugender und nachdrücklicher als früher, als er seine Kundinnen nach Lust und Laune besuchte. Deshalb ist er heute so erfolgreich. Ich bin überzeugt: Eine solche Willenskraft ist immer ein unglaublicher Erfolgsfaktor!

**Wie ist er darauf gekommen – außer durch seine Wut?**

Er hat mir einmal erzählt, dass er im Fernsehen ein Interview mit unserem Altbundesbundeskanzler Helmut Schmidt gesehen hätte. Der sei vom Reporter gefragt worden, wie er es denn schaffe, als Rentner 25 Bestseller zu schreiben und ob man dazu nicht eine politische Leidenschaft brauche. Da habe Schmidt ganz kühl geantwortet: **»Dazu braucht man keine Leidenschaft, aber Selbstdisziplin!«** Was nichts anderes heißt, als jeden Tag zu schreiben und dranzubleiben! Bis zum Ergebnis! Und das sei auch sein Motto geworden!

**Und was ist, wenn eine neue Idee nicht gleich klappt?**

Dann muss der Verkäufer eben aus den Absagen oder Einwänden lernen. Am besten sogar mithilfe der Kundin. So lehnte eine Erzieherin am Anfang unsere Kugelbahn aus zwei Gründen ab: einmal, weil sie keinen festen Platz dafür hatte und zweitens, weil ihr der Preis zu hoch erschien. Doch es waren nur Vorwände. Also fragte unsere Helene die Kundin nach dem wahren Grund und siehe da: Die Kugelbahn stellte in der vorliegenden Form für die Kundin einen zu geringen praktischen Nutzen dar! Flugs fragte sie: »Frau Bensch, was sollte denn an der Kugelbahn anders sein?« – Ein Volltreffer, denn so bezog sie sie in den Gestaltungsprozess mit ein. Und kurze Zeit später wurde die neue Kugelbahn ein echter Renner.

Und wir wissen:

> Die besten Argumente kommen immer von den Kunden, wenn man sie fragt!

**Das heißt: Mit dieser Nachfrage bewies die Verkäuferin auch ihr echtes Interesse an dem praktischen Nutzen für die Kundin?**

Ja, genau diese Einstellung ist entscheidend. Denn die Kundin fühlt das. So war es auch, als eine Kundin den neuen Magnetwürfel ganz entschieden ablehnte. Was war zu tun? Einen neuen entwerfen? Ging nicht. Jetzt galt es den wahren Grund herauszufinden. »Wie würden Sie denn den Magnetwürfel einsetzen?«, fragte sie daraufhin unsere Elsa. Und siehe da – beim Ausprobieren kam die Kundin mit dem Würfel ins Schleudern und weil sie sich vor den Kindern nicht blamieren wollte, lehnte sie ihn einfach ab. Das Besondere bestand diesmal darin, die Absage der Kundin zu hinterfragen.

**Welche Schlussfolgerungen haben Sie daraus gezogen?**

Jetzt kommen wir zum Interessantesten. Es scheinen zehn unterschiedliche Eigenschaften zu sein. Aber in Wirklichkeit kann man das Erfolgsgeheimnis aller zehn in einem Wort zusammenfassen: Jeder von ihnen hat ein einzigartiges Angebot.

**Und der Vorteil?**

Durch diese Einzigartigkeit machen sie auf die Kundinnen einen besonderen Eindruck und werden von ihnen als jemand Besonderer angesehen, von dem sie automatisch annehmen, dass er auch etwas Besonderes für sie hat. Und dadurch werden sie mit einer gewissen Vorschuss-Sympathie und Erwartungshaltung behandelt.

**Aber hinter diesem Erfolg stecken doch sicher noch andere entscheidende Ursachen?**

In der Tat. Der wesentliche Schritt zu diesem Erfolgsumschwung erfolgte, als diese Topverkäufer eines Tages ihr altes

Verkaufskonzept, das sie in der Ausbildung gelernt hatten, in die Ecke warfen und sich selbst Gedanken über den erfolgreichsten Weg machten. Damit erreichten sie nicht nur eine viel größere Identifikation mit ihrem Angebot, sondern **bauten ihr neues Konzept unbewusst auch auf ihren individuellen Stärken auf**. Dadurch bewiesen sie Kreativität und Originalität und wurden so auch viel authentischer. Alles Eigenschaften, die auch die Kinder lernen sollen. So ergab sich eine weitere hohe Übereinstimmung zwischen den Interessen der Kundin und den Eigenschaften des Verkäufers.

Und wir wissen:

| |
|---|
| Alle Ähnlichkeiten mit dem Kunden wirken sympathisch, anziehend und verkaufsfördernd! |

**Und wie steht es mit der emotionalen Überzeugung?**

Genau das ist ja der springende Punkt! Ihr Erfolg rührt daher, dass sie auf ihr individuelles Angebot stolz sind, weil sie sich damit gegenüber den Wettbewerbern überlegen fühlen und weil sie so schon vor der Türe des Kunden ein Gefühl der Vorfreude und eine positive Erwartungshaltung empfinden. Denn sie wissen, dass sie der Kundin gleich etwas ganz Besonderes, ja etwas Einzigartiges anbieten werden. Und auf diese Gefühle, auf diese emotionale Ausstrahlung kommt es an: weil man das, was man ausstrahlt, auch anzieht: den Erfolg!

**Haben Sie noch einen weiteren, wesentlichen Unterschied festgestellt?**

Ja. Durch ihr einzigartiges Angebot haben die guten Verkäufer eine starke emotionale Verbindung zu ihrem Produkt und zum Kunden. Sie identifizieren sich damit, während die Verkäufer von Me-too-Produkten null Emotionen verspüren und sich letztlich nur für den Abschluss und ihre Provision interessieren.

**Und was ist dann der entscheidende Impuls für den Abschluss?**

Kunden kaufen, wenn der Verkäufer sie durch seine Begeisterung, sein Engagement und sein einzigartiges Angebot fasziniert und in eine positive Stimmung versetzt hat. Dann fühlen sie sich zu einer Gegenleistung – den Auftrag – verpflichtet. Dazu trägt auch die Neurobiologie bei.

**Das klingt spannend. Wieso denn das?**

Die Ursache ist einfach: Wenn ein Mensch bzw. ein Kunde eine Belohnung erwartet, z. B. ein Geschenk oder ein besonderes Angebot, dann schüttet sein Körper Dopamin aus. Das spornt ihn an, sich diese Belohnung auch zu holen, zum Beispiel durch den Kauf. Je häufiger nun der Verkäufer den Kunden zufriedenstellt, umso öfters vollzieht sich dieses Spiel und umso stärker wird diese »Geschäftsbeziehung«.

**Und was geschieht beim Verkäufer? Fließt bei dem auch Dopamin?**

Genau. Denn durch sein einzigartiges Angebot hat er natürlich genauso die Erwartung auf eine Belohnung – auf den Auftrag. Und weil er das nächste Mal wieder belohnt werden will, kommt er wieder mit einem neuen, einzigartigen Angebot.

**Dann sind ja alle Verkäufer von Me-too-Produkten vor der Türe des Kunden schon im Nachteil!**

Genau. Ihr Me-too-Angebot löst weder bei ihnen selbst noch bei den Kunden einen Dopaminstoß aus, der bei ihnen den Wunsch nach Erfolg und bei den Kundinnen die Begierde nach ihrem Angebot verstärken würde. Und allein durch den Verstand, ohne diese emotionale Unterstützung, kommt kaum ein Verkauf zustande.

**Und warum bekommen dann gute Verkäufer so viele Empfehlungen?**

Auch hier schaltet sich die Neurobiologie ein. Denn die Evolution belohnt gute, intensive Beziehungen. Wenn also ein Topverkäufer mehrmals das Vertrauen des Kunden durch einzigartige und absolut zufriedenstellende Angebote oder eine begeisternde Betreuung erfüllt hat, dann schüttet der Körper des Kunden sogar Oxytocin aus. Dieses Oxytocin macht ihn geradezu süchtig nach einer weiteren guten und vertrauensvollen Beziehung zu diesem Verkäufer. **Und dann regnet es natürlich Empfehlungen.** Warum? Weil sich eines Tages die Kundin nicht nur aus Gründen der Fairness zu einer besonderen Gegenleistung, der Empfehlung, verpflichtet fühlt, sondern, weil sie jetzt diesen guten Verkäufer als echten Zukunftspartner und – wie die Psychologen sagen – als echte Ressource für ihre Zukunft ansieht und ihn nicht verlieren will.

**Bekommen deshalb schwache Verkäufer so wenig gute Empfehlungen?**

Ja, aber es geht noch weiter. Sie gehen nicht nur bei guten Empfehlungen, sondern oft auch bei den Nachfolgegeschäften leer aus. Denn die Kunden wollen lieber Geschäfte mit guten Verkäufern machen. Das ist für sie lohnender. Und außerdem – und das ist fast das Schlimmste! – bekommen die schwächeren Verkäufer durch das Fehlen jeder Einzigartigkeit weder vor dem Gespräch noch im Gespräch die kleinste Dopaminspritze verpasst, die sie motivieren und vorantreiben würde. Stattdessen fühlen sie sich viel schneller müde und ausgelaugt als die Topverkäufer, was gleich das nächste Gespräch belastet. Es ist eine Spirale ohne Ende, nach unten.

**Und die praktische Schlussfolgerung?**

Aus diesen Gründen braucht jeder Verkäufer vor der Türe des Kunden etwas Einzigartiges. Etwas, was ihn stolz und überlegen macht, was ihm ein Gefühl der Siegesgewissheit und einer positiven Erwartungshaltung vermittelt. Und was sowohl bei ihm selbst als auch beim Kunden – durch den Effekt des Einzigartigen – die Ausschüttung von Dopamin als Antrieb für den Auftrag oder den Kauf bewirkt.

**Aber Umsatzsteigerungen erfordern doch auch neue Kunden. Bietet da die Einzigartigkeit auch einen besonderen Vorteil?**

Ja, wenn ein Verkäufer ein einzigartiges Angebot hat, überlegt er sich automatisch immer wieder neue Wege, um erfolgreich zu verkaufen. Denn jetzt ist es ja »sein« Produkt und genauso wie jeder Mensch, der von etwas begeistert ist, möglichst vielen anderen davon erzählen will, so möchte jetzt unser Verkäufer für sein Angebot möglichst viele Kunden gewinnen. So hat unsere Lisa neuerdings Sparkassen als Kunden entdeckt, denen sie ihre Spielzeuge als Geschenke für die Kinder der Kunden anbietet. Und ihre Schwester, die Kathie, verkauft den Kindergärten großer Firmen höchst erfolgreich ihre Hängematten zum Schaukeln.

Und wir stellen fest:

> Je einzigartiger das Angebot ist, das ein Verkäufer hat, umso engagierter und kreativer ist er auch, neue Kunden zu gewinnen.

Verkäufer von Me-too-Produkten haben dagegen nur einen Antrieb neue Kunden zu gewinnen: das Geld! Das ist auf Dauer zu wenig!

**Wenn ein einzigartiges Angebot so erfolgversprechend ist: Warum bemühen sich dann nicht mehr Verkäufer darum?**

Zum einen kennen sie nicht die Bedeutung eines einzigartigen Produkts, zum anderen sagen sie sofort: Bei meinem Produkt geht das nicht! Ich verkaufe Autos, Software-Programme oder Aktienfonds. Die sind doch alle gleich! Genau das stimmt nicht! Man kann als Verkäufer sicher keinen einzigartigen Mercedes verkaufen, aber man kann dem Kunden durch seine persönliche Wertschöpfung immer ein einzigartiges Angebot anbieten. Wenn man es ernsthaft will! So fand ich heute die Werbung eines Arztes in meinem Briefkasten mit geradezu einzigartigen Sprechstunden: am Donnerstag bis 21 Uhr, am Samstag von 9–12 und 15–18 Uhr und an Sonn- und Feiertagen von 9–12 Uhr.

**Und wie machen Sie Ihren Leuten diese Einzigartigkeit bewusst?**
Neben Besprechungen durch eine kleine Übersicht. Hier ist sie:

## Die 10 Vorteile eines einzigartigen Angebots für Verkäufer

Verkäufer, die sich um ein einzigartiges Angebot bemühen, haben die besten Erfolgs- und Abschlusschancen:

1. weil sie über den besonderen Nutzen Ihrer Produkte für Ihre Kundinnen nachdenken und ihre Kundinnen das fühlen!
2. weil sie damit ihre Individualität, Kreativität und Authentizität beweisen, was ihre Kundinnen hoch einschätzen.
3. weil sie sich schon vor der Türe der Kundin auf die Präsentation und ihre verblüffende Wirkung freuen!
4. weil sie sich schon vorab siegesgewiss fühlen und einen Abschluss erwarten.
5. weil sie sofort Aufmerksamkeit wecken und als jemand Besonderer angesehen werden, der etwas Besonderes für sie hat.
6. weil sie so jeden Tag motiviert werden, ihr Bestes zu geben und neue Wege zu entdecken, um neue Kunden zu gewinnen.
7. weil sie sich wirklich mit ihrem Angebot identifizieren und daher auch um den Erfolg kämpfen!
8. weil sie damit spontan eine starke Nachfrage bei ihren Kunden wecken und überdurchschnittliche Umsätze erreichen!
9. weil sie auf Dauer von ihren Kundinnen als unverzichtbarer Partner für die Zukunft angesehen werden.
10. weil die Kundinnen sich dadurch verpflichtet fühlen, Stammkundinnen zu werden und sie weiterzuempfehlen.

Haben Sie jetzt Lust bekommen, aus Ihrem Produkt ebenfalls ein einzigartiges Angebot zu machen? Dann bietet Ihnen die folgende Übersicht eine Reihe interessanter Anregungen:

## 10 Anregungen, wie Sie selbst ein einzigartiges Angebot gestalten können

| Einzigartige Merkmale bei Spielsachen | Fragen für jede Branche |
|---|---|
| 1. Außergewöhnliche Kleidung: Latzhose, Turnschuhe, Zöpfe | Wie kann ich durch meine Kleidung entweder auffallen oder mich anpassen, indem auch das auffällt? |
| 2. Außergewöhnlicher Nutzen: Mit Spielsachen pädagogische Defizite beheben | Wie kann ich die wichtigsten Kundenwünsche in einzigartiger Weise noch besser erfüllen? |
| 3. Verblüffende Zusammenarbeit mit einem branchenfremden Partner (Physiotherapeut) | Wie kann ich durch die Zusammenarbeit mit fremden Partnern einen einzigartigen Sondernutzen bewirken? |
| 4. Einzigartige, begeisternde Präsentation | Wie kann ich die Präsentation meines Angebotes durch sinnliche Erlebnisse so einzigartig machen, dass der Kunde den Nutzen noch besser sehen, fühlen, begreifen und nachvollziehen, also sich damit identifizieren kann? |
| 5. Kreative Umgestaltung mithilfe von Kollegen oder Wettbewerbern | Was macht der Kollege oder Wettbewerber, der am besten mein Produkt verkauft, anders? Kann er mir helfen? Kann ich ihn um Rat fragen, mit ihm zusammenarbeiten? |
| 6. Außergewöhnliche Verbindung von persönlichem Hobby (Malen) mit dem Beruf | Wie kann ich durch mein Hobby mein Produkt oder meine Präsentation noch einzigartiger gestalten? |
| 7. Kunden besondere Aufmerksamkeit erweisen (Blumen zum Quartal) | Wie kann ich meine Kunden mit einer einzigartigen Aufmerksamkeit für mich gewinnen? |
| 8. Spezielles Sonderpaket mit Sonderpreis gestalten | Wie kann ich verschiedene Produkte zu einem attraktiven Paket mit Sonderpreis verknüpfen, sodass der Kunde begeistert zugreift? |
| 9. Außergewöhnliches Interesse für Kunden-Hobbys beweisen (Kartei über die Interessen der Kunden anlegen) | Wie kann ich durch eine Kundenkartei die Interessengebiete der Kunden so detailliert erfassen, dass ich sie dadurch verblüffen und für mich gewinnen kann? |
| 10. Besondere Aktionen durchführen (Terminvereinbarung einkleben und Sonderaktion für nächsten Monat hinterlassen) | Wie kann ich die Erinnerung an meinen Besuch in einzigartiger Weise verstärken? |

Zuletzt noch ein paar wichtige Tipps: Unsere zehn Topverkäufer mussten in diesem beinharten Marktsegment jeden Tag auch ihre Preise verkaufen. Wie sie das höchst erfolgreich machten, zeigt die folgende Übersicht:

## 16 Tipps, wie Sie durch geschickte Preisverhandlungen Ihre Kunden zu größeren Aufträgen verführen

Wenn Sie bei der Preisgestaltung einen gewissen Spielraum haben, dann sollten Sie ihn auch nützen. Die folgenden Empfehlungen sind dafür eine wertvolle Hilfe:

### 1. Verzichten Sie auf eine Gesamtsumme

Rechnen Sie vor der Kundin nicht die gesamte Auftragssumme aus, damit sie keine Angst kriegt und später storniert. Lassen Sie die einzelnen Posten für sich stehen. Und statt einen Rabatt auf die Gesamtsumme zu geben, sagen Sie: »Wenn Sie noch unser Produkt X bestellen, kriegen Sie 20 Euro von mir!«

### 2. Richten Sie Ihre Preiskalkulation nach der Zielgruppe

Verkaufen Sie höherpreisiger und errechnen Sie eine Gesamtsumme, wenn die staatlichen oder öffentlichen Träger von Kindergärten die Rechnungen bezahlen, da sie nicht so preissensibel sind. Aber verkaufen Sie niedrigpreisiger an die Leiterinnen von Kindergärten, die die Rechnungen selbst bezahlen müssen, da sie sehr preissensibel sind.

### 3. Verzichten Sie auf Aufträge mit Vorbehalt

Schreiben Sie bei teureren Spielzeugen keine Aufträge mit dem Vorbehalt auf, dass die Kundin ihn bis zum Donnerstag stornieren könne. Denn dann besteht die große Gefahr, dass sie den gesamten Auftrag storniert. Besser ist es, den festen, aber geringeren Auftrag gleich mitzunehmen. Außerdem reduziert diese angeblich leichtere Methode sehr schnell Ihre persönliche Abschlussstärke und Ihren Kampfgeist.

**4. Hinterlassen Sie keine unbestätigten Aufträge**

Verzichten Sie bei einem Zögern des Kunden darauf, ihm bei einer Bestellung von mindestens 500 Euro einen zusätzlichen Rabatt von 50 Euro anzubieten, wenn er ihn bis zum Freitag bestätigt und an Sie zurückschickt. In der Regel macht das nur einer von zehn Kunden.

**5. Ermuntern Sie den Kunden zu einer größeren Bestellung**

Bieten Sie ihm dafür bei einem höheren Umsatz einen Preisnachlass: »Wenn Sie den Auftrag auf 200 Euro erhöhen, dann mache ich am Preis was!«

**6. Geben Sie dem Kunden einen Bestellanreiz**

Stellen Sie ihm zum Beispiel zwei Preisalternativen vor: »Wenn Sie die zehn Stück Holzlaternen nehmen, biete ich Ihnen einen Preis von 100 Euro, bei 15 Stück von 135 Euro an.«

**7. Halten Sie den Preis hoch, aber bieten Sie ein Geschenk an**

Verlangen Sie zum Beispiel für die Kugelbahn statt 169 Euro lieber 189 Euro, aber geben Sie der Kundin dafür 25 Mäusespiele als Geschenk für jedes Kind umsonst dazu.

**8. Stellen Sie komplette Sets zusammen, statt Einzelartikel anzubieten**

Bieten Sie jeden Monat ein Set von verschiedenen Produkten zu einem Sonderpreis an. Versuchen Sie so der Vergleichbarkeit mit Wettbewerbern zu entgehen.

**9. Erzeugen Sie Preis-Kontraste**

Lassen Sie den Kunden raten, was z. B. das Käsespiel kosten darf. Wenn er dann auf elf Euro tippt und der Preis nur 1,99 plus Mehrwertsteuer beträgt, ist er mehr als verblüfft. Sie können das Ganze auch noch als »Sonderaktion« mit einem Paket und einem Sonderpreis besonders attraktiv und dringlich machen.

**10. Verlangen Sie eine bestimmte Mindestmenge**

Versuchen Sie minimale Stückzahlen von ein bis drei Stück zu vermeiden. Bieten Sie das Käsespiel statt als Spielzeug lieber als Geschenkartikel für die Kinder an und geben Sie den Preis für eine Mindestabnahme von 48 Stück an.

**11. Nützen Sie die Mengenpsychologie**

Sprechen Sie nicht von 19,80 Euro für eine Sonnenpyramide, sondern von acht Stück für den günstigen Preis von 139,99 Euro. So können Sie mehr verkaufen und dem Kunden 20 Euro Rabatt anbieten oder notfalls immer noch auf vier Stück (= halbes Paket) heruntergehen.

**12. Streben Sie hohe Einzelpositionen statt ganzer Auftragsseiten an**

Der Kunde hat Hemmungen eine ganze Auftragsseite mit rund 20 Einzelpositionen zu je 1,99 zu unterschreiben. Er möchte lieber Klarheit und Kontrolle und stattdessen eher drei Positionen für insgesamt 299 Euro unterschreiben.

**13. Vermeiden Sie persönliche Preisangst**

Hüten Sie sich davor, von vornherein den untersten Preis anzubieten, bei dem Sie selbst nichts mehr verdienen und bei dem Sie auch gegenüber dem Kunden keinen Spielraum mehr haben. Dadurch werden Sie auch künftig auf die billigsten Preise festgenagelt.

**14. Nehmen Sie Preisreduzierungen sehr sorgfältig vor**

Seien Sie vorsichtig, wenn Sie den Preis für die Einstein-Rechentreppe von 89 Euro plötzlich auf 49,99 Euro runtersetzen, nur weil ein Wettbewerber sie für 59,99 anbietet. Sie brauchen dann gegenüber dem Kunden eine gute Argumentation, damit er nicht plötzlich den bisher überteuerten Preis gegenüber dem Wettbewerb erkennt und sauer reagiert.

### 15. Verzichten Sie auf die ausführliche Kenntnis der Wettbewerber-Preislisten

Das Wissen, wo die Wettbewerber billiger sind, kann Sie stark belasten. Andererseits müssen Sie natürlich auch die wichtigsten Wettbewerberpreise kennen und darauf reagieren. Wenn Sie den Euro-Ball für 199,90 + MwSt. Euro verkaufen und der Wettbewerber X ihn für 76 Euro + MwSt. anbietet, dann müssen Sie natürlich reagieren.

### 16. Legen Sie bei den Kunden nicht gleich Ihr Bestellbuch mit den Preislisten zur direkten Bestellung vor

Dadurch verstärken Sie unbewusst den Wunsch des Kunden nach einem Preisvergleich.

# 7. Kapitel
# Angebote schreiben, die wirklich Aufträge bringen

»Die Erfindung eines Problems,
mit dem der Kunde übereinstimmt,
ist wichtiger als die Lösung.«

*Walther Rathenau*

## Wie ein IT-Berater durch eine verblüffend einfache Methode die Erfolgsquote seiner schriftlichen Angebote verdreifachte

Arbeiten Sie gerne unnötige Angebote aus? Nein? Dann zeigt Ihnen jetzt ein Topverkäufer, wie Sie alle überflüssigen Vergleichs- und Absicherungsangebote vermeiden und nur noch qualifizierte Angebote schreiben, die Ihre Auftragschancen sofort verdreifachen.

Tom Böttcher ist IT-Berater. Sein Spezialgebiet sind innovative Konzepte im IT-Bereich, mit denen er seinen Kunden hilft, Daten zu sichern und dafür zu sorgen, dass sie stets verfügbar und gegen jede Art von Katastrophen geschützt sind.

Auch er schlug sich anfangs mit einer Angebotsquote von 5:1 herum, erreichte also bei fünf Angeboten nur einen Auftrag, bis er sein System radikal umstellte und eine Quote von 5:4 erreichte. Böttcher weiß, dass schon das erste Gespräch am Telefon ganz schnell in die Sackgasse eines überflüssigen Absicherungsangebots führen kann. Interessiert hake ich nach:

**Was tun Sie, um eine solche Sackgasse zu vermeiden?**

Die erste Entscheidung wird fällig, wenn der Kunde am Telefon nach ein paar dürren Angaben zu seinem Problem ein Angebot oder einen Besuch anfordert. Dann sind zwei Fragen zu klären: Geht es nur um Standard-Positionen bei der Hardware? Oder geht es um eine echte Problemlösung? Bei reinen Hardware-Positionen weiß ich, dass vor allem der Preis eine Rolle spielt. Und dann hängt meine Antwort davon ab, ob ich preislich mithalten



*Die Neuen Spielregeln im Verkauf.* Hans Christian Altmann

ISBN: 978-3-527-50484-8

kann oder ob ich trotzdem mit dem Kunden hinsichtlich zukünftiger Aufträge in Kontakt kommen will. In beiden Fällen gehe ich jetzt im Geist meine Checkliste mit den Signalen für die Ernsthaftigkeit des Kunden durch. Dabei kommt es ganz entscheidend darauf an, wie der Kunde auf uns gekommen ist und wie weit er zu einem offenen Informationsaustausch bereit ist. **Diese Offenheit ist für mich das wichtigste Kriterium.** Wenn nicht, besteht die Gefahr, dass er selbst mit einem preisgünstigen Angebot nur seinen Stammlieferanten unter Druck setzen will und dann bei ihm kauft. Oder dass er es nur zur Absicherung gegenüber anderen Wettbewerbs-Angeboten braucht. Diese Checkliste hilft mir sowohl bei einer umfassenden Anfrage als auch bei einer Besuchsanforderung die Ernsthaftigkeit des Kunden einzuschätzen. Und so sieht sie aus:

**Signale, die für die Ernsthaftigkeit des Kunden sprechen**

- Der Kunde ist nicht durch Zufall (Internet) auf unsere Firma gekommen, sondern er **kannte** sie schon vorher, z. B. durch Presseberichte, Ausstellungen oder Referenz-Kunden.
- Der Kunde hat sich schon vorab **gezielt** über unsere Firma bzw. über unser Leistungsportfolio informiert.
- Der Kunde fragt, ob man ein **ähnliches Projekt** schon einmal bei einer Firma gleicher Größenordnung durchgeführt hat.
- Der Kunde hat ein **Problem**, das unsere Firma gut lösen kann.
- Der Kunde fordert ein Angebot an, weil ihm das Problem auf den Nägeln brennt oder schon ein Termin feststeht.
- Der Kunde ist bereit, auch **Betriebsinternas preiszugeben** (z. B. bestimmte Anwendungsfehler).
- Der Kunde entspricht dem **Verhaltensmuster**, das erfolgreichen Abschlüssen in der Vergangenheit ähnelt.
- Der Kunde ist bereit, schon beim ersten Kontakt **ehrlich auf die Frage zu antworten**: »Wie viele Angebote holen Sie ein?« Und: »Nach welchen Kriterien entscheiden Sie sich?«
- Der Kunde hat bereits ein Wettbewerbsangebot vorliegen, ist aber an einem ausführlichen **Gespräch** interessiert.

- Der Kunde ist bereit, uns bei Differenzen das **Wettbewerbsangebot zuzusenden** und seine Entscheidungskriterien zu nennen.
- Der Kunde legt in erster Linie auf die **Lösung** seiner Probleme Wert und fragt am Telefon nicht sofort nach dem Preis.
- Der Kunde ist mit seinem alten Lieferanten nicht durch langjährige **Beziehungen** verbunden, die einen erheblichen Umstellungsaufwand erfordern würden.
- Der Kunde macht den Auftrag nicht von bestimmten **Voraussetzungen**, wie z. B. der Nähe des Servicebüros, abhängig.
- Der Kunde fordert das Angebot nicht durch Sachbearbeiter oder einen Drei-Zeilen-Brief, sondern einen Entscheider an.
- Der Kunde löst bei mir (und den Kollegen) durch seinen Auftritt und sein Interesse ein **gutes Bauchgefühl** aus.

**Was ist der häufigste Fehler in dieser Phase, den man unbedingt vermeiden sollte?**

Gerade Anfänger im Verkauf springen sofort auf jede Anfrage an und sprechen dann auch noch mit Personen, die nicht die echten Entscheider sind.

**Angenommen, es geht um ein größeres Angebot und der Kunde scheint ernsthaft an einer Problemlösung interessiert zu sein. Wie entscheiden Sie dann?**

Natürlich frage ich dann den Kunden auch sofort, ob oder wie viele Angebote er schon vorliegen hat und ob er zusammen mit den anderen Entscheidern zu einem Vorgespräch bereit ist, bei dem wir über die verlangten Spezifikationen und die Wettbewerberangebote reden können. Wenn er dazu bereit ist, kommt es zu einem ersten Termin bei ihm.

**Wie beginnen Sie das erste Verkaufsgespräch?**

Nach der Vorstellung unseres Unternehmens versuche ich den Kunden sofort weiter zu qualifizieren: Wer sind die wahren Entscheider? Wer hat welche Entscheidungsbefugnisse? Wie sehen die Entscheidungskriterien aus? Wann ist der Entscheidungszeitpunkt? Wie hoch ist das Budget? Dazu kommen noch weitere

Überlegungen: Gibt es in dieser Firma verschiedene Strömungen und Interessenskonflikte, z. B. wenn es in einer Firma zwei verschiedene System-Plattformen oder Anwendungen gibt, die im Wettbewerb zueinander stehen? Und natürlich um welche Probleme geht es genau?

**Gibt es vor oder beim ersten Gespräch noch etwas zu klären, um den Kunden genau qualifizieren zu können?**

Natürlich. Vor dem ersten Termin kläre ich mit dem Kunden auch ab, welche Fachabteilungen mit am Tisch sein müssen, damit wir die Anforderungen des Kunden möglichst exakt definieren und wichtige Fragen abklären können. Und wie intensiv es bereits um technische Fragen und Lösungen geht. Dadurch weiß ich auch, ob Experten aus unserem Unternehmen für diesen Ersttermin notwendig sind.

Während des ersten Termins wird dann festgelegt: Wer übernimmt welche Aufgaben? In welchem Zeitrahmen? Wie gehen wir konkret weiter vor? Und zuletzt: Ist ein Workshop notwendig, um die Ist-Situation des Kunden zu klären, bevor wir ein Angebot und entsprechende Lösungsvorschläge machen können?

**Im Anschluss an das erste Gespräch kommt es doch sicher zur entscheidenden Frage: Lohnt sich ein umfassendes Angebot?**

Es sind sogar drei Fragen. Erstens: Lohnt es sich überhaupt ein »Angebot« zu machen, ohne dass der Kunde damit sofort zur Konkurrenz geht und ein Wettbewerbsangebot anfordert? Zweitens: Ist der Kunde wirklich an unserer Lösung interessiert? Und drittens: Lohnt es sich ein Angebot zu erstellen, wenn der Kunde schon ein oder mehrere Angebote über die identische Hard- bzw. Software vorliegen hat und wir keine echten Unterscheidungsmerkmale haben?

**Wovon hängt jetzt die endgültige Entscheidung für ein umfassendes Angebot ab?**

Neben der positiven Beantwortung meiner Checkliste vor allem von der Offenheit des Kunden, seiner Bereitschaft zur Zusammenarbeit und seinem Engagement für eine neue Lösung.

**Und wie tasten Sie sich an den Preis heran?**

Die entscheidenden Fragen lauten hier für mich: Wie gestalte ich den ersten Preis, um gegenüber dem Einkäufer noch Spielraum zu haben und bei Nachlässen nicht mein Gesicht zu verlieren? Wie erfahre ich die Wettbewerberpreise bzw. die äußerste Preisgrenze des Kunden? Und wie schaffe ich es, mich gegenüber der Konkurrenz sofort durch einen günstigen Preis oder bestimmte Nutzenvorteile zu differenzieren?

Der **erste Ansatz** ist, dass ich stets von einer ganzheitlichen und langfristigen Betrachtungsweise ausgehe und deshalb alle Probleme und damit alle Differenzierungsmöglichkeiten bei der Technik, der Wirtschaftlichkeit, der Anwendung, dem Service oder dem Ausbau anspreche. Der **zweite** ist, dass meine Angebote oft auch eine TCO-Betrachtung (Total Cost of Ownership) beinhalten. Das heißt, wir ermitteln zuvor gemeinsam mit dem Kunden alle Kosten, die eine Lösung über den gesamten Zeitraum der Nutzung mit sich bringt. Dazu gehören neben den Investitionskosten auch die Wartungs-, Energie-, Personal- und Schulungskosten.

Der **dritte Ansatz** ist, dass ich in meinem Angebot nach Möglichkeit zwei oder sogar drei alternative Lösungsansätze vorschlage, die natürlich preislich differenzieren und mir so auch mehr Verhandlungsspielraum geben. Im Rahmen der ersten Angebotspräsentation erläutern wir dann die Vor- und Nachteile eines Lösungsansatzes und nähern uns so schrittweise dem finalen Angebot. Das kann manchmal ein Jahr und länger dauern. Der **vierte Ansatz** ist, dass ich dem Kunden bei einer Alternative entweder eine Preisspanne von ... bis ... jeweils in Abhängigkeit von bestimmten Spezifikationen oder Umsatzgrößen anbiete. Oder dass ich ihm gleich drei Preise mit unterschiedlichen Spezifikationen vorschlage. Dadurch erkenne ich im Folgegespräch sehr schnell, worauf der Kunde besonderen Wert legt.

**Was ist das Geheimnis Ihrer überaus positiven Angebotsquote?**

Nach dem ersten Gespräch beim Kunden schreibe ich ihm einen so genannten **»Letter of intent«**, eine Art Absichtserklärung. In diesem Brief versuche ich kurz und präzise zusammenzufassen, was der Kunde eigentlich möchte, vor welchem Problem er steht, welche Auswirkungen es für ihn haben könnte und natürlich, welche Ideal-Lösung er sich wünscht, welche positiven Auswirkungen er sich von ihr verspricht und wie ich ihm dabei helfen kann, sowie die weitere Vorgehensweise, den Zeitrahmen und das Budget.

Diesen Brief sende ich ihm innerhalb von 48 Stunden nach dem Gespräch zu. Drei Tage später fasse ich dann nach, um die Bestätigung des Kunden einzuholen und daraufhin mein Angebot zu gestalten.

Durch diesen **»Letter of intent«** sieht der Kunde sofort, ob ich seine Situation, seine Probleme und seine Wünsche genau erfasst habe und er sieht auch, wie ich sie lösen werde und wie wir jetzt konkret weiter vorgehen werden.

**Diese Art von Bestätigung gibt dem Kunden das Gefühl, dass ich ihn wirklich verstanden habe** und dadurch erreiche ich eine erste starke emotionale Übereinstimmung mit ihm – ohne die kein Abschluss zustande kommt.

Auf der anderen Seite hilft dieser »Letter of intent« auch mir, meinen Glauben an mein Angebot und den Abschluss zu verstärken. Denn ich bin mir bewusst, dass wenn ich wirklich an meine Produktvorteile und Lösungsvorschläge glaube, ich auch am besten abschließe. Durch diesen »Letter of intent« habe ich auch den starken Glauben, dass es einen echten Bedarf für mein Angebot gibt und dass ich mein Angebot nicht irgendwohin ins Blaue schreibe.

Dieser Glaube wird dadurch gestärkt, dass ich mir alle Punkte und die genauen Entscheidungs- und Kaufkriterien ein paar Tage später vom Kunden **am Telefon nochmals bestätigen** lasse. Allein das sorgt schon für eine hohe Abschlusswahrscheinlichkeit, weil sich jetzt der Kunde wirklich damit identifiziert.

Dazu kommt noch die Tatsache, dass ich diese Entscheidungs- und Kaufkriterien natürlich auch entsprechend den Stärken meiner Person und meiner Firma und den Vorstellungen des Kunden entwickelt habe.

Auf der anderen Seite habe ich durch diesen »Letter of intent« auch die Gewissheit, dass sich **alle Entscheider** mit meiner vorgeschlagenen Lösung identifizieren, da ich ihn jedem Entscheider zusende. Er beschreibt in der Regel zehn Positionen:

1. die gegenwärtige Situation des Kunden,
2. die Zukunftsvision des Kunden,
3. die aktuellen Probleme oder Defizite des Kunden,
4. die erwünschte Problem- oder Wunschlösung,
5. die Realisierung dieser Problem- und Wunschlösung,
6. die positiven Auswirkungen dieser Lösung für den Kunden,
7. die Entscheidungs- und Abschlusskriterien,
8. den Entscheidungsprozess,
9. den Zeitrahmen und das Budget,
10. die nächsten Schritte bzw. die weitere Vorgehensweise.

**Wie sieht so ein »Letter of intent« in der Praxis aus? Haben Sie dafür ein Beispiel?**

Ich überlasse Ihnen eine Art Kurzfassung, die auch Verkäufer anderer Branchen verwenden können. Daraus ersehen Sie sehr schnell, worauf es ankommt.

Sehr geehrter Herr Kunde,

besten Dank für Ihre Zeit und die wertvollen Informationen, die Sie mir bei unserem Gespräch mitgeteilt haben.

Ich bin sicher, dass unsere Firma Ihnen – auf der Basis dieser Daten – helfen kann, eine hundertprozentige Datensicherheit zu gewährleisten.

Vor unserem nächsten Gespräch, bei dem ich Ihnen unser konkretes Angebot vorstellen werde, möchte ich gerne sicherstellen, dass ich genau Ihre Probleme und Wünsche verstanden habe und auch alle anderen Vereinbarungen korrekt festgehalten habe.

**Ihre gegenwärtige Situation:** Ihre Firma ist auf dem Gebiet X tätig ... bei dem eine hohe Datensicherheit von ausschlaggebender Bedeutung ist.

**Zukunftsvision:** Um ein ungehindertes Wachstum Ihrer Firma auch in Zukunft zu gewährleisten und gefährliche Ausfallrisiken auszuschalten, ist eine absolute Datensicherheit die Voraussetzung.

**Aktuelles Problem:** Trotz der bestehenden hohen Ausfallsicherheit besteht im Bereich X noch eine Lücke, die es zu schließen gilt, um eine hundertprozentige Datensicherheit zu garantieren.

**Wunschlösung:** Sie streben eine hundertprozentige Ausfallsicherheit an, die nicht nur dem modernsten Standard entspricht, sondern die Sie auch von allen rechtlichen Haftungen befreit und die plötzliche Schadensfälle in Millionenhöhe aufgrund von Sicherheitsmängeln ausschließt.

**Positive Auswirkungen:** Diese Hundertprozentlösung gibt Ihnen nicht nur eine hohe Rechtssicherheit, sondern auch das beruhigende Gefühl, damit die Gefahr einer Insolvenz aufgrund fehlender Datensicherheit auszuschließen. Darüber hinaus kann schon ein einziger Schadensfall Ihre Investition in eine Hundertprozentlösung amortisieren.

**Realisierung:** Wir sind übereingekommen, dass wir zunächst einen Workshop in Ihrer Firma durchführen, an dem alle Mitarbeiter beteiligt sind, die mit dem Thema IT in Ihrer Firma in Verbindung stehen, um Schwachstellen ausfindig zu machen und die optimale Voraussetzung für eine absolut sichere Hundertprozentlösung zu schaffen.

Nach der Auftragsvergabe soll das Projekt in drei Schritten implementiert werden und dabei folgende Spezifikationen enthalten: ...

**Entscheidungskriterien:** Der Auftrag hängt von dem Ergebnis dieses Workshops ab, sowie der Zustimmung aller Entscheider, zu denen neben Ihnen auch der Controller Herr Y und der IT-Leiter Herr Z gehören. Darüber hinaus muss die Lösung im Rahmen der von Ihnen vorgegebenen Zeitplanung und des Budgets liegen.

**Entscheidungsprozess:** Sie sagten, dass nach Vorstellung des Angebots in Ihrem Haus die Entscheidung binnen einer Woche erfolgen soll bzw. beim Auftauchen neuer Entscheidungskriterien das Angebot entsprechend überarbeitet werden soll.

**Zeitrahmen:** Das Projekt soll spätestens drei Monate nach Auftragserteilung abgeschlossen sein.

**Budget:** Als Budget haben Sie eine Summe von 400 000 Euro plus MwSt vorgegeben, die ohne ausdrückliche, schriftliche Bestätigung der Geschäftsführung nicht überschritten werden darf.

**Vorgehensweise:** Ich rufe Sie in den nächsten Tagen an, um zu prüfen, ob ich mit diesem Schreiben Ihre Wünsche vollständig und konkret erfasst habe, um darauf aufbauend das Angebot fertigzustellen, das ich Ihnen bei unserem nächsten Termin am ... präsentieren werde. Ich bedanke mich nochmals für die Zeit und das Interesse, das Sie mir entgegengebracht haben.

Mit freundlichen Grüßen
Tom Böttcher
Verkaufsgebietsleiter

**Kommen wir zum nächsten Schritt.**
**Sie stimmen mit dem Kunden überein, geben Ihr Angebot ab.**
**Fassen Sie auch konkret nach?**

Das ist für mich schon vorher bei der Bauchentscheidung die entscheidende Frage: Bin ich bereit, bei diesem Kunden auch engagiert nachzufassen? Und bei einem Ja gehe ich von vornherein davon aus, dass ich nicht nur einmal, sondern mehrmals oder auch über ein oder zwei Jahre hinweg nachfassen muss, ohne die Geduld oder die positive Stimmung verlieren zu dürfen.

**Angenommen, Sie stehen mit Ihrem Angebot in Konkurrenz zu zwei anderen Wettbewerbsangeboten.**
**Wer bekommt dann den Auftrag?**

Bei Wettbewerbsangeboten habe ich dann Vorteile,

- wenn ich schon in der Vergangenheit für diese Firma erfolgreiche Projekte durchgeführt habe;
- wenn mich der IT-Leiter unterstützt, indem er die Zeit und Arbeit, die ich in das Angebot investiert habe, zu schätzen weiß und dies auch der Geschäftsleitung kommuniziert;
- wenn ich zuvor mit einem der Entscheider ausführlich sprechen konnte und dabei das Gefühl bekam, auf einer Wellenlänge zu liegen und sein Problem sehr genau lösen zu können und
- wenn ich schon vorab die Mitarbeiter der betreffenden Abteilung direkt in die Aufgabenstellung mit einbinden konnte.

**Wenn Sie dann über den Auftrag verhandeln, worauf kommt es da beim Abschluss vor allem an?**

Das kann ich Ihnen an einem konkreten Beispiel sehr gut verdeutlichen. Der IT-Leiter eines Papiergroßhändlers hatte seinen Geschäftsführer schon mehrmals auf die Folgen hingewiesen, wenn dem Server etwas zustoßen würde. Dann könnte zum Beispiel kein einziger Auftrag mehr abgewickelt werden. Er war also daran interessiert, eine bessere Lösung zu bekommen und wandte sich daher an mich. Als der Geschäftsführer jedoch hörte, dass die bestehende Ausfallsicherheit bereits 99,9 Prozent hoch war, fragte er mich verblüfft: »Brauchen wir da überhaupt eine neue Lösung?« Daraufhin fragte ich ihn: »**Was für einen Schaden haben Sie bei einem Tag Ausfall?** Zum Beispiel, wenn der Kunde zehn Paletten Druckerpapier bestellt hat und Sie nicht termingerecht liefern können?« Seine Antwort: »Ungefähr eine Million Euro.« Meine neue Lösung hätte dagegen nur 400 000 Euro gekostet.

**Es geht also in vielen Fällen darum, dem Kunden diese 0,1 Prozent fehlende Sicherheit als Toprisiko bewusst zu machen?**

Ja. Und dafür gibt es in der Regel drei Möglichkeiten. Die erste ist, dass ich dem Geschäftsführer die Auswirkungen eines einzigen Systemausfalls bewusst mache. Das haben wir soeben besprochen. Die zweite ist, dass ich den Blickwinkel des Geschäftsführers verändere und diese Zusatzkosten mit dem Sicherheitsgurt im Auto vergleiche. 10 000-mal legt er ihn umsonst an, aber beim 10 001-mal rettet er ihm das Leben. Genauso ist es mit der IT-Sicherheit. Drittens, dass ich ihm aufgrund seines jährlichen Umsatzwachstums die zunehmende Steigerung der Haftungssumme und damit das plötzliche Risiko einer Insolvenz im Schadensfall bewusst mache.

**Hat das den Geschäftsführer der Papiergroßhandlung überzeugt?**

Nein, nicht ganz. Erst als er von immer mehr Schadensfällen anderer Firmen hörte und auch von uns nach dem Motto »steter Tropfen höhlt den Stein« regelmäßig kontaktiert und über die Risiken informiert wurde, bewegte er sich. Aber die endgültige Entscheidung fiel erst, als der IT-Leiter ihn eines Tages ein Dokument unterschreiben ließ, mit dem er sich gegenüber dem Geschäftsführer absichern wollte und zu ihm sagte: »Ich bin nicht bereit, dieses Risiko länger zu akzeptieren.« Da wurde ihm schlagartig sein Risiko klar! Und mir wurde klar, wie wichtig es ist, einen »internen Coach« auf seiner Seite zu haben. Nach ein paar Veränderungen bekamen wir den Auftrag.

**Und was müssen Sie bei Verhandlungen berücksichtigen, wenn Sie von vornherein wissen, dass es nur ein Vergleichsangebot war?**

Da muss ich mich in der Regel mental auf eine kalte Abwehrhaltung, psychisch auf einen harten Preiskampf und geistig auf eine knallharte Debatte um jedes einzelne Detail einstellen.

Ich kann Ihnen das sehr gut an einem Beispiel erklären: Vor einiger Zeit rief mich ein Geschäftsführer an, der von mir offensichtlich ein Vergleichsangebot wollte. Solche Gespräche – und das ist ein Merkmal – verlaufen meist in einer eher reservierten und kühlen Atmosphäre ab. **Mir war klar, dass der Kunde von mir nur einen Preis wollte, um das Angebot seines Stammlieferanten zu überprüfen.** Daher gefiel ihm mein Wunsch nach einem persönlichen Gespräch erst einmal gar nicht. Erst als ich ihm sagte, dass ich ohne einen persönlichen Termin nicht bereit bin, ein solch komplexes Angebot zu erstellen, gewährte er mir den Termin zähneknirschend. Allerdings war er dann im Gespräch bereit, mir das Angebot seines Stammlieferanten zu überlassen. Das war ein Volltreffer! Denn in diesem Angebot konnte ich schnell zahlreiche Schwächen des Wettbewerbers ausmachen und ihm bessere Lösungen vorschlagen.

Drei Tage später kam es zu einem neuen, persönlichen Termin. Als ich auf die Wettbewerber-Nachteile zu sprechen kam, schlug die Stimmung augenblicklich von »sehr reserviert« auf »dankbar« um. Denn dem Kunden war bewusst geworden, **dass wir der bessere Partner mit der besseren Lösung waren**. So bekamen wir nicht nur den Auftrag, sondern er wurde auch unser Stammkunde. Und das ohne harte Preisverhandlungen, obwohl es anfangs nur um den Preis ging. Entscheidend aber war die bessere Lösung!

**Letzte Frage: Können Sie die Erfolgswahrscheinlichkeit Ihres Angebots schon vorab einschätzen?**

Ja, durch unsere »Gewinner- und Verlierer-Regeln«. Ein paar von ihnen sehen sie hier:

## Gewinner- und Verlierer-Regeln bei Angeboten

| Wann gewinnen wir? Beispiel: IT-Lösung | Wann verlieren wir? |
|---|---|
| Wir gewinnen, wenn der Kunde die Bedeutung und Wichtigkeit einer 100-Prozent-Sicherheit einsieht | Wir verlieren, wenn das Unternehmen mit einer 99,9-Prozent-Sicherheit zufrieden ist |
| Wir gewinnen, wenn der Kunde Geld und Zeit für unser Projekt hat | Wir verlieren, wenn der Kunde gerade mit einem anderen, teuren Projekt beschäftigt ist |
| Wir gewinnen, wenn der IT-Leiter von unserer Lösung begeistert ist und in dem Unternehmen eine gewichtige Rolle spielt | Wir verlieren, wenn der IT-Leiter von unserer Lösung nicht begeistert ist und in dem Unternehmen keine besondere Rolle spielt |
| Wir gewinnen, wenn die Firma nicht stark an ihren bisherigen Lieferanten gebunden ist | Wir verlieren, wenn die Firma stark an ihren bisherigen Lieferanten gebunden ist |

**Fazit:** Die Gewinner- und Verlierer-Regeln dienen dazu, genau die Kriterien zu identifizieren, die entscheiden, ob Sie normalerweise einen Auftrag gewinnen oder verlieren.

Sie geben Ihnen somit wichtige Hinweise, wie Sie Ihre Abschlussquote verbessern können.

Die **Gewinner-Regeln** werden bestimmt:

- von den **positiven Qualifikations-Merkmalen** Ihrer Idealkunden, die darauf hindeuten, dass Sie diesen Zielgruppen besonders gute Problemlösungen anbieten können.
- von den **USP** (den Alleinstellungsmerkmalen) und **Stärken** Ihres Angebotes, mit denen Sie sich gegenüber der Konkurrenz positiv unterscheiden. Und:
- von der besten Kombination Ihrer persönlichen Stärken und der Stärken Ihres Angebots bzw. Ihrer Firma im **Vergleich** zu den Stärken und Schwächen der Wettbewerber.

Die **Verlierer-Regeln** werden dagegen bestimmt:

- von den **fehlenden Qualifikations-Merkmalen** Ihrer Idealkunden, die darauf hindeuten, dass Sie diesen Zielgruppen keine besonderen Problemlösungen anbieten können.
- von den **fehlenden USP und Stärken** Ihres Angebots, mit denen Sie sich gegenüber der Konkurrenz unterscheiden können. Und:
- von den **fehlenden Kompensationsmöglichkeiten** Ihres Angebots sowie Ihrer persönlichen Dienstleistungen und denen Ihrer Firma im Vergleich zu den Wettbewerbern.

Und so können Sie aus Ihren Abschluss-Ergebnissen lernen:

**Abschluss-Checkliste: Die wichtigsten Gründe, warum wir den Abschluss gewonnen oder verloren haben**

| Folgende Punkte lagen vor bzw. lagen nicht vor: | Ja/Nein |
|---|---|
| Eine vorteilhafte Berechnung der monetären Vorteile (ROI: Return of Investment) | |
| Eine vorteilhafte Definition der entscheidenden Kauf-Kriterien zu unseren Gunsten | |
| Eine gelungene Betriebsbesichtigung bei uns oder bei Referenzkunden | |
| Ein guter Kontakt zu den wahren Entscheidern | |
| Ein guter Kontakt zu den Mit-Entscheidern | |
| Eine Reihe vorteilhafter Auswirkungen für den Kunden nach einer Veränderung | |
| Die Kenntnis und positive Beantwortung der wahren Kundenwünsche bzw. der Punkte, auf die der Kunde besonderen Wert legt | |
| Die Kenntnis der richtigen Marker, also der Wörter, Begriffe oder Aussagen, die den Kunden positiv emotionalisieren | |

Die Vorlage guter Referenzen bzw. guter Referenz-Erfolgsgeschichten

Die Bereitschaft des Kunden diese Referenz-Kontakte zu nutzen

Die Vorlage guter Beweise in Form von Geschichten, Beispielen und Zahlen, die dem Kunden gefielen

Der Vorschlag eines attraktiven Zukunftskonzeptes

Die Vorlage eines festen Termins

Die gute Mitarbeit des Kunden, z. B. in Form eines offenen Informationsaustausches

Die Kenntnis der möglichen Wettbewerber, ihrer Stärken und Schwächen sowie ihres Angebots

Die Definition der wahren Firmen- und Entscheider-Bedürfnisse

# 8. Kapitel
# Die neuen Bedürfnisse, Wünsche und Erwartungen der Kunden

»Befassen Sie sich intensiver mit den Problemen Ihrer Kunden und Sie werden weniger Probleme mit Ihren Aufträgen haben.«

*Walt Disney*

Die folgenden Punkte machen Sie darauf aufmerksam, dass der Kunde heute nicht nur neue Produkte kauft, um eine individuelle Wunsch- oder Problemlösung zu erwerben, sondern auch um seine Identität zu bestätigen oder noch weiter auszubauen.[5)]

**1. Verzaubere mich!**

Der moderne Kunde hat heute ein Erregungsgehirn, das sofort auf Spontanreize reagiert und kein Analyse-Gehirn mehr, das Punkt für Punkt vorgeht. Er lässt sich heute nicht mehr durch die Aufzählung möglichst vieler, allgemeiner aber langweiliger Nutzenvorteile überzeugen, sondern für ihn zählen nur noch die ganz individuellen, aufregenden und bedeutungsvollen Vorteile, die bei ihm sofort ein **Feuerwerk** der Begeisterung oder einen **Alarm** für ein Vermeidungsverhalten auslösen. Daher legen Topverkäufer so großen Wert darauf, ihre Kunden schon bei der ersten Ansprache durch ihre Ideen oder ihr Angebot zu verblüffen, zu überraschen, zu verunsichern oder zu provozieren.

**2. Stärke mein Selbstwertgefühl!**

Die augenblickliche Krise bedroht Arbeitsplatz, Einkommen und Selbstwertgefühl des Kunden. Oft fühlt er sich sogar frustriert und deprimiert. Um dem gegenzusteuern, will er über den Konsum sein **Selbstwertgefühl aufrechterhalten oder, noch lieber, sogar steigern.** Er möchte sich zumindest als Konsument noch erfolgreich erleben. Deshalb bemühen sich Topverkäufer darum, durch ihr Engagement, ihr Einfühlungsvermögen und



*Die Neuen Spielregeln im Verkauf.* Hans Christian Altmann

ISBN: 978-3-527-50484-8

ihre Lösungsbereitschaft den Kunden aufzuwerten und den Kauf für ihn zum Erlebnis zu machen.

### 3. Lass mich Glücksgefühle erleben!

Der Mensch **vergisst** sehr schnell oder will es nicht wahrhaben, dass ab einer bestimmten Einkommensstufe mehr Geld und mehr Konsum nicht zu mehr Zufriedenheit mit dem Leben führen. Warum? Weil die vielen positiven sinnlichen Erfahrungen mit neuen Produkten in der Vergangenheit **Glücksgefühle** ausgelöst haben. Und die will er immer wieder neu erleben. Und weil ihm neue Kauf- und Konsumerlebnisse die Flucht aus der Alltagsmisere oder den Zutritt in die wunderbare Welt der Glückshormone ermöglichen. Topverkäufer tun daher alles, um durch einzigartige Angebote und überraschende Lösungen die Realisierung erträumter Idealzustände zu ermöglichen und damit neue Glücksgefühle beim Kunden auszulösen.

### 4. Mach mich zum Sieger!

Der Kunde kauft heute, weil er mit neuen Käufen auch die Chance sieht, sich seiner bestehenden Identität zu versichern oder eine neue, bessere Identität zu erlangen. Er fühlt unbewusst: Ich konsumiere, also bin ich! Oder ich werde ein anderer sein! So wird der Konsum auch zu einem ganz großen **Identitätsstifter**! Topverkäufer stellen daher dem unbefriedigenden Ist-Zustand des Kunden den von ihm gewünschten Idealzustand gegenüber und erwecken damit seinen verborgenen Wunsch nach einer besseren Identität zum Leben, die den wahren Antrieb zum Abschluss auslöst.

### 5. Verändere mich!

Die materialistische Konsumwelt hat den Satz »Mehr sein als scheinen!« umgedreht in: »**Haben ist wichtiger als sein!**« und Haben, sprich kaufen, verändert sofort das Erscheinungsbild des Kunden. Durch den Kauf eines neuen Produktes kann er der Umwelt viel schneller zeigen, wer er ist bzw. wer er gerne sein möchte! Und er bekommt diese Wunsch-Identität – zum Beispiel durch den Kauf eines neuen Autos – auch augenblicklich von der Umwelt bestätigt. Daher bemühen sich Topverkäufer zuerst durch die Ist-Analyse ein mögliches Mangelbewusstsein des Kunden (seines Real-Ichs) zu erforschen, dann durch Fragen seine Wunsch-Identität (sein Ideal-Ich) zum Leben zu erwecken und schließlich ihr Angebot als Lösung für seine Wunsch-Identität vorzustellen.

**6. Verführe mich!**

**Der Kunde will heute mehr denn je, über seine Grenzen gehen:** Er will als Unternehmer in neue Dimensionen vorrücken (z. B. aus einem Drei-Sterne-Hotel ein Vier-Sterne-Hotel machen) und als Konsument einen neuen Status erreichen (z. B. durch einen Hauskauf). Dazu braucht er nicht nur das geeignete Angebot, sondern auch die Hilfe des Verkäufers. Topverkäufer versuchen daher alles, um den Kunden in den Gestaltungsprozess mit einzubinden, ihn durch ihre Kompetenz und ihr Know-how zu ermutigen und neues Selbstvertrauen zu geben und ihm durch ihre Betreuung Mut zu machen, innere Blockaden zu überwinden.

**7. Gib mir was anderes!**

Was aber geschieht, wenn plötzlich das Geld ausgeht oder Wettbewerber auftreten? Dann konzentriert sich der Kunde sehr schnell auf **rivalisierende Identitätsabsichten** oder auf **Ersatz-Handlungen!** Dann kauft er sich statt dem neuen, luxuriösen Wunsch-Auto einen ebenfalls luxuriösen, aber billigeren Flachbildschirm. Und statt einen neuen Kühlschrank zu kaufen, füllt er den alten lieber mit Leckerbissen auf. Und statt ein neues Kleid zu kaufen, kauft die Kundin lieber mehr Kosmetika, um in der Krise wenigstens gut auszusehen! Topverkäufer haben daher für ihre Kunden immer eine Alternativlösung bereit, wenn die Ideallösung nicht mehr realisierbar ist.

**8. Lass mich weiter Spitze sein!**

Aber auch wenn die gekauften neuen Produkte mit der Zeit veralten oder für die Wunschidentität nicht mehr genügen, entstehen neue Kaufwünsche. Dann braucht der Kunde neue Produkte als neue Identitätssymbole, um seine bisherige Identität weiter aufrechterhalten zu können. Wenn zum Beispiel seine Identität lautet, ein treusorgender Familienvater zu sein und die staatliche Rente immer mehr abnimmt, dann muss er eine neue oder zusätzliche Rentenversicherung abschließen, um seiner Identität gerecht zu bleiben und sie auch von seiner Familie bestätigt zu bekommen. Genau darin liegt die Chance für gute Verkäufer: ihre Kunden langfristig an sich binden, indem sie ihnen **immer wieder neue passende Identitätssymbole** in Form neuer Produkte oder Dienstleistungen anbieten.

### 9. Mach mich genauso gut!

Ein Antrieb zu neuen Käufen ist auch der Neid und damit der permanente Vergleich mit anderen. **Das Ego erträgt es nicht, wenn der andere mehr hat.** Also muss man gleichziehen! Der Mensch ist seit jeher auf den Vergleich mit anderen Menschen oder mit dem bisher Erreichten oder mit neuen Möglichkeiten fixiert. Und am liebsten ist es ihm, wenn er im Wettbewerb mit den anderen überlegen ist.

Deshalb mobilisieren Topverkäufer neue Wünsche, indem sie den Kunden anregen, seinen Ist-Zustand mit seinem Wunschzustand, seine bisherige Lösung mit seiner aktuellen Wunschlösung und seine augenblickliche Situation mit der Situation wichtiger Bezugspersonen zu vergleichen.

Dadurch versetzen sie den Kunden in einen **Spannungszustand** zwischen dem, was er ist und was er hat, und dem, was er gerne wäre oder hätte. Und sie bieten ihm dann, um ihn von dieser Spannung zu erlösen und sein Ideal-Ich zu erreichen ihr Produkt als neue, identitätsstiftende Lösung an. Daher sprechen gute Verkäufer nie von einem Produkt oder einem Angebot, sondern immer nur von einer neuen Idee, einer neuen Lösung oder einem neuen Konzept für eine bessere Zukunft.

### 10. Gib mir ein besseres Gefühl von mir selbst!

Kunden kaufen, weil sie mit dem Kauf größerer Anschaffungen auch eine **Erweiterung ihres Ich-Gefühls**, also eines größeren Machtgefühls, und damit eine Erweiterung ihrer Lebensmöglichkeiten sehen. Wer ein neues größeres Auto kauft, der kauft es auch, um sich damit mächtiger und bedeutender zu fühlen.

Oder er möchte damit neue Erfahrungen machen (z. B. mit einem Cabrio). Ein solcher Kauf gibt ihm außerdem das Gefühl zu den Auserwählten und Bevorzugten zu gehören und auf seine Umwelt anziehender zu wirken. Gute Verkäufer stellen daher ihren Kunden in bunten, lebhaften Bildern genau die Anwendungsmöglichkeiten vor, die sich die Kunden von ihrem Produkt insgeheim für ihr Leben erhoffen.

**11. Ausbau der Selbstverwirklichung.**

Kunden sind oft mit dem bisher Erreichten oder Vollbrachten nicht mehr zufrieden. Sie spüren dann, es gibt noch Neueres, noch Größeres, noch Erfolgswirksameres oder noch Billigeres! Und das lockt sie unwiderstehlich! Daher sind sie heute ständig auf der **Jagd nach etwas Außergewöhnlichem** und fühlen sich von (noch) billigeren Produkten (echten Schnäppchen!), noch innovativeren Produkten (wie z. B. Fengshui-Produkten) oder noch angesagteren Produkten (wie dem iPhone) geradezu magnetisch angezogen.

Dahinter steckt der Wunsch nach einer immer besseren Selbstverwirklichung und damit nach mehr Lebenssinn. Dafür sind vor allem die Kunden anfällig, die besonders pflichtbewusst sind, die nach Perfektion streben, die stets ein latentes Ungenügen verspüren und die sich nach einem besseren Idealzustand sehnen. **Denn jedes wahrgenommene Ungenügen kratzt am gekränkten Ego!** Daher entwickeln gute Verkäufer immer wieder neue Angebote, die ihren Kunden sofort als etwas noch Besseres, Günstigeres oder Aufregenderes ins Auge stechen.

**12. Zeige mir eine bessere Zukunft!**

Fast alle Menschen stellen sich in Tagträumen vor, wie eine neue, bessere Zukunft aussehen könnte und wie sie sie erreichen können: sei es um aus dem Alltag auszubrechen oder über ihre Grenzen zu gehen. Mit diesen Träumen schaffen sie sich tagtäglich neue »Zukunftsbahnen« wie die Psychologen sagen. Manchmal sehnen sich die Kunden sogar nach einer Zukunft, die sie sich im Augenblick noch gar nicht konkret vorstellen können und die ihnen der Verkäufer erst mit seinen neuen Ideen und Vorschlägen bewusst machen muss. **Daher**

**sprechen gute Verkäufer immer über die Zukunftsvisionen ihrer Kunden**, versuchen herauszubekommen, welche »Zukunftsbahnen« (Zukunftsvorstellungen) sie sich bereits angelegt haben und sagen ihnen dann, wie sie ihnen mit ihren Produkten und Dienstleistungen dabei helfen können, sie zu verwirklichen. Auf diese Weise werden gute Verkäufer für ihre Kunden zu Zukunftspartnern und zu unentbehrlichen Ressourcen in der Zukunft. Denn der Kunde freut sich, einen kompetenten und vertrauenswürdigen Partner für die Zukunft gefunden zu haben und wird mit der Zeit geradezu süchtig nach ihm: Das Geheimnis wahrer Kundenbindung!

## Arthur Schopenhauer und die beste Verkaufsformel aller Zeiten

Wenn wir alle diese Wunschbestrebungen des Kunden auf einen Nenner bringen wollen, dann hat uns der Philosoph Arthur Schopenhauer schon vor knapp 200 Jahren in seinem Werk **»Die Welt als Wille und Vorstellung«** die beste Formel dafür geliefert. Er führt den ewigen Kreislauf von Wünschen, Käufen und neuen Wünschen darauf zurück, dass den Menschen unentwegt ein unbewusster »Wille« (Wunsch) nach immer mehr, ja eine Gier nach immer Neuerem, Besserem und Größerem antreibt und dass dieser Wille deshalb so stark und fordernd ist, weil wir Menschen jeden neuen Wunsch sofort mit der »Vorstellung« verbinden, dass seine Erfüllung uns zugleich auch mehr Glück und Zufriedenheit bringt. Und das war, als es noch keine attraktive Konsumwelt gab. Wie sehr stimmt diese Formel erst heute!

**Sie sehen: Seitdem hat sich kaum was geändert.** Topverkäufer sind deshalb so erfolgreich, weil sie es am besten verstehen, dem Kunden Mängel bewusst zu machen, seine verborgenen Wünsche nach Ideallösungen zum Leben zu erwecken und ihr Angebot als die beste Chance zu mehr Glück und Zufriedenheit darzustellen.

# Teil III
# Die Neuen Spielregeln der Überzeugung

Wie Sie trotz Wettbewerbsnachteilen, Kundenwiderständen und Preisschwächen die Kauflust der Kunden wecken

*Die Neuen Spielregeln im Verkauf.* Hans Christian Altmann

ISBN: 978-3-527-50484-8

# 9. Kapitel
# Preisnachteile durch Kompetenz ausgleichen

»Ein gutes Argument im richtigen Augenblick entscheidet.«

*Anton Stangl*

## Wie ein Handelsvertreter durch seine technische Kompetenz unverzichtbar wird und selbst hart umkämpfte Abschlüsse gewinnt

Jeder Verkäufer weiß, dass es bei seiner Verkaufstätigkeit um ein oder zwei ganz entscheidende Knackpunkte geht. Bei Willy Burger, einem Handelsvertreter, der einen der führenden Hersteller von industriellen Zähl- und Steuerungskomponenten vertritt, heißt das Hauptproblem: sich gegenüber den Wettbewerbern zu behaupten und seinen Preis zu verteidigen.

Das schafft er so gut, dass er trotz gelegentlicher Produkt- und Preisschwächen selbst hart umkämpfte Aufträge bekommt. Was ist sein Erfolgsgeheimnis?

Zu Beginn frage ich ihn allerdings, was er eigentlich verkauft:

**Haben Sie in Ihrem reichhaltigen Verkaufsprogramm auch ein Produkt, das sich jeder Laie vorstellen kann?**

Ja, den Absolutgeber. Man braucht ihn z. B. bei großen Windanlagen, damit die Flügel bei kräftigem Sturm ihren Neigungswinkel so verändern, dass die Anlage nicht umgeworfen wird. Oder man braucht ihn bei einem Lift. Er sorgt dafür, dass es beim Stopp in einem Stockwerk keine Stufe gibt und der Lift weder zu früh noch zu spät abbremst.

**Und wie finden Sie Absatzchancen für Ihre Produkte?**

Nehmen wir als Beispiel den Absolutgeber. Den will ich gerade forciert verkaufen. Also besuche ich meine Kunden und versuche als erste und wichtigste Aufgabe, gemeinsam mit dem Kunden,



*Die Neuen Spielregeln im Verkauf.* Hans Christian Altmann

ISBN: 978-3-527-50484-8

Anwendungsfelder herauszufinden oder sogar neue zu erspüren, für die er bestimmte Absolutgeber brauchen könnte.

**Und wo liegt die besondere Schwierigkeit?**

Ich spreche lieber von zwei Aufgaben: Die erste ist: Man darf sich den Verkauf von Absolutgebern nicht als Verkauf eines Einzelteils vorstellen, so wie man Autobatterien verkauft. Da hängt eine Menge Technik daran. Zum Beispiel das Problem sehr verschiedener Schnittstellen, also bestimmter Anpassungen oder die Kommunikation der Maschinen über Bus-Systeme, also über einen elektronischen Datenaustausch. Und über diese technischen Voraussetzungen und den aktuellen Bedarf muss man Bescheid wissen. Meine zweite Aufgabe ist jedoch genauso entscheidend. Denn davon hängt meine Zukunft ab. Es geht darum, im Verlauf des Kontaktes bei meinen Kunden immer mehr sogar **künftige Entwicklungen anzuregen**, bei denen meine Absolutgeber zum Einsatz kommen könnten und dafür maßgerechte technische und preisliche Lösungen in Aussicht zu stellen.

**Sie müssen also sowohl einen aktuell vorhandenen Bedarf aufspüren als auch künftige mögliche Bedarfschancen ausloten?**

Exakt. Es geht um eine zweifache Bedarfsermittlung. Zuerst ermittle ich: Wo ist der aktuelle Bedarf? Was setzt der Kunde bisher ein? Und ganz entscheidend: Was kann ich alternativ besser und preiswerter anbieten? Danach prüfe ich mit dem Kunden gemeinsam: Wo liegt ein möglicher Bedarf in der Zukunft? Denn wenn ich heute nicht die Zukunft von morgen anspreche, bin ich übermorgen aus dem Geschäft.

**Was ist die wichtigste Voraussetzung für solche Zukunftsgespräche?**

Dass ich aufgrund meiner langen Erfahrung die einzelnen Anwendungsgebiete der Kunden genau kenne und weiß, was er wo und wie macht. Die andere Voraussetzung ist mein engagiertes Interesse an der Zukunft meiner Kunden. Daher frage ich sie immer wieder: Was machen Sie gerade? Was ist das größte Problem, mit dem Sie sich gerade beschäftigen? Und dann natürlich: Was planen Sie in der Zukunft? Wo liegen die Schwerpunkte

Ihrer künftigen Entwicklung? Welche Zukunftsprojekte haben Sie in der Planung? Der Kunde soll mich keinesfalls nur als aktuellen Lieferanten, sondern unbedingt als Zukunftspartner sehen! Denn wenn er mich als »Ressource für seine Zukunft« ansieht, dann erreiche ich einen ganz anderen Stellenwert für ihn.

Wir erkennen hier schon eine ganz bestimmte Erfolgseigenschaft:

> Topverkäufer spüren nicht nur den aktuellen Bedarf für Ihre Produkte auf, sondern regen den Kunden auch zu Entwicklungen an, bei denen Ihre Produkte zum Einsatz kommen könnten.

**Wie gehen Sie vor, wenn der Kunde schon einen Lieferanten hat?**

Natürlich höre ich bei neuen Kunden sehr oft: »Wir haben schon einen Lieferanten und sind sehr zufrieden mit ihm.« Davon darf man sich nicht einschüchtern und in die Defensive drängen lassen. Daher frage ich natürlich sofort nach den Einzelheiten. Denn hier erkenne ich sehr schnell mögliche Angriffspunkte, wo ich einhaken kann: Zum Beispiel, ob wir bessere oder preiswertere Produkte haben. Oder ob wir die Anwendung noch besser oder preiswerter lösen können.

**Sie hoffen also den Kunden auch mit preiswerteren Lösungen zu gewinnen?**

Natürlich. Auch das gehört heute zu meiner Verkaufsstrategie: nicht nur Preise zu verteidigen, sondern auch preisgünstigere Lösungen als der Wettbewerb anzubieten! Beides ist in den Augen des Kunden wichtig!

**Und wenn der Kunde trotzdem nein sagt?**

Auch wenn es im Augenblick keine Chance für einen Auftrag gibt, bleibe ich in jedem Fall weiter am Ball und klopfe mögliche Zukunftschancen ab. Dann frage ich den Kunden: »Wo liegt im Augenblick der Schwerpunkt Ihrer Entwicklung? Und wo liegt er in der Zukunft?« Und dann dränge ich darauf, in jedem Fall auch mit seinen Technikern und Forschern vor Ort reden zu können.

**Was ist in dieser Phase entscheidend, um das Interesse und die Akzeptanz des Kunden zu gewinnen?**

Das ist ganz eindeutig meine technische Kompetenz und damit mein praktischer Nutzen für den Kunden. Das ist entscheidend! Denn der Kunde merkt sehr schnell, ob der Verkäufer technisch kompetent ist. Vor allem, wenn er mich beobachtet, wie ich mit seinen Technikern und Entwicklungsleuten rede. Denn hier stehe ich sofort auf dem Prüfstand. Nehmen wir als Beispiel folgende Situation an: Der Kunde schildert mir ein aktuelles Problem und hat auch oft schon eine konkrete Vorstellung für dessen Lösung. Meine Herausforderung besteht nun darin, dem **Kunden sofort eine Lösung aufzuzeigen**, die gegenüber der Konkurrenz besser, einfacher oder preiswerter ist. Und die ich auch ganz genau mit exaktem Detailwissen begründen kann. Wenn mir das gelingt, dann habe ich bei diesem Kunden wirklich einen Bonus, der sich früher oder später auszahlt.

**Was war Ihr stärkstes Erlebnis in dieser Hinsicht?**

Bei einem Hersteller von Verpackungsmaschinen sah ich, dass sie einen Impulsgeber mit Achse und mechanischer Anbindung an die Kupplung einsetzten und dabei Schwierigkeiten hatten. Daraufhin habe ich dem Kunden empfohlen: »Verwenden Sie hierfür keinen Impulsgeber mit Achse, sondern einen Hohlwellengeber. Denn der wird durch die gefederte Aufhängung axial und radial weniger belastet und unterliegt damit einem wesentlich geringeren Verschleiß. Dadurch haben Sie auch keinen Ausfall mehr.« Dieser Rat hat dem Kunden jedes Jahr eine enorme Einsparung eingebracht und ist für mich natürlich eine hervorragende Referenz.

**Wie kommen Sie zu diesem Know-how?**

Man braucht dafür einen genauen Blick und auch die Erfahrung, die man bei anderen Kunden gewonnen hat. Daher bin ich auch gerne dabei, wenn meine Kunden neue Maschinen und Lösungen in Betrieb nehmen, um so vor Ort meinen Erfahrungshorizont zu erweitern.

**Kommen wir zum Thema »Preisgespräche«, die heute jedem Verkäufer das Leben schwer machen. Wie ist Ihre Erfahrung dazu?**

Natürlich läuft heute vieles über den Preis. Aber auch die Einkäufer stehen heute unter einem gigantischen Druck. Denn viele Firmen gehen davon aus, dass im Einkauf nicht nur der Gewinn, sondern auch die größten Reserven liegen. Das bestätigt auch Dr. Rudolf Pritzl, der Vizepräsident von Bain & Company in München. Er schrieb in einem Artikel: »Das Geld, das für produktionsbezogene Waren und Dienstleistungen ausgegeben wird, macht bei großen deutschen Unternehmen im Schnitt rund 60 Prozent der Gesamtkosten aus ... Spart der Einkauf nur ein Prozent, verbessert sich das Betriebsergebnis vor Zinsen und Steuern um durchschnittlich knapp 20 Prozent.«

Aber – und das ist natürlich für mich als Verkäufer sehr gut – er nennt auch gleich warnend das **Hauptproblem vieler Einkäufer**: »Der herkömmliche Einkäufer ist eindimensional auf den niedrigsten Stückpreis fixiert und denkt zu wenig in Zusammenhängen.«

**Und in diesem ganzheitlichen Denken liegt Ihre Chance?**

Genau. In der ganzheitlichen und langfristigen Betrachtung sehe ich meine Chancen. Denn bei den einzelnen Stückkosten kann auch ich nicht immer mithalten. Aber wenn ich dann **die anderen Entscheidungskriterien ins Spiel bringe**, wie z. B. die optimale Anwendung (Applikation), den Verschleiß, die Ausfallchancen, die Betreuung, den Service ... dann habe ich Chancen!

Das hat natürlich auch Grenzen. Denn viele Einkäufer werden von ihren Chefs zu dieser Prozentejagd geradezu gedrängt. Da heißt es dann: »Sie müssen jeden Tag mindestens fünf, zehn oder gar 20 Prozent einsparen!« Kein Wunder, dass dann die Einkäufer aktiv an ihre Lieferanten herangehen und entsprechende Preisreduzierungen verlangen – ohne die weiteren Folgen zu berücksichtigen.

**Wie reagieren Sie auf solche geforderten Preisreduzierungen?**

Einen typischen Fall erlebte ich im Januar. Da wollten wir nach drei Jahren aufgrund gestiegener Preise für Rohstoffe und elektronische Bauteile eine Preiserhöhung durchsetzen. Sie wurde nicht nur abgelehnt, sondern der Einkäufer konterte: »Im Gegenteil. Sie müssen um fünf Prozent billiger werden!«

Nach meinem Prinzip – **geben und nehmen!** – beschloss ich einen Kompromiss anzustreben und schlug ihm vor, er solle uns einen Abrufauftrag über eine größere Stückzahl und über zwei Jahre erteilen. Dann könnten wir ihm andererseits drei Prozent Preisreduzierung anbieten. Genau das machte er auch. So hatte er die gewünschte Preisreduzierung und wir hatten den Vorteil einer höheren Stückzahl, eines sicheren Auftragseingangs und einer zweijährigen Ruhe vor weiteren Preisverhandlungen.

**Funktioniert das immer so problemlos?**

Schön wär's. Ein besonderes Problem sind junge Einkäufer, meistens frische Diplomkaufleute, die sich profilieren wollen und oft ohne jede Kompromissbereitschaft, auf extreme Preiszugeständnisse aus sind. Doch das halten sie in der Regel nicht lange durch, da sie schnell von der Wirklichkeit eingeholt werden: Zum Beispiel, wenn sie in Form von schlechterer Qualität, technischer Probleme oder Preiserhöhungen aufgrund von Fabrikatsumstellungen den Preis für diese Billiglösungen zahlen müssen.

**Können Sie solche Preisforderungen durch Beziehungspflege ausgleichen?**

Das wird immer schwieriger. Manche Firmen sind geradezu allergisch gegen enge Verkäufer-Einkäufer-Beziehungen und verlangen, dass ihre Einkäufer – abgesehen von Kugelschreibern – jedes kleine Geschenk gegenüber der Firma bekannt geben und abgeben.

Andere Firmen erhöhen den Preisdruck, indem sie die Einkäufer ständig veranlassen, die verschiedenen Einkaufsbereiche – Rohstoffe, Maschinen oder Bauteile – zu wechseln. Damit wollen sie vermeiden, dass eine zu enge Beziehung zu den Verkäufern oder gar eine Cliquenwirtschaft entsteht. Als Kontaktmensch sehe ich das positiv und begrüße es als neue Chance.

**Sie sagen, dass Sie Ihre Preise vor allem durch Ihre technische Kompetenz behaupten. Wie funktioniert das beim Einkauf?**
Der Einkauf verläuft in der Regel bei großen Projekten so ab, dass der Einkäufer bei zehn Firmen anfragt. Jede der angefragten Firmen darf anbieten. Und jeder Anbieter strengt sich natürlich enorm an, wenn es z.B. um 2000 Stück Absolutgeber geht, da sie einen Jahresumsatz von rund 300000 Euro bedeuten. Die fünf technisch besten und preisgünstigsten Anbieter werden schließlich aussortiert und gegeneinander ausgespielt. »Sie müssen noch mehr tun, wenn Sie den Auftrag wollen«, heißt es dann. Drei bleiben meist noch übrig, die dürfen dann bemustern. Das bedeutet: Sie liefern Mustergeräte ab, die von dem Kunden auf Herz und Nieren getestet und danach technisch freigegeben werden oder auch nicht. Schon bei dieser technischen Prüfung schalte ich mich gezielt ein. Denn ich weiß, dass meine Applikationen in der Regel für die Firmen besser sind und daher auch einen höheren Stückkostenpreis rechtfertigen. **Jetzt aber hängt alles davon ab, dass ich dem Kunden die einzelnen Vorteile und ihre Auswirkungen detailgenau und auch visionär – also mit den Auswirkungen in der Zukunft – bewusst machen kann.** Das ist letztendlich entscheidend! Denn manche dieser Vorteile können die Kunden im Augenblick noch gar nicht übersehen oder richtig einschätzen. Sie wirken sich oft erst in der Zukunft oder in ganz speziellen Anwendungsfällen aus. Hier ist es meine Aufgabe, dem Kunden zu beweisen, dass er genau diese Vorteile einmal ganz notwendig brauchen wird, um gravierende Nachteile zu vermeiden. Und genauso muss ich ihm natürlich auch die »monetären Vorteile« durch eine klare Berechnung nachweisen können.

Wir erkennen daraus:

> Topverkäufer kennen nicht nur alle Produktvorteile, sie können sie auch dem Kunden als künftige Nutzenvorteile bewusst machen!

**Können Sie mir dafür ein Beispiel nennen?**

Gerne. Wenn ein Aufzug bestimmte Steuerungselemente hat, kann im Fall einer Panne eine Ferndiagnose durchgeführt werden. Die Firma verringert so die Ausfallzeit und die Reparaturkosten.

**Was ist sonst noch bei Preisgesprächen entscheidend?**

Das eine ist, dass die Summe der Argumente oft entscheidender ist als einzelne wichtige Detailargumente! Kurzum: Zehn Vorteile sind besser als drei sehr gute. Das andere ist das eigene Selbstvertrauen, das in der Regel von der persönlichen Kompetenz und den bisherigen Erfolgen abhängt. Es drückt sich in dem Bewusstsein aus: »Ich biete dem Kunden mit meinem Produkt und meiner technischen Kompetenz einen echten Nutzen!« Und der Witz ist: Nicht die fehlende Kompetenz, sondern im Gegenteil das Bewusstsein einer hohen Kompetenz veranlasst die guten Verkäufer, sich jeden Tag um eine noch bessere Kompetenz und Beratungsqualität zu bemühen!

Und wir erkennen daran wieder eine Siegereigenschaft:

| |
|---|
| Die Fähigkeit, Preise verteidigen zu können, steht und fällt mit dem Bewusstsein, den Preis wert zu sein! |

**Welche Bedeutung hat für Sie die Beziehung zu Ihren Kunden?**

In Form der regelmäßigen Kontaktpflege eine sehr starke. Ich besuche neue Kunden je nach Umsatz bis zu sechsmal im Jahr, um zu fragen, ob etwas anliegt, um ihnen neue Unterlagen zu zeigen oder ganz einfach aus Goodwill-Gründen. Alles mit dem Ziel: **Die Kunden dürfen mich nicht aus den Augen verlieren!** Außerdem muss ich ständig den Finger am Puls haben, also wissen, was meine Kunden denken, was sie vorhaben und was die Wettbewerber machen.

**Und wie schafft man einen guten persönlichen Kontakt, der sich auch bei Preisgesprächen bewährt?**

Der hängt heute viel weniger von teuren Einladungen als von der inneren Einstellung ab: Man muss die Menschen mögen! Man muss sich auf den Umgang mit ihnen freuen und man muss gerne auf sie zugehen. Das kommt mir sehr gelegen. Denn ich bin ein Kontaktmensch. So war ich mehrere Jahre Vorstand bei einem Eishockeyverein und bin jetzt erster Vorstand eines Tennisclubs. Die größte Erfolgsbremse für manche Verkäufer ist dagegen ihre unbewusste Ablehnung, die sie aufgrund ihrer Misserfolge gegenüber Kunden ausstrahlen. Das spürt der Kunde sofort und reagiert entsprechend.

**Und wie gehen Sie positiv auf den nächsten Kunden zu, wenn Sie der letzte enttäuscht hat?**

Ich sehe die Menschen von vornherein als Individuen an, die individuell handeln und behandelt werden wollen. Nicht jeder ist gleich. Dann gibt es viel weniger Enttäuschungen und man kommt auch mit den »Macken« Einzelner viel besser zurecht.

Entscheidend für jede gute, langfristige Beziehung ist jedoch, dass ich mich als Verkäufer für die Wünsche und Probleme meiner Kunden wirklich interessiere. Und ihnen durch mein Bemühen um eine immer bessere Kompetenz zeige, **dass mir ihr Erfolg wirklich am Herzen liegt**. Dieses Gefühl des Engagements ist für sie das Wichtigste. Und ich weiß: Je positiver ich dem Kunden gegenübertrete, umso positiver reagiert er und umso größer sind meine Chancen!

**Zahlt sich diese positive Einstellung auch konkret aus?**

Ja, ich habe eine Firma, mit der ich pro Jahr rund 500000 Euro Umsatz mache. Zu dem Geschäftsführer, der noch ein echter Patriarch ist, habe ich eine enge »Du-Beziehung«, auch wenn sein Ton manchmal ziemlich rau ist. Aber das kann ich gut wegstecken. Denn ich kann mit Menschen gut umgehen. Mein Motto ist: Je schwieriger, umso besser! Da er selbst kein Techniker ist, möchte er in schwierigen Situationen gerne meinen objektiven Rat. Selbst wenn es gar nicht um meine Produkte geht. Und das weiß er zu schätzen. Als es beim letzten Termin um den Auftrag für die Steuerung einer speziellen Maschine ging, haben wir ihm bei 1000 Stück einen Preis von 3500 Euro angeboten. Doch da gab es ein Problem: Wenn man diese Maschinen weltweit vermarkten will (z. B. in China), dann darf der Steuerungsanteil nicht mehr als 2000 Euro kosten. Prompt hat ihm eine österreichische Firma diesen Preis angeboten. Normalerweise hätten wir den Auftrag verloren, denn angeblich war nur der Preis entscheidend. Aber aufgrund unserer guten Beziehung entschied der Chef: »Ihr bekommt den Zuschlag zum Preis von 2800 Euro pro 1000 Stück.« Meine Erkenntnis daraus: Eine gute, tragfähige Beziehung entsteht nicht über Nacht, man muss sie sich über Jahre hin verdienen.

Und hier ist noch mal eine Kurzfassung aller Preisstrategien:

### 20 Tipps, wie Sie Ihre Preise wirkungsvoll durchsetzen

1. Machen Sie sich als Zukunftspartner, der künftige Entwicklungen anregt, für den Kunden unverzichtbar.
2. Schlagen Sie dem Kunden auch immer wieder Lösungen vor, bei denen Sie **preislich günstiger** sind als die Wettbewerber.
3. Bieten Sie dem Kunden durch Ihre technische Kompetenz einen besonderen Mehrwert und praktischen Nutzen.
4. Verblüffen Sie den Kunden durch spontane Ratschläge, die ihm helfen, Geld zu sparen oder effizienter zu produzieren.
5. Betrachten Sie Ihr Angebot bzw. Ihre Problemlösung für den Kunden unter einem ganzheitlichen und **langfristigen Aspekt**.
6. Spähen Sie die Schwachpunkte der Wettbewerber-Angebote aus, die für den Kunden früher oder später Nachteile darstellen.
7. Machen Sie dem Kunden die Auswirkungen dieser Nachteile und Ihrer Vorteile durch klare Nutzenbeispiele bewusst.

8. Streben Sie Kompromisse an, indem Sie kleinere Preisreduzierungen gegen **Jahresabrufaufträge** zugestehen.
9. Machen Sie den Einkäufern die Folgen von Billiglösungen anhand praktischer Referenz-Erlebnisse bewusst.
10. Treten Sie dennoch den Einkäufern mit einer positiven Einstellung gegenüber.
11. Machen Sie dem Kunden durch Ihr Wissen auch die Vor- oder Nachteile bewusst, die er jetzt noch gar nicht übersehen kann.
12. Bringen Sie bei den Preisen **alle Bereiche zur Sprache**: von der Wirtschaftlichkeit … bis zum Personalaufwand.
13. Schärfen Sie Ihr Bewusstsein, dass Sie mit Ihrer Kompetenz und Ihrem Angebot dem Kunden einen echten Nutzen bieten!
14. Knüpfen Sie enge Beziehungen zu den Kunden, indem Sie sie regelmäßig besuchen, über neue Trends informieren, ihnen Brancheninfos und Wettbewerberinitiativen mitteilen und bei Messen und der Inbetriebnahme neuer Maschinen dabei sind.
15. Sprechen Sie regelmäßig mit ihnen über Ihre **Ansichten und Zukunftspläne**, damit Sie erfahren, was sie denken und vorhaben und was die Wettbewerber denken und vorhaben.
16. Tun Sie alles, um Ihre Kunden und ihre aktuellen Bedürfnisse und Wünsche nicht aus den Augen zu verlieren.
17. Mögen Sie die Kunden! Befreien Sie sich immer wieder von negativen Ressentiments und gehen Sie auf Ihre Kunden mit einer positiven Einstellung zu.
18. Sehen Sie die Menschen als Individuen an, von denen jeder seine Macken hat (wie wir selbst) und nicht alle gleich sind.
19. Zeigen Sie dem Kunden, dass Sie sich für seinen Erfolg interessieren und Ihnen seine Lösung wirklich am Herzen liegt.
20. Behandeln Sie Ihre Kunden auch nach Preis-Niederlagen weiter als **»First-class-Kunden«**, statt sie zu vernachlässigen.

Und wie könnten Sie auf Preiswiderstände reagieren?

## 8 Tipps für Ihre Preisargumentation

**1. Wir haben schon einen Lieferanten!**
Haben Sie auch eine gute Alternative?

**2. Das Angebot Ihres Wettbewerbers ist billiger!**
Haben Sie etwas dagegen, wenn wir die Positionen A, B und C miteinander vergleichen?

**3. Das Wettbewerbs-Angebot ist günstiger!**
Bezieht sich das auf den Stückkostenpreis oder auch auf die Gesamtlaufzeit und die Gesamtbetrachtung?

**4. Sie sind im Preis gegenüber den Wettbewerbern zu hoch!**
Gilt das nur für den einzelnen Stückpreis oder für den Gesamtpreis, wenn Sie an unsere Beziehung, unsere Betreuung und unseren Service denken?

**5. Sie müssen am Preis noch etwas machen!**
Sind wir auch dann zu hoch, wenn wir Sie durch eine kompetente technische Beratung vor kostspieligen Fehlern bewahren?

**6. Diese Spezifikation brauchen wir im Augenblick nicht!**
Darf ich Ihnen sagen, warum Sie genau mit dieser Spezifikation in den kommenden Jahren viel Geld sparen können?

**7. Sie sind zu teuer. Die Ferndiagnose brauchen wir nicht!**
Sie nicht, aber Ihr Monteur und Ihre Kunden, wenn es darum geht, Ausfälle schnellstmöglich zu beheben.

**8. Sie sind zu teuer**
Wenn Sie nur den nackten Stückkostenpreis sehen, ja. Aber nicht, wenn sie berücksichtigen, dass ich bei der technischen Prüfung dabei bin und Ihnen dann sofort sage, warum die Wettbewerber billiger anbieten und was Sie das im Einzelfall kosten kann.

# 10. Kapitel
# Gegner zu Helfern und Freunden machen!

»Ein Problem ist eine Chance,
sein Bestes zu geben.«

*Duke Ellington*

## Wie ein Verkäufer von Rechenzentren einen Millionen-Abschluss rettet, indem er seinen ärgsten Gegner als Helfer gewinnt

Wie oft haben Sie es schon erlebt, dass Sie eine Kundenanfrage bearbeiteten, bei der es anfangs gut lief, bis plötzlich nichts mehr ging? Wie man einen solchen Fall löst, zeigt das folgende Beispiel. Dabei werden Sie erkennen, dass man Kunden niemals allein mit Fakten, sondern nur mit der Einstellung überzeugen kann, ihnen zum Erfolg verhelfen zu wollen. Hier gilt die alte Regel:

> Wer es versteht, anderen zu Erfolgserlebnissen zu verhelfen, hat selbst am meisten Erfolg!

Thomas Stoll verkauft als Geschäftsführer mit seinen Verkäufern maßgeschneiderte, schlüsselfertige Komplettlösungen für Rechenzentren. Ich frage ihn:

**Herr Stoll, was ist die schwierigste Herausforderung bei dem Verkauf solcher kompletter Rechenzentren?**

Ich kann Ihnen das am besten anhand eines praktischen Beispiels erläutern. Eines Tages erhielten wir die Anfrage eines mittelständischen Unternehmens mit rund 6000 Mitarbeitern. Man interessierte sich für ein neues Rechenzentrum.



*Die Neuen Spielregeln im Verkauf.* Hans Christian Altmann

ISBN: 978-3-527-50484-8

**Also eine gute Ausgangslage**

An sich ja. Aber Vorsicht. Anfragen bedeuten heute viel weniger als früher. Einkäufer jagen heute Anfragen rund um den Globus heraus, um ja das günstigste Einkaufsschnäppchen zu machen – also die beste Qualität zum billigsten Preis zu erreichen.

**Aber das gilt doch wohl nicht beim Bau von kompletten Rechenzentren?**

Nein, aber dafür tauchte bei uns eine ganz andere Schwierigkeit auf. Kaum hatten wir die ersten Kontakte geknüpft und wollten die Bedarfssituation des Unternehmens feststellen, wurde aufseiten des Kunden gemauert. Was wir auch machten – Anrufe, Briefe, Faxe, E-Mails – nichts ging mehr, die Verhandlungen blieben buchstäblich im Sand stecken.

**Obwohl Sie sicher mehrere Entscheider angesprochen haben?**

Natürlich, wir machen das Geschäft ja auch nicht erst seit gestern. Immer wieder haben wir den Geschäftsführer, den IT-Leiter und den Controller angesprochen und versucht, Kontakt mit ihnen aufzunehmen. Doch wir stießen weiter auf eine Mauer des Schweigens. Wir wussten wirklich nicht mehr weiter. Und ich glaube, dieses Gefühl kennen viele Verkäufer: Sie bekommen eine hoffnungsvolle Anfrage, stürzen sich mit Elan auf die neue Chance und dann ist plötzlich der Ofen aus, nichts geht mehr.

**Ein Schock! Aber was haben Sie jetzt unternommen?**

Versuchen Sie mal einen Pudding an die Wand zu nageln. Wir haben herumgerätselt. Bis plötzlich einer meiner Verkäufer meinte: »Wir haben doch schon öfters solche Situationen erlebt, dass es da einen Architekten gibt, der mit dem Bau von Rechenzentren überfordert ist und deshalb das Projekt ablehnt. Könnte das nicht auch hier der Fall sein?« Gut gedacht, aber wir hörten in dieser Firma von keinem Architekten.

**Eine kritische Situation. Was haben Sie jetzt getan?**

Zunächst etwas ganz anderes. Wir sind in uns gegangen und haben uns gefragt, wie wir unsere Kunden wahrnehmen und welche Gefühle wir ihnen gegenüber empfinden. Dabei kam sehr schnell heraus, dass wir sie aufgrund unserer Kompetenz eher als Ignoranten denn als Partner betrachteten und ihnen gegenüber eher als Oberlehrer denn als Helfer auftraten. Ja, dass wir die Architekten der Firmen sogar als die schlimmsten Auftragskiller betrachteten. Natürlich zeigten wir das alles nicht offen und bewusst, sondern eher unbewusst. Aber die deprimierende Wirkung war dieselbe. Es war eine echte Anti-Auftrags-Einstellung.

**Eine neue Wahrnehmung ist oft der erste Schritt zu einer Veränderung. Haben Sie jetzt auch Ihre Einstellung verändert?**

Ja. Als Erstes beschlossen wir, im Kontakt mit den Architekten eine totale Kehrtwendung zu machen und sie nicht mehr als Gegner anzusehen, die man umgehen und ausschalten musste, sondern sie als Partner zu gewinnen und ins Boot zu holen.

**Warum standen Sie denn den Architekten so ablehnend gegenüber?**

Das beruht auf Gegenseitigkeit: Auch sie lehnen uns ab. Der Grund dafür ist, dass die Zeiten für Architekten brutal hart sind. Umso größer ist der Druck, jede Auftragschance wahrzunehmen. Das Problem liegt nun darin: Sie haben zwar ein bestimmtes Know-how. Aber auf dem Gebiet – wie man moderne Rechenzentren baut – haben sie meist nur wenig Erfahrung.

Die praktische Konsequenz daraus ist: Wenn ein Architekt eine Anfrage für ein neues Rechenzentrum erhält, dann bagatellisiert er gegenüber dem Auftraggeber entweder die IT-spezifischen Anforderungen des neuen Bauvorhabens oder glaubt ihnen auch ohne spezielle Kenntnisse gewachsen zu sein.

**Kann er denn das wirklich nicht?**

Nein. Gerade auf diesem Gebiet sind heute besondere Kenntnisse dringend erforderlich, da hier ganz spezifische Anforderungen und oft sogar einschneidende Rechtsverordnungen erfüllt werden müssen. Ältere Architekten haben die Ausbildung dafür an ihrer Universität gar nicht mitbekommen. Und falls sie diese Lücken nicht durch eigene Weiterbildungsmaßnahmen ausgefüllt haben, zeigen sie aufgrund des fehlenden Know-how entweder eine instinktive Abwehrhaltung oder sie gehen gewöhnlich zum

Geschäftsführer und spielen die Probleme herunter: »Das ist alles halb so schlimm!«

**Was haben Sie in dieser Situation unternommen, um die Architekten ins Boot zu bekommen?**

Wie Sie schon sagten: Das erste und wichtigste war eine Veränderung unserer Einstellung. Wir verabschiedeten uns von unserer Arroganz und unserem Feindbild und fassten den Entschluss, alle unsere Gesprächspartner als echte Partner anzusehen und gegenüber den Architekten eine echte Win-win-Situation zu schaffen. Also, ihnen die Angst zu nehmen, dass sie hier ein Geschäft verlieren würden.

**Und was unternahmen Sie konkret?**

Unsere Lösung war: Wir entwickelten eine spezielle Informationsmappe für die Architekten, die sie schnell und kompetent über die neuesten technologischen Anforderungen im IT-Bereich und die entsprechenden baulichen Konsequenzen informierte.

Das bedeutete zwar für uns einen hohen Know-how-Transfer, aber wir schufen damit für die Architekten auch einen Anreiz, mit uns zu kooperieren. **5000 Architekten** haben wir mit einem Mailing auf diese Informationsmappe und die möglichen Kooperationschancen aufmerksam gemacht. 2400 haben geantwortet und sie angefordert. Das deutete auf einen echten Nachholbedarf hin. In telefonischen Nachfassaktionen haben wir dann festgestellt, wer von den Architekten wirklich in der Praxis mit dem Bau von Rechenzentren zu tun hatte. So verblieben zuletzt über 800 »qualifizierte« Architekten.

**Und wie sah der Anreiz für die Architekten aus?**

Mit unserer neuen Einstellung, für beide Seiten eine Win-win-Situation zu schaffen, signalisierten wir den Architekten, dass wir das Geschäft nicht an ihnen vorbei machen wollen, sondern den Schulterschluss mit ihnen suchen und sogar bereit waren, uns ihnen unterzuordnen.

Auf der anderen Seite wurde den Architekten durch unsere Informationsmappe mit ihrem speziellen Know-how auch bewusst, dass sie solche Projekte nur zusammen mit einem Spezialisten wie uns sinnvoll und für alle Beteiligten zufriedenstellend durchführen können.

**Und was war das konkrete Ergebnis dieser Aktion?**

Über 600 Architekten banden uns daraufhin in laufende Projekte ein oder sprachen uns auf künftige Projekte dieser Art an.

**Und wie kamen Sie bei der ursprünglichen Anfrage weiter?**

Uns war als Erstes klar, dass wir ohne die Unterstützung des IT-Leiters niemals zum Zug kommen würden. Denn nur er konnte die Sicherheitslage, die Risiken und die Haftungsprobleme richtig abschätzen und die Qualität eines neuen Rechenzentrums korrekt beurteilen. Wenn der IT-Leiter zum Geschäftsführer gesagt hätte, »Das brauchen wir nicht!«, dann wäre die Sache erledigt gewesen.

Also haben wir uns nochmals mit dem IT-Leiter in Verbindung gesetzt. Und diesmal – wie bei den Architekten – mit einer absolut partnerschaftlichen Einstellung. Wahrscheinlich waren wir vorher wirklich etwas zu überheblich und zu arrogant gewesen, denn **jetzt klappte plötzlich der Kontakt**. Wir kamen ins Gespräch und erst jetzt, in dieser vertrauensvollen Atmosphäre erfuhren wir den wahren Grund für die firmeninterne Abwehrhaltung.

**Bevor wir dieses Geheimnis lüften, noch eine Frage: Ist diese arrogante Einstellung ein allgemeines Problem?**

Ja, ich glaube, dass viele technisch versierte Verkäufer dasselbe Problem haben: Unbewusst strahlen sie eine Arroganz aus, die sich am schnellsten durch besondere technische Begriffe ausdrückt. Und damit veranlassen sie den Kunden, die Zugbrücke hochzuziehen.

Wir haben jedenfalls daraus gelernt:

> Wichtiger als teure Essenseinladungen oder kleine Geschenke ist eine partnerschaftliche Einstellung, mit dem Ziel, auch anderen zum Erfolg zu verhelfen!

**War der IT-Leiter nun der Schlüssel zum Geschäft?**

In der Tat, denn er wurde sogar zu unserem »internen Coach«. Und er verriet uns Betriebsinternas, die wir sonst nie erfahren und ohne die wir auch nie unser Geschäft gemacht hätten. Als Erstes bekannte er freimütig, dass er selbst keine guten Beziehungen zum Geschäftsführer habe, da der ihn als »Kostentreiber« ansehe. Und wenn er jetzt noch mit einem neuen Rechenzentrum daherkäme, dann wäre das eher kontraproduktiv als erfolgversprechend.

**Keine positive Ausgangssituation. Wie holten Sie dennoch das Kind aus dem Brunnen?**

Wir wussten, dass eine so vertrauliche Information der beste Beweis für eine aufkeimende gute Beziehung ist. Prompt gab er uns gleich den nächsten freundschaftlichen Rat, auf jeden Fall auch den Controller rechtzeitig mit einzubinden. Danach war allerdings erst einmal Sendepause. Erst einige Tage später, als er wirklich Vertrauen zu uns gefasst hatte, ließ er die Katze aus dem Sack:

»Aber«, sagte er zu uns, »die Entscheidung, ob ein neues Rechenzentrum gebaut wird oder nicht, fälle weder ich noch der Geschäftsführer noch der Controller. **Die fällt die ›graue Eminenz‹**.« Als wir ihn verduzt anschauten, lüftete er den Schleier des Geheimnisses: »Der Geschäftsführer kennt von seinem Golfclub her einen Architekten, der mittlerweile sein Freund ist und der bisher alle Bauvorhaben in unserer Firma durchgeführt hat. Ohne den geschieht hier überhaupt nichts, denn der Chef bespricht mit ihm alle Bauvorhaben in unserer Firma.«

**Und war es so?**

In der Tat, der Architekt war das größte Problem. Er war, um in unserem alten Jargon zu sprechen, der eigentliche »Bremser« und schien der ganzen Planung ziemlich ablehnend gegenüberzustehen.

**Und wie schafften Sie es dennoch, den Architekten zu gewinnen?**

Als Erstes suchten wir sofort unter den 2400 Architekten, denen wir eine Informationsmappe zugeschickt hatten, ob er darunter war. Wir hatten Glück. Aber wir erkannten sofort, dass unsere Infomappe allein nie und nimmer ausgereicht hätte, ihn aus der Reserve zu locken. Denn ganz sicher hat ihn der Geschäftsführer schon um seine Meinung zu dem neuen Rechenzentrum gefragt und seine Ablehnung erfahren.

**Welche Schlussfolgerung haben Sie daraus gezogen?**

In dem Augenblick dämmerte uns: Der Architekt hatte ganz einfach Angst vor uns. Er befürchtete aufgrund seiner fehlenden Kompetenz im IT-Bereich sich vor seinem Freund, dem Geschäftsführer, eine Blöße zu geben. Und er befürchtete, dass der Bau an ihm vorbeilaufen und er so seine Rolle als alleiniger Architekt dieser Firma einbüßen würde.

Jetzt wurde uns auch klar, warum die Informationsmappe an seiner Einstellung nichts geändert hatte: **Logische Argumente ersetzen niemals konkrete Angstgefühle!**

Unser Ziel konnte daher nur lauten: seine Kompetenz und damit sein Ansehen vor dem Geschäftsführer durch einen geschickten Know-how-Transfer zu verstärken, ihn als Meinungsmacher aktiv an diesem Geschäft zu beteiligen und ihm außerdem eine erfolgversprechende Zukunftsperspektive aufzuzeigen.

**Machte es jetzt Klick?**

Nicht sofort. Zuerst einmal haben wir ihn mit dieser Einstellung aufgesucht. Aber wir sind nicht sofort mit der Tür ins Haus gefallen. Das erste Gespräch diente eher der gegenseitigen Vorstellung. Dann haben wir ihm gezeigt, wie erfolgreich wir mit Architekten beim Bau neuer Rechenzentren zusammenarbeiten, die damit noch keine Erfahrung hatten.

Und wir sagten ihm auch, auf welche Weise wir sie dabei unterstützen und welche Umsatzchancen sich beim Bau moderner Rechenzentren künftig für sie ergeben.

Erst im zweiten Gespräch haben wir das konkrete Projekt und eine mögliche Zusammenarbeit angesprochen. Und dann haben wir eine der besten Überzeugungsmethoden angewendet: Nachdem er immer mehr Interesse an einer Zusammenarbeit zeigte und wohl auch seine zukünftigen Chancen darin sah, fragten wir ihn um Rat, wie wir uns gegenüber dem Geschäftsführer verhalten sollten. Denn seinen guten Kontakt zu ihm hat er uns natürlich mit keinem Wort verraten! Aber sein Rat war so gut, dass er der zweite interne Coach für uns wurde.

**Und was hat den Architekten letztlich überzeugt?**
Das waren ganz eindeutig die persönlichen Vorteile, die wir ihm im Rahmen einer guten Zusammenarbeit aufzeigten. Zum Beispiel, dass er sich gegenüber dem Geschäftsführer auch im IT-Bereich als kompetenter Gesprächspartner profilieren könnte, dass er durch unser Projekt mit seinem Freund erneut ins Geschäft käme und dass er darüber hinaus noch weitere Auftragschancen wahrnehmen könnte. Und dass er andererseits durch diese Kooperation mit uns auch eine unangenehme Alternative – die Auslagerung der gesamten IT-Abteilung – als Verlust für ihn selbst und für das Unternehmen vermeiden könnte.

**Heißt das, dass der ganze Auftrag mit dem Erkennen und Auflösen der Blockade-Haltung des Architekten stand und fiel?**
Exakt. Alles hing davon ab, dass wir zuerst unsere feindselige Haltung in eine partnerschaftliche veränderten, dann zu einem Entscheider – dem IT-Leiter – eine gute Beziehung aufbauten und drittens, dass wir die emotionale Blockade des Architekten abbauten und so ein Klima schufen, das es allen erlaubte, sich an einen Tisch zu setzen und das Problem zu lösen.

**Letzte Frage: Wie half Ihnen jetzt der Architekt?**
Er wurde in seiner Rolle als »interner Coach« fast ein Mitglied unseres Verkaufsteams. Sein entscheidender Einfluss war, dass er den Geschäftsführer bei allen kritischen Punkten schon mal »vorimpfte« und ihm so die Probleme und auch die neuen Chancen sehr genau bewusst machte. Nur dadurch konnten wir dann in Ruhe die momentane Situation mit ihm analysieren und unsere Lösung präsentieren.

**Fazit**: Um Ihre innere Einstellung und mögliche Abwehrhaltungen einzelner Entscheider frühzeitig zu erkennen, sollten Sie vor schwierigen Verhandlungen folgende Fragen durchgehen:

**Checkliste für die Verhandlungen von Großprojekten**

1. Kenne ich alle wichtigen internen und externen Entscheider?
2. Weiß ich, welchen Einfluss sie auf die Entscheidung haben?
3. Habe ich eine partnerschaftliche Einstellung, mit dem Ziel, eine Win-win-Situation für alle herzustellen?
4. Weiß ich, welche Person oder welches Thema den größten Engpass darstellt?
5. Kenne ich die »wunden Punkte« der Entscheider, die sie motivieren, das Problem in meinem Sinn zu lösen (z. B. neue Gesetze oder ein bestimmter Termindruck)?
6. Kenne ich die »heißen Wünsche« der Entscheider (z. B. ihre Hoffnungen, Zukunftsaspekte und Vorteile), die sie sich von meinem Projekt versprechen?
7. Kenne ich auch die unausgesprochenen Wünsche, Bedürfnisse und Bedenken der Entscheider, die es anzusprechen und zu bestätigen gilt, damit sie sich voll verstanden fühlen?
8. Kenne ich die möglichen emotionalen Blockaden der Entscheider (z. B. ihre Ängste um den Verlust von Macht, Prestige und Befugnissen), die sie von der Zustimmung abhalten und habe ich gute Antworten dafür?
9. Kenne ich die möglichen Widerstände, die das Projekt blockieren könnten (z. B. Budgetplanungen, Zeitdruck, Restrukturierungspläne, Wettbewerber-Versprechen)?
10. Kann ich die Vorteile für jeden Entscheider auch rational in Form monetärer Vorteile (Rechenbeispiele) aufzeigen?
11. Habe ich Kunden, die als Referenzen hinsichtlich der Branche, der Größe und der Struktur zu dem neuen Kunden passen?
12. Weiß ich, welcher Entscheider für die Rolle des »internen Coach« infrage käme?

# 11. Kapitel
# Kunden über Grenzen führen

»Kein Kunde kauft jemals ein Produkt. Er kauft immer nur das, was das Produkt für ihn leistet.«

*Peter. F. Drucker*

## Wie ein Finanzierungsberater seinen Kunden hilft, Träume zu verwirklichen und dabei selbst Traumumsätze erzielt

Bei schwierigen Kaufentscheidungen geht heute der Verkauf in Form eines Prozesses – Stufe für Stufe – vor sich. Keine kann übersprungen werden. Und jede, die nicht korrekt behandelt wird, kann das sofortige Aus bedeuten. Und noch etwas ist heute entscheidend: **Hochkarätige Kunden haben nur wenig Zeit**. Sie hören sich eine neue Idee einmal an und wenn die nicht stimmt, ist die Chance vorbei. Daher muss der Verkäufer den Kunden gleich mit dem ersten Angebot überzeugen.

Wie ein Finanzierungsberater aus Innsbruck es versteht, die Umschuldung von Millionenprojekten – im Rahmen eines mehrstufigen Verkaufsprozesses – meisterhaft zum Abschluss zu führen, zeigt Thomas Eller. Gewitzt in vielen Verhandlungen lautet sein Motto: »Ich brauche beim Kunden sofort eine punktgenaue Landung!« Das klingt interessant. Als ich ihn nach einem konkreten Beispiel frage, sprudelt er gleich los:

### Beispiel I: Umschuldung eines Hotels

Ich kenne den Hoteldirektor des Sporthotels »Olymp« Florian Mitterhuber schon seit dem Jahr 2000. Er ist Kunde von mir und mit den Dienstleistungen unserer Firma sehr zufrieden. Dies veranlasste ihn, mich dem Geschäftsführer seiner Holding, Gotthard Neurauter, vorzustellen, um die Finanzierung seines Hotels zu überprüfen. Schon beim ersten Gespräch spüre ich, dass



*Die Neuen Spielregeln im Verkauf.* Hans Christian Altmann

ISBN: 978-3-527-50484-8

Neurauter ein beinharter Verhandler ist, der seinem Gegenüber nichts schenkt.

**Wenn Sie in die erste Verhandlungsrunde einsteigen, worauf konzentrieren Sie da Ihr Augenmerk?**

Es sind drei Punkte. Als Erstes möchte ich die Wünsche und die Zukunftsperspektiven meines Kunden kennenlernen. Sie verraten mir, mit welchen Erwartungen er an das Gespräch herangeht. Das Zweite ist, dass ich genau herausbekommen möchte, was meinem Kunden wirklich wichtig ist und worauf er den größten Wert legt. Also, welche Ziele ihm vorschweben, aber auch wo seine Limits liegen (z. B. der Grad der Verschuldung). Drittens will ich anschließend genau wissen, wie und wo ich die bisherige Finanzierung noch verbessern kann. Nur das ergibt echte Abschlusschancen beim nächsten Gespräch.

**Und wie gehen Sie bei der Vorstellung Ihres Unternehmens und Ihrer Dienstleistungen vor?**

Zuerst stelle ich anhand unserer Unternehmensmappe unsere Firma und ihre Dienstleistungen vor. Der Kunde soll genau wissen, wer wir sind und was wir tun. Diese Transparenz schafft Vertrauen. Auf der anderen Seite will ich den Kunden auch **verblüffen** und ihm zeigen, dass wir ein ganz **besonderes** Unternehmen in der Branche sind. Zu diesem Zweck stelle ich ihm unsere Veröffentlichungen und dann unsere **Leitsätze** vor. Sie regeln die Zusammenarbeit zwischen ihm und uns und ich unterschreibe sie in seiner Gegenwart! Beides – die Mappe wie die Leitsätze – lösen beim Kunden in der Regel einen **Überraschungseffekt** aus.

**Bei den Leitsätzen ist der Überraschungseffekt klar, aber wodurch entsteht er bei der Unternehmensmappe?**

Mit ihr demonstriere ich dem Kunden, dass es sich bei unserem Vorhaben der Finanzierung um einen klar strukturierten Beratungsprozess in sieben Stufen handelt. Dann, dass wir ihm durch unsere Dienstleistungen sowohl eine starke Performance als auch eine hohe Sicherheit bieten. Drittens, dass wir ihn von der Konzeption des gesamten Finanzierungsmodells bis zur Umsetzung bei der Bank begleiten. Und viertens, dass wir ihm künftig durch halbjährliche Besprechungen und vierteljährliche Berichte intensiv betreuen werden.

**Und wie bekommen Sie neben dem konkreten Bedarf die Wünsche und Sehnsüchte, aber auch die Ängste des Kunden heraus?**

Das ist für mich sogar der wesentlichste Schritt. Ich will neben dem konkreten Bedarf auch seine verborgenen Wünsche wissen, etwa seine Identitätsabsichten. Dazu frage ich ihn, was er gerne wäre? Zum Beispiel mit seinem Hotel die Nummer 1 am Ort oder in der Region? Was er gerne hätte? Zum Beispiel ein Vier-Sterne-Hotel statt einem Drei-Sterne-Hotel? Und was er für Bedenken dabei hat oder welche Schwierigkeiten er dabei sieht? Zum Beispiel eine höhere Verschuldung. All das sind für mich **entscheidende Knackpunkte**. Denn ich kann einem Kunden nur dann größere Finanzierungen verkaufen, wenn ich ihn zugleich ermutige, in größeren Dimensionen zu denken und den entscheidenden Schritt zu wagen! Und das erfordert – da der Kunde oft Angst vor Veränderungen hat –, dass ich ihn von Anfang an in den gesamten Prozess mit einbinde und ihm meine Vorgehensweise so transparent wie möglich mache.

**Wie sieht dann der nächste Schritt aus?**

Jetzt hängt alles davon ab, einen Finanzierungsplan und ein Finanzierungsangebot auszuarbeiten, mit dem ich beim nächsten Termin sofort eine punktgenaue Landung hinlegen kann. Punktgenau heißt, dass ich bei einem so hochkarätigen Kunden in der Regel nur eine einzige Chance habe. Denn ein solcher Entscheider hat nur wenig Zeit und will daher sofort wissen: Versteht der Berater etwas vom Geschäft? Bietet er mir einen echten Vorteil? Und geht er auf meine persönlichen Belange ein? Wenn nicht, gibt es keine zweite Chance.

**Was tun Sie jetzt, um diese punktgenaue Landung zu schaffen?**

Ich mache als Wichtigstes dem Kunden klar, dass er von mir eine **Komplettlösung** erhält, die ihm eine Menge Zeit und Geld spart, dass ich ihn bei jeder einzelnen Stufe, also bei allen Verhandlungen mit den Banken begleite und dass ich in der ganzen Zeit sein einziger Ansprechpartner bin. All das schafft bei ihm ein Gefühl der Erleichterung (weil ich ihm alle Arbeiten abnehme), ein Gefühl der Sicherheit (weil ich sein einziger Ansprechpartner bin) und ein Gefühl des Wohlbefindens (weil ich ihn bis zur Kreditvergabe und darüber hinaus betreue). Es ist dieses Wohlgefühl, das sich – wenn alles zu seiner größten Zufriedenheit klappt – später in **Empfehlungen** niederschlägt.

**Das sind echte Vorteile, aber reicht das schon für den Abschluss?**

Nein, denn es sind nur Absichtserklärungen. Die echte Überzeugungskraft liegt im Finanzierungsplan. Da müssen seine Augen leuchten. Und das schaffe ich durch vier Effekte. Der erste ist, dass in dem Finanzierungsplan, den ich ihm vorlege, alle Verbesserungen, die ich bereits im ersten Gespräch erkannt habe, **fett** hervorgehoben sind. So sieht der Kunde sofort, dass ich seine Wünsche genau verstanden und sofort aufgenommen habe und identifiziert sich damit. Als zweiten Effekt stelle ich der bisherigen Lösung meine neue Lösung als echten **Kontrast** gegenüber. Dieser Kontrast – und damit sein Vorteil – springt dem Kunden direkt ins Auge. Er fühlt, jetzt hat sich etwas geändert, jetzt hat er die reelle Chance, seinen Traum zu erreichen. Als dritten Effekt sieht er die geringeren Zinsaufwendungen und damit seine **monetären Vorteile.** Da jubelt jedes Unternehmerherz. Und als vierten – und wahrscheinlich wichtigsten – Effekt sieht er sofort seinen größeren unternehmerischen **Spielraum** in der Zukunft. Und das ist entscheidend! Denn der Kunde kauft nicht die Gegenwart, sondern die Zukunft. Und diese neue Chance für eine neue Identität – zum Beispiel die Nummer 1 in seinem Ort zu werden – mache ich ihm mit diesem Finanzierungsplan bewusst. Auf diese Weise verkaufe ich ihm keine Finanzierung, sondern eine neue **Zukunftsperspektive**!

**Das klingt einleuchtend!**
**Aber begreift es der Kunde auch so schnell?**

Das ist genau der springende Punkt. Mein Finanzierungsplan hat nur Erfolg, wenn ihn der Kunde sofort versteht. Wenn er erst zurückfragen muss, ärgert ihn das und beeinträchtigt auch seine Abschlussbereitschaft. Für diese Erkenntnis habe ich oft bitteres Lehrgeld bezahlt und eine Reihe von Aufträgen verloren. Nicht weil mein Angebot schlecht war, sondern weil ich die Vorteile dem Kunden nicht sofort glasklar vermitteln, also bewusst machen konnte. Seither verwende ich die **»Zündholzmethode«**. Wenn ich heute eine komplexe Finanzierung nicht in der Zeit erklären kann, in der ein Zündholz abbrennt, dann stimmt was nicht, dann muss ich was ändern.

**Wie ging es nun bei Ihrer Finanzierung weiter?**

Bei dem zweiten Termin war auch der Gründer des Unternehmens, Herr Schwarz dabei, der den klassischen Unternehmer aus der Wiederaufbauzeit darstellt und seinen Betrieb seit über 40 Jahren mit eiserner Hand führt. So charismatisch sein Auftreten ist, so Respekt einflößend ist es. Doch aufgrund der gut aufbereiteten Unterlagen – wie wir sie gerade besprochen haben – gelang es mir nach nur eineinhalb Stunden den **Auftrag** über eine siebenstellige Summe zu bekommen.

**War damit das Geschäft schon in trockenen Tüchern?**

Wer das glaubt, irrt sich gewaltig. Die viel größere Herausforderung kommt erst jetzt! Nun muss ich eine Bank finden, die bereit ist, mein Finanzierungskonzept auch Punkt für Punkt umzusetzen. Und das muss schnell gehen! Nur dann kann ich unnötige Verzögerungen vermeiden, die heute höchst gefährliche Fallen darstellen. **Denn der Kunde hat heute keine Zeit und keine Geduld mehr.** Er will alles sofort oder gar nicht. Und mit jeder Verzögerung wächst die Gefahr, dass der Kunde seine Priorität ändert und von dem Geschäft abspringt.

Und noch etwas ist entscheidend: Selbst ein Kreditantrag muss heute so professionell, so klar und so einleuchtend gestaltet sein, dass man damit sofort das Interesse der Bank weckt. Nur dann ist der Banker bereit, sich die Qualität des Geschäfts genau anzusehen und sich auf ein Gespräch einzulassen.

**Machen Sie die Verhandlung mit der Kreditbank allein?**

Nein. Natürlich mit dem Kunden: Er will doch wissen, wer die Banker sind, wie sie das Risiko beurteilen und was dabei herauskommt. Das Ganze scheint ein Routine-Termin zu sein. Aber es ist die kritischste Stufe im ganzen Prozess. Es ist eine echte K.O.-Situation. **Denn ein einziges falsches Wort kann die ganze Vorarbeit zunichte machen.** Deshalb bereite ich mich nicht nur auf alle Fragen und Bedenken der Banker vor, zum Beispiel, wenn sie die Kreditsumme beschneiden wollen, sondern ich bereite auch meinen Kunden sehr intensiv darauf vor und lege schon vorab fest, wer welchen Part übernimmt.

Beides – die intensive Vorbereitung und die vereinbarte Strategie – führten nach fünf Stunden intensiver Verhandlungen, bei denen sich keine Seite etwas schenkte, zu einem weiteren Etappensieg. Jetzt mussten wir nur noch mit der Altbank des Kunden verhandeln, aber auch das klappte dank der gründlichen Vorbereitung, und innerhalb von nur drei Wochen haben wir die neue Finanzierung umgesetzt.

**War das das Ende des Kontaktes?**

Ganz im Gegenteil. Heute wissen wir doch alle, dass der echte Gewinn einer Geschäftsbeziehung erst nach dem ersten Abschluss winkt. Vorausgesetzt, man kümmert sich weiter intensiv um den Kunden. Genau das machte ich und stellte bei der Nachbetreuung noch eine Reihe weiterer finanzieller Verbesserungsmöglichkeiten fest. Anders gesagt: Erst die intensive Nachbetreuung erschloss mir noch weitere Abschluss- und Zukunftschancen.

**Worauf kommt es bei dieser Nachbetreuung an, um gute Anschlussaufträge zu erreichen?**

Wir besuchen unsere Kunden zweimal pro Jahr und unterbreiten ihnen dabei sinnvolle Änderungs- oder Verbesserungsvorschläge. Diese persönlichen Gespräche sind auch deshalb sehr wichtig, um dem Kunden zu zeigen, dass der von ihm gewählte Weg der richtige war und **dass auf keinen Fall eine Kaufreue aufkommt**. Zum anderen dienen diese Gespräche dazu, seine aktuellen Zielvorstellungen auszuloten und Möglichkeiten der Realisierung zu besprechen. Auch das ist wichtig, weil sich die Umwelt und die Wünsche des Menschen permanent ändern. Diese engen Kontakte dienen auch dem Zweck, dass mich der Kunde als echten Partner und als unverzichtbare Ressource im Rahmen seiner Zukunftspläne ansieht – und nicht aus den Augen verliert. Nur wenn ich diesen Status geschafft habe, habe ich mein eigentliches Verkaufsziel erreicht: dass der Kunde ein Stammkunde wird und mich aktiv weiterempfiehlt.

**Legen Sie deshalb so großen Wert auf gute, ja fast freundschaftliche Beziehungen zu Ihren Kunden?**

Ja. Zwischen Anton Schwarz, Gotthard Neurauter, Florian Mitterhuber und mir hat sich eine Freundschaft aufgebaut, die weit über das Geschäftliche hinausgeht. Ich glaube, wenn es einem in Zukunft gelingt, aus Geschäftspartnern Freunde zu machen, dann werden die Neukunden »von selbst kommen« – denn wozu hat man Freunde? Diese Erkenntnis bewahrheitet sich immer wieder.

Ging es bei diesem Geschäft mit Profis vor allem um monetäre Vorteile, so dreht sich das folgende Geschäft vor allem um die versteckten Emotionen des Kunden – und wie man damit umgeht.

### Beispiel 2: Umschuldung eines Filial-Unternehmens

Eller legt gleich wieder los:

Eines Abends ging ich mit den Brüdern Helmut und Josef Hell, die bereits seit Jahren Stammkunden und Freunde von mir sind, zum Abendessen. Dabei lernte ich auch ihren Freund Horst Hohenauer kennen, der **Friseurweltmeister** ist und in der Branche einen hervorragenden Ruf genießt. Neben seinem Stammgeschäft in Jenbach betreibt er eine Reihe von Filialen sowie eine eigene Friseurakademie in der sogar Konzerne wie Schwarzkopf, Wella und L'Oréal ihre Mitarbeiter ausbilden lassen.

Während des Abendessens empfahlen mich meine beiden Freunde an Horst Hohenauer als Finanzierungsberater. Das freute mich, da es spontan und ohne jeden Hintergedanken erfolgte. Doch zunächst rührte sich gar nichts. Erst einige Wochen später meldete sich Horst Hohenauer bei mir und meinte, wir sollen uns einmal auf einen unverbindlichen Termin zusammensetzen und seine Unternehmensfinanzierung durchleuchten. Dabei machte er mir allerdings gleich klar, dass es wohl keine Verbesserungsmöglichkeiten gäbe, da er stets auf eine gute Finanzierungsstruktur geachtet hätte.

Beim ersten Gespräch, das über **vier Stunden** dauerte, stellte ich nur Fragen und hörte ihm interessiert zu – der Geschichte seines Unternehmens, der Entwicklung seiner Karriere und der Vorstellung seiner Ziele.

**Was war bei diesem Gespräch so außergewöhnlich?**

Hellwach wurde ich, als er mir von der gewachsenen Beziehung zu seiner Hausbank berichtete, die noch von seiner Mutter herrührte und die nun schon seit 40 Jahren bestand. Da war mir sofort klar, dass hier **höchst empfindliche Gefühle** eine Rolle spielen würden. Und dieser Eindruck verstärkte sich noch, als er mir im Brustton der Überzeugung erklärte, dass er sicher über gute Konditionen verfüge. Vorerst unterließ ich jedoch jeden Kommentar, nahm alle Informationen gewissenhaft auf und hinterfragte jedes Detail. Alles mit dem Ziel, auch hier mit dem ersten Angebot eine »punktgenaue Landung« zu schaffen.

**Die hatte sicher mit den Bankkonditionen zu tun?**

Exakt. Schon bei der ersten Ausarbeitung des neuen Finanzkonzeptes erkannte ich, dass mein Kunde rund 50 Prozent zu viel für seine Finanzierung zahlte. Dieses Phänomen ist für mich nichts Neues. Denn gute Stammkunden werden von ihren Banken nur allzu oft schlechter gestellt als neue, wechselfreudige Kunden. Meine Ahnung hatte mich also nicht getrogen und ich glaubte schon auf der **Straße der Sieger** zu sein. Und dies umso mehr, da meine günstigeren Finanzierungskosten meinem Kunden auch wesentlich bessere unternehmerische Spielräume in der Zukunft boten. Und genau das war ja sein Traum. Zu dem zweiten Termin fuhr ich daher voller Hoffnung und war mir absolut sicher, dass meine Zahlen ihn innerhalb von Minuten überzeugen würden.

**Und – klappte es auch sofort?**

Weit gefehlt! Diesmal sollte es ganz anders kommen.

Horst Hohenauer zog die Stirn in Falten, zeigte sichtbare Skepsis und äußerte obendrein noch ganz konkrete Zweifel an meinem Plan. Das Ergebnis war, dass er sich zunächst einmal eine längere Bedenkzeit ausbat. Ich war wie vor den Kopf geschlagen.

**Was war geschehen?**

Erst später dämmerte mir, dass mein Kunde ein echtes Identitätsproblem hatte. Schon im ersten Gespräch war er sich absolut sicher gewesen, optimale Konditionen zu haben. Das heißt: Er sah sich nicht nur als exzellenten Friseur, sondern auch als guten Unternehmer. Und als mein Angebot diese Identität massiv angriff und ihm bewusst machte, wie sehr er von seiner Bank vernachlässigt worden war, brauchte er einige Zeit, um diesen Schlag zu verdauen und eine neue Perspektive zu gewinnen. Diesmal mit dem Ziel, sich als lernfähiger Unternehmer zu sehen.

**Was meinen Sie damit ganau?**

Da es bei der Bedenkzeit in Wirklichkeit gar nicht um mein Konzept und um meine Zahlen ging, war es kein Wunder, dass mir Horst Hohenauer beim nächsten Gespräch aufgrund seiner neuen Einstellung den Auftrag zur Umfinanzierung erteilte.

Wieder schien alles in Butter zu sein. Und frohgemut machte ich mich auf die Suche nach einer passenden Bank. Natürlich bereitete ich auch jetzt wieder alle Unterlagen so gut vor, dass sich der Kreditreferent sofort ein Bild von der Situation machen und eine Entscheidung treffen konnte. So weit, so gut.

**Sie machen es spannend! Gab es wieder einen Schock?**

Ja. Denn plötzlich tauchte im Gespräch mit dem Banker ein neues Hindernis auf. Der Banker zögerte. Natürlich hatte auch auf ihn der Titel »Friseurweltmeister« Eindruck gemacht, aber in den Augen der Banker wird die Friseurbranche eher als problematisch angesehen. Die Verhandlungen stockten. Was war zu tun? Wo war der Ausweg? Die entscheidenden Stichwörter hießen diesmal: Einzigartigkeit und Zukunft! Es ging jetzt darum, die sogenannten »hard facts«, also die Bilanzen und Berechnungen direkt mit den »soft facts«, also mit der »Einzigartigkeit« und den »Zukunftsperspektiven« des Unternehmers Hohenauer zu verbinden.

Und das bedeutete: Ich entwickelte mit Horst Hohenauer ein Konzept, das dem Kreditreferenten zeigte, welche Erfolge Horst Hohenauer in der Vergangenheit hatte, was ihn von seinen Branchenkollegen deutlich unterschied und welche Pläne er für die Zukunft hatte. Diese Aussagen haben wir sowohl mit Zahlen als auch mit einem **attraktiven Bildmaterial dokumentiert**, sodass sich der Kreditreferent sehr schnell in die Situation und unsere Argumentation einfühlen konnte.

Das Ergebnis war sensationell: Wir erreichten eine Finanzierung, die um 50 Prozent günstiger war als die bisherige und Horst Hohenauer viel größere Spielräume in der Zukunft bot.

### Gab es auch mit Horst Hohenauer noch einen weiteren Kontakt?

Ja, auch zwischen uns entwickelte sich eine freundschaftliche Beziehung und wir bieten uns gegenseitig Nutzen. So hat mich Horst Hohenauer erst kürzlich an einen deutschen Unternehmensberater weiterempfohlen, der sich auf die wirtschaftliche Beratung von Friseuren spezialisiert hat. Und das bedeutet neue Kontakte und neue Finanzierungschancen.

### Welche Schlussfolgerungen ziehen Sie aus beiden Fällen?

Ich bin heute der festen Überzeugung, dass künftig nur noch die Berater erfolgreich am Markt bestehen werden, die es schaffen, ihre Kunden durch eine exzellente Dienstleistung und eine intensive Nachbetreuung zu aktiven Empfehlungsgebern zu machen.

Ich bin auch der Überzeugung, dass wir in Zukunft noch stärker von der produkt- zur kundenorientierten Kommunikation übergehen müssen. Das heißt: **Wir müssen uns auf das konzentrieren, was kein Internetangebot der Welt kann**: dem Kunden zu helfen, über seine Grenzen zu gehen, ihm Mut zu machen, seine Wünsche und Visionen zu verwirklichen und ihm durch Komplettlösungen neue Freiräume zu schaffen.

Außerdem müssen wir **die Kunden bei ihren persönlichen Problemen und Hoffnungen abholen**, also auch auf ihre Gefühle eingehen, statt immer nur über Zahlen zu reden. Leider haben heute noch viele Verkäufer regelrecht Angst davor, die Kunden bei ihren Bedenken abzuholen. Denn sie glauben immer noch, dass man bei den Kunden nur Positives ansprechen darf. Aber das ist heute ein Irrtum.

Außerdem brauchen wir in zunehmendem Maße ein **Netzwerk** von guten Partnern, um Projekte so schnell wie möglich umsetzen zu können. Denn jeder Tag Verzögerung bewirkt heute die Gefahr, dass der Kunde morgen eine andere Sache zur Priorität Nummer 1 macht. Und gemeinsam mit diesen Partnern müssen wir auch Angebote entwickeln, die individuell und einzigartig sind, sodass sie weder sofort kopiert noch mit anderen Angeboten verglichen werden können.

**Checkliste: 12 Tipps, wie Sie sich auch in schwierigen Verhandlungen durchsetzen und einen Abschluss erreichen**

1. **Prozess:** Der Kunde erwartet heute Schritt für Schritt eine neue Lösung zu erreichen. Zu viel auf einmal ängstigt ihn.
2. **Geschwindigkeit:** Der Kunde erwartet, dass schon der erste Vorschlag optimal ist. Sonst verliert er das Interesse.
3. **Realisierung:** Der Kunde möchte ein schnelles Ergebnis. Das liegt auch im Interesse der Verkäufer, da jede Verzögerung die Priorität des Kunden und damit den Abschluss gefährdet.
4. **Zeit:** Der Kunde hat nur wenig Zeit und möchte sofort wissen, worum es geht und was dabei für ihn herausspringt.
5. **Analyse:** Der Kunde hofft, dass der Verkäufer seine (verborgenen) Wünsche und Motive versteht und darauf eingeht.
6. **Vorteile:** Der Kunde möchte seine Vorteile sofort sehen, am besten in einem Vergleich zwischen alter und neuer Lösung.
7. **Bedenken:** Der Kunde erwartet, dass man auch seine Sorgen und Befürchtungen anspricht und ihm eine bessere Lösung anbietet.

8. **Einzigartigkeit:** Der Kunde ist umso interessierter, je mehr er eine individuelle und einzigartige Leistung bekommt.
9. **Einbeziehung:** Der Kunde möchte aktiv in den Problemlösungsprozess mit eingebunden werden und ihn aktiv mitgestalten.
10. **Zukunft:** Der Kunde ist vor allem daran interessiert, was seine Wettbewerbsfähigkeit oder sein Wohlbefinden verstärkt.
11. **Partnerschaft:** Der Kunde schließt umso eher ab, je mehr er im Verkäufer einen echten Partner sieht.
12. **Empfehlung:** Der Kunde empfiehlt uns aktiv weiter, wenn er mit unserer Leistung überdurchschnittlich zufrieden ist.

# 12. Kapitel
# Erfolge trotz Preis- und Produktnachteilen

»Finde einen Weg oder mache ihn!«

*Aristoteles Onassis*

## Wie ein Verkäufer von Messgeräten es schafft, trotz höherer Preise und weniger USP ins Geschäft zu kommen

Viele Unternehmen und Verkäufer stehen heute vor derselben Situation: Die Produkte werden immer ähnlicher, die Zeiten, in denen man technologische Vorteile ausspielen kann, immer kürzer und die Preise von aggressiven neuen Marktteilnehmern immer häufiger unterschritten. Was ist da zu tun? Wie kann man da noch erfolgreich verkaufen?

Man kann es! Und wie es funktioniert, zeigt uns das glanzvolle Comeback eines abgestürzten Topverkäufers.

Timo Hofer verkauft hochsensible Messgeräte an Ingenieure in Forschungs- und Entwicklungsabteilungen. Die brauchen seine Geräte, um zum Beispiel Leuchtstoffröhren zu entwickeln, die bei zunehmendem Tageslicht ihre Helligkeit von selbst zurückfahren und so bis zu 85 Prozent Energie einsparen.

**Das Geschäft lief anfangs super**, denn seine Firma gehört zu den weltweit führenden auf diesem Gebiet und stellte ihm die besten Geräte zur Verfügung. Doch dann kam die Globalisierung und mit ihr kamen immer schnellere Neuentwicklungen und immer aggressivere Konkurrenten – und aus war es mit der Spitzenstellung!

Plötzlich hörte Hofer von den Ingenieuren und Einkäufern so hässliche Worte wie: »Ihr seid zu teuer! Die Wettbewerber bieten die bessere Technik.« Es war ein Schock! Und prompt nahm sein Selbstvertrauen ebenso ab wie sein Umsatz. Stattdessen nahm er sich jetzt die **Worte der Kollegen zu Herzen**: »Mit unseren veralteten und zu teuren Geräten haben wir keine



*Die Neuen Spielregeln im Verkauf.* Hans Christian Altmann

ISBN: 978-3-527-50484-8

Chance! Da holen wir uns nur blutige Nasen!« Und gleichzeitig musste er sich ihre **Lobeshymnen** über die neuen Geräte der Wettbewerber anhören. Ich frage ihn besorgt:

**Wie wirkten sich diese Aussagen auf Ihre Psyche aus?**
Ich verlor mein Selbstvertrauen und mein intuitives Gespür für den Markt und die Kunden. Statt an ihre Probleme dachte ich eher an meine Probleme. Und nach einer Serie von Misserfolgen fuhr ich zwar noch zum Kunden, aber prophezeite mir schon auf dem Weg dahin den Misserfolg, der auch dann prompt eintrat.

**Und was geschah dann? Gab es irgendein besonderes Ereignis, das den Umschwung auslöste?**
Ja, das gab es. Das war, als sogar unser Innendienstleiter bei der Vorstellung eines neuen Messgerätes sofort pessimistisch losdröhnte: »Also, ich glaube nicht, dass wir von diesem Gerät viel verkaufen können!« Als wir ihn schockiert anschauten, meinte er im Brustton der Überzeugung: »Das Gerät kann viel zu genau messen! Das brauchen die Kunden gar nicht und das zahlen sie auch nicht.« Da war ich endgültig am Boden zerstört, denn auf dieses Gerät hatte ich meine ganze Hoffnung gesetzt.

**War das wirklich die richtige Reaktion?**
Heute weiß ich, dass wir damals total falsch reagiert haben. Denn als Verkäufer muss man sich gerade in schwierigen Situationen positiv beeinflussen: mit motivierenden Worten und Bildern. Da darf man nicht gleich die Flinte ins Korn werfen, sondern muss kämpfen und der Situation energisch Paroli bieten!

**Und – haben Sie energisch gekämpft?**
Ja, aber erst nachdem ein Wunder geschah! Sie werden es nicht glauben. Das neue Gerät wurde ein echter **Verkaufsschlager**. Gott sei Dank hatten die Kunden nichts von unserer negativen Prophezeiung gehört und so kauften sie das Gerät wie wild. Warum? Weil sie sehr wohl die extrem feinen Messungen brauchten. Denn wenn es heute – im Zeichen der Energieeinsparung – darum geht, den Verbrauch bei der »Stand-by-Schaltung« eines

Fernsehers zu messen, dann spielt es eine entscheidende Rolle, ob es um 5 Watt oder um 4,5 Watt geht.

**Und wie reagierten Sie jetzt auf diese neue Situation?**
Für mich war diese Kundenreaktion ein echter Hammer! Spontan nahm ich mir vor, niemals mehr das Urteil anderer über unsere oder fremde Geräte kritiklos hinzunehmen. Stattdessen beschloss ich sofort einige gute Kunden zu besuchen und mir **selbst ein Bild** zu machen. Alle waren voll des Lobes über die extrem feinen Messergebnisse. In dem Augenblick wurde mir klar, dass unser Innendienstleiter genauso wie wir Verkäufer von der Marktentwicklung völlig **überrascht** worden war. Und dass wir nur deshalb so pessimistisch waren, weil wir die Kunden und ihre Bedürfnisse total aus den Augen verloren hatten.

Und wir erkennen das alte Erfolgsgeheimnis:

| |
|---|
| Pessimismus und Angst entstehen nicht, weil man Wettbewerbsvorteile verloren hat, sondern weil man die Bedürfnisse und Wünsche der Kunden aus den Augen verloren hat. |

**Aber wie konnte es dazu kommen?**
Ganz einfach. **Wir waren die Könige!** Und wir fühlten uns so überlegen, dass wir uns weder um die Bedürfnisse der Kunden noch um die Qualität der Wettbewerbergeräte kümmerten! Auch das wollte ich jetzt ändern und mir selbst ein Bild machen. Als ich kurze Zeit später einen guten Kunden aufsuchte und ihn bat, mir doch einmal im Vertrauen zu sagen, was an dem neuen Wettbewerbergerät so toll wäre und ob er in allen Punkten zufrieden sei, da war das ein Volltreffer! Denn spontan flüsterte er mir zu – und die Erregung war ihm noch anzusehen –, dass der Wettbewerber aufs hohe Ross gestiegen war und ihm mitgeteilt hatte, dass er künftig alle Geräte, die älter als drei Jahre sind, nicht mehr reparieren würde. Wenn das keine Steilvorlage für einen guten Verkäufer ist! Als ich noch ein paar andere Kunden nach ihren Erfahrungen fragte, teilten sie mir im vertraulichen Gespräch mit, dass ihnen das neue Wettbewerbsgerät mit seinen

komplexen Zusatzfunktionen Schwierigkeiten mache und sie sich manchmal **nach unseren einfachen**, aber sicheren Geräten sehnten. Da war der Bann gebrochen und ich erkannte meine Chancen.

**Was meinen Sie mit Bann?**

Ich erkannte blitzartig, dass keiner der Pessimisten sich zuvor je die Mühe gemacht hatte, bei den Kunden nachzufragen, ob denn die Produkte und Preise der Wettbewerber wirklich das hielten, was die Werbung ihnen versprach. Und dass ich daher die Wettbewerberprodukte künftig genauso gut kennenlernen musste wie meine eigenen. Mit all ihren Stärken und Schwächen: von den Messergebnissen, der praktischen Handhabung, der Einschulung der Mitarbeiter, den Leistungen in der Garantiezeit, dem Sofort-Support bis hin zu den Soft Facts der Firmen.

**Und was ist mit den Schwächen der Wettbewerber?**

Logisch. Die musste ich genauso wissen. Also: Wo fühlen sich die Kunden im Stich gelassen? Wo **erhoffen** Sie sich eine bessere Lösung? Und auf welche Kriterien legen sie besonderen Wert? Das Ergebnis war frappierend: Schon nach wenigen Gesprächen konnte ich mit diesen neuen Informationen die nächsten Kunden verunsichern, die Wettbewerbergeräte in Erwägung zogen: »Können Sie sich vorstellen, welche Probleme, welche Kosten und welche Folgen bei diesem Gerät auf Sie zukommen können?«, fragte ich sie und dramatisierte die Folgen. Aber nicht in der Rolle eines Besserwissers, sondern in der Rolle eines Problemlösers. Das ist entscheidend. Denn Provokationen aufgrund von Begeisterung verzeiht der Kunde, aber nicht aufgrund von Besserwisserei.

**Sie blühen direkt auf. Warum wurden Sie plötzlich um so viel überzeugender?**

Weil ich jetzt die Gewissheit hatte, dass ich bei jedem Gespräch irgendwo den Punkt finden würde, wo ich angreifen, die Schwächen der Wettbewerber aufspießen und unsere Stärken demonstrieren konnte. Ich ging wie ein Zahnarzt vor. Der muss auch erst eine wunde Stelle finden, die weh tut, bevor er den Bohrer ansetzen und eine Brücke verkaufen kann.

**Und wie wirkte sich das auf die Kaufbereitschaft der Kunden aus?**

Absolut positiv, denn jeder Kunde ist froh, wenn er objektive Argumente über Wettbewerberprodukte erfährt.

**Welche Schlussfolgerung zogen Sie für Ihren Verkauf daraus?**

Es waren sogar drei. Mir wurde schlagartig klar, dass man mit einer rein produktorientierten Einstellung nie eine gute Beziehung zum Kunden schafft. Das gelingt nur dann, wenn man sich wirklich für seine Probleme und Wünsche interessiert. Zweitens, dass der Kunde nichts mehr fürchtet, als das Gefühl, etwas Falsches gekauft zu haben und das Gerät nicht so einsetzen zu können, wie er es braucht. Und drittens, dass er eine echte Wut empfindet, wenn er bei Schwierigkeiten vom Verkäufer und der Lieferfirma in Stich gelassen wird. Wenn er so enttäuscht wird, dann ist er ganz schnell bereit, den Hersteller zu wechseln.

**Heißt das, dass Sie jetzt auch Ihre Argumentation völlig umstellten?**

Klar. Obwohl in allen Verkaufsseminaren gepredigt wird, auf keinen Fall die Konkurrenz zu erwähnen, stellte ich meine Argumentation und Präsentation jetzt ganz bewusst auf den Vergleich mit den Wettbewerberangeboten um. Und Sie werden es nicht glauben: Je mehr ich diese Wettbewerbsvergleiche Punkt für Punkt durchging, umso stärker interessierten sich die Kunden auch für meine Geräte. Ja, mir wurde endgültig bewusst, dass heute die **Konkurrenz bei jedem Verkaufsgespräch mit am Tisch sitzt!** Nicht persönlich, aber im Kopf des Kunden und dass dabei die wichtigste Frage des Kunden lautet: »Was bieten Sie mir anderes als die Konkurrenz? Wo haben Sie besondere Vorteile? Und wo hat die Konkurrenz Nachteile?«

**Und wie stießen Sie auf die Schwächen der Wettbewerber? Sie sind doch bei den Messungen im Labor gar nicht dabei?**
Das stimmt schon. Und daher schmiedete ich eine Handvoll Kunden, mit denen ich mich gut verstehe, zu **einem Netzwerk von Partnern** zusammen, die ich optimal berate und die mich dafür mit den besten Verkaufsargumenten für meine Geräte gegenüber den Wettbewerbergeräten versorgen. Als ich sie einmal fragte, ob auch andere Verkäufer solche Wettbewerbsvergleiche machen, sagten sie: Nein! Da ging mir ein Licht auf: Durchschnittliche Verkäufer wagen sich nicht an solche Wettbewerbsvergleiche. Dazu fehlt ihnen das Selbstvertrauen. Ein weiterer Pluspunkt für mich!

Und wir wissen:

| |
|---|
| Die besten Verkaufsargumente kommen immer von den Kunden! |

**Gab es noch etwas, was diesen neuen Umsatzschub so richtig auslöste?**
Ich erkannte sehr schnell: Heute hat kein Unternehmen mehr die Chance, stets das neueste und billigste Gerät auf dem Markt zu haben. Also muss ich mir als Verkäufer selbst meinen Markt und meine Umsatzchancen schaffen! Aber wie? Die rettende Idee war: Indem ich mir meine »**Provision**« im wahrsten Sinne des Wortes verdiene. Denn Pro heißt »Voraus« und Vision heißt »Schau«. Pro-Visionen verdient man also, indem man den Kunden für eine »Voraus-Schau«, für eine attraktive Zukunfts-Vorstellung begeistert und ihm dann hilft, diese Zukunft zu realisieren. Wahrscheinlich ist das die beste Definition des Verkäuferberufes.

**Ein interessanter Gedanke. Und wie haben Sie ihn umgesetzt?**
Seitdem spezialisierte ich mich darauf, den Kunden zu fragen, woran er gerade forscht und worauf er in der Zukunft seine Forschung richtet, um dann mit ihm gemeinsam zu überlegen, wo unsere Produkte dabei zum Einsatz kommen könnten. Dabei vermittle ich ihm natürlich auch interessante Anregungen über die

Forschungsarbeiten anderer Labors, die ich von meinen Kunden erfahren habe. Auf diese Weise werde ich für ihn immer mehr zu einem unverzichtbaren Zukunftspartner.

**Ihr Fazit daraus?**

Heute muss man den Umsatz schon lange im Voraus planen. Wer erst kommt, wenn die Entwicklung schon fertig ist, kommt meist zu spät.

**Was haben Sie jetzt konkret an Ihrem Verkaufskonzept geändert?**

Ich habe mir eine Übersicht mit allen Angebotsmerkmalen unserer Messgeräte gemacht: von der Technik bis zur praktischen Anwendung und dem Service. Dann habe ich die Merkmale meines Angebotes mit denen der Wettbewerber verglichen – und zwar aus der Sicht der Kunden(!), um zu sehen, wo wir einzigartig, wo wir stärker, gleich oder schwächer als die Wettbewerber sind. Dadurch wusste ich genau, wo ich bei jedem Wettbewerber angreifen konnte und wo nicht.

**Welche Auswirkungen hatte diese Aktion für Sie?**

Sie gaben mir mein Selbstvertrauen und meine Siegesgewissheit zurück. Denn jetzt wusste ich, dass ich den Erfolg wieder selbst in der Hand hatte.

**Was meinen Sie damit konkret?**

Ich sah plötzlich, dass ich als Verkäufer der **entscheidende Wertschöpfer** bin. War ich denn nicht für die Einschulung der Mitarbeiter, den Sofort-Support bei Schwierigkeiten und die Hilfe bei aktuellen Problemen verantwortlich? Und bot ich den Kunden nicht eine Menge zusätzlicher Vorteile, die ihnen die Arbeit erleichterten?

**Mit welchem Ergebnis?**

Drei Monate später war ich wieder der beste Verkäufer unserer Niederlassung und am Ende des Jahres sogar der zweitbeste Verkäufer der gesamten Vertriebsmannschaft in Deutschland.

Wie auch Sie Ihre Abschlusschancen sofort verbessern können, zeigt Ihnen die folgende Checkliste von Timo Hofer:

**Checkliste für die Erarbeitung von Wettbewerbsvorteilen und -nachteilen**

- Welche **Schwächen** der Wettbewerber und vor allem welche Auswirkungen kann ich dem Kunden bewusst machen? (z. B. keine Reparatur veralteter Geräte)
- Welche **Kompensationsmöglichkeiten** für Nachteile habe ich, die der Kunde besonders schätzt? (z. B. unser Sofort-Service)
- Mit welchen praktischen **Anwendungsmöglichkeiten** kann ich dem Kunden meine speziellen Produktvorteile vor Augen führen? (z. B. durch die leichte Einschulung neuer Mitarbeiter)
- Wie kann ich mich dem Kunden als so kompetenter **Berater** empfehlen, dass er mich vor Kaufentscheidungen anruft? (z. B. durch Produktvergleiche und objektive Ratschläge bei Messungen)
- Welches aktuelle Problem hat der Kunde, für dessen Lösung ich bei anderen Kunden **Informationen** beschaffen kann? (z. B. die Durchführung neuer Messverfahren)
- Welche Kunden kann ich zu einem **Stammtisch** einladen, damit sie untereinander Erfahrungen austauschen können und ich Infos aus erster Hand bekomme?
- Welche Kunden sind an Fortbildungs-**Seminaren** interessiert?
- Welche Art von **Lebensqualität** kann ich meinen Kunden bieten? (z. B. durch das Geschenk einer Espresso-Maschine)
- Welche **Soft Facts** meiner Firma interessieren meine Kunden? (z. B. Kundenveranstaltungen, Messen, Vorstellung neuer Entwicklungen)
- Welche **Sonderaktionen** interessieren meine Kunden? (z. B. preisgünstige Kompaktangebote)

- Mit welchen **Schulungsmaßnahmen** für die Mitarbeiter des Kunden kann ich sie stärker an meine Produkte binden?
- Wie sieht das Profil meines **»Idealkunden«** aus, der am meisten Wert auf meine Vorteile legt?
- Welche Forschungsziele strebt der Kunde in der **Zukunft** an, bei denen ich mich mit meinen Produkten einklinken kann?
- Welche **Anregungen** für künftige Forschungen kann ich dem Kunden aufgrund meiner Branchenkenntnisse oder aufgrund gezielter Recherchen bei meinen anderen Kunden geben?
- Welche **Sonderwünsche** kann ich dem Kunden erfüllen, um ihm das Gefühl zu geben, ihn nicht in Stich zu lassen? (z. B. ein sofortiges Leihgerät bei Reparaturen)
- Was kann ich tun, damit der Kunde nach dem Kauf meiner Geräte auch das erhoffte **Ergebnis** bekommt? (z. B. Kontrollanrufe durchführen, ihm bei Messungen über die Schulter schauen)
- Wie kann ich dem Kunden mein **Engagement** beweisen? (z. B. bei Problemen gemeinsam mit dem Service-Mann zum Kunden fahren)
- Welcher Kunde hat gerade eine **Messaufgabe**, bei der ich ihm anbieten könnte, sie durch meine Geräte lösen zu dürfen?
- Welche persönliche **Hilfeleistung** bei Schwierigkeiten könnte den Kunden zum Kauf zusätzlicher Geräte verpflichten?
- Welche erfolgreiche **Applikation** meiner Kunden könnte ich anderen Abteilungen oder Firmen als Nutzen vorstellen?
- Welche öffentlichen **Multiplikatoren** könnte ich als Qualitätsnachweis einsetzen? (z. B. staatliche Prüfeinrichtungen)
- Welcher prominente Kunde ist für meine Kunden als **Referenz** besonders interessant? (z. B. ein Nobelpreisträger)

Und wir wissen:

Gute Verkäufer verkaufen nicht super, weil sie das beste Produkt, sondern weil sie das beste Angebot für Ihre Kunden haben!

## Zwei Übersichten für Ihre Wettbewerbsfähigkeit

Um die Stärken und Schwächen der Wettbewerber-Produkte im Vergleich zu Ihrem Angebot genau hervorzuheben und geeignete Angriffspunkte zu finden, sollten Sie die **Übersicht A** für Ihren Fall ausarbeiten.

Das Interessante dabei ist, dass sowohl die Fähigkeiten Ihrer Firma und Ihres Angebots als auch die Vorteile der Wettbewerber aus der Sicht anderer Kunden beurteilt werden sollten. Nicht nur aus Ihrer eigenen Sicht.

Um die USPs (Alleinstellungsmerkmale) und Stärken Ihres Angebots herauszuarbeiten und um sich Gedanken über bestimmte Wettbewerber-Taktiken zu machen, die Ihnen das Leben schwer machen und auf die Sie gute Antworten brauchen, sollten Sie die **Übersicht B** ausarbeiten.

## Übersicht A
## So erkennen Sie die Stärken und Schwächen der Wettbewerber und mögliche Angriffspunkte

**Produkt: Test- und Messgerät X**

| Unsere Fähigkeiten Merkmale USP Stärken | Wichtigkeit aus der Sicht des Kunden | Einschätzung unserer Fähigkeiten | | Bewertung der verschiedenen Wettbewerber-Fähigkeiten aus Kundensicht | | | | Unsere Wettbewerbsstärken und -schwächen |
|---|---|---|---|---|---|---|---|---|
| | | aus Kundensicht | realistischer Sicht | Firma 1 | Firma 2 | Firma 3 | Firma 4 | |
| A. Schneller Service | H [1] | 3 | 5 [2] | 2 | 3 | 3 | 3 | USP [3] |
| B. Leichtes Handling | M | 4 | 5 | 3 | 2 | 5 | 2 | S [4] |
| C. Preis-Leistungsverhältnis | H | 4 | 2 | 4 | 4 | 4 | 4 | Sch [5] |
| D. Schulung der Mitarbeiter | H | 5 | 5 | 4 | 3 | 5 | 4 | S |
| **Angriffspunkte** gegenüber den einzelnen Firmen sind: | | | | ABD | ABD | A | B | [6] |

1) **Wichtigkeit aus der Sicht der Kunden:** H = Hoch M = Mittel N = Niedrig

2) **Beurteilungen:** Sie reichen von 1 (sehr niedrig) … bis 5 (sehr hoch)

3) **USP, also Alleinstellungsmerkmale** liegen aus »realistischer« Sicht, das heißt aus Experten-Sicht, nur dann vor, wenn das entsprechende Merkmal mindestens mit 4 oder mit 5 beurteilt wird und auf jeden Fall zwei Noten höher ist als die beste Beurteilung des nächsten Wettbewerbers.

4) **Stärken** (S) liegen aus »realistischer Sicht« dann vor, wenn das entsprechende Merkmal mit 4 oder 5 beurteilt wird und diese Beurteilung höher ist als die Beurteilung der meisten Wettbewerber und keinesfalls unter denen anderer Wettbewerber liegt.

5) **Schwächen** (Sch) liegen gegenüber den Wettbewerbern vor, wenn ein Merkmal mindestens 2 Noten schlechter beurteilt wird als bei den Wettbewerbern und es für den Kunden sehr wichtig ist.

6) **Angriffspunkte:** Beispiel: Der wichtigste Angriffspunkt liegt gegenüber der Firma 1 bei dem Merkmal A, weil es einen USP darstellt und für den Kunden sehr wichtig ist. Allerdings muss dieser Vorteil »Schneller Service« durch eindrucksvolle Kontrastvergleiche gezielt hervorgehoben werden, da die Kunden dieses Alleinstellungsmerkmal von uns entweder noch nicht kennen oder es noch nicht bewusst wahrgenommen haben.

## Übersicht B
## So reagieren Sie auf die Taktiken der Wettbewerber

| Produkt: Mess- und Testgerät X | Wettbewerber | | | |
|---|---|---|---|---|
| **Mit welchen Punkten versuchen die Wettbewerber gegenüber uns zu punkten oder gegen uns anzuführen?** | **Firma A** | **Firma B** | **Firma C** | **Firma D** |
| 1. Sie versuchen uns als **Neuling** auf diesem Markt darzustellen | × | | × | |
| 2. Sie versuchen sich als **Marktführer d**arzustellen | × | | | |
| 3. Sie versuchen ihr gutes **Preis-Leistungsverhältnis** gegenüber uns ins Spiel zu bringen | | × | × | |
| 4. Sie versuchen den Kunden mit den **Referenzen** bekannter Firmen zu überzeugen | × | | × | × |
| 5. Sie versuchen den Kunden durch die **Nähe ihrer Vertriebs- und Servicebüros** zu beeindrucken | | × | | × |

**Welche »Kompensationsmöglichkeiten« haben wir gegenüber diesen Taktiken?**

1. Neuling: Wir haben von allen neuen Firmen auf diesem Gebiet die höchste Zuwachsrate …
2. Marktführer: Das gilt nur bei dem Gerät Y… bei dem Gerät X sind wir führend …
3. Preis-Leistungsverhältnis: Dafür ist unser Gerät leichter zu bedienen und wartungsfreundlicher…
4. Referenzen: Wir haben bei unserem Gerät X sogar einen Nobelpreisträger als Referenz …
5. Naheliegendes Servicebüro: Wir garantieren den Kunden einen 24-Stunden-Abhol- und Zubringer-Service…

# 13. Kapitel
# Vorteile nicht vortragen, sondern vorleben!

»Das beste Mittel, jeden Tag gut zu beginnen, ist, beim Erwachen daran zu denken, ob man wenigstens einem Menschen an diesem Tag eine Freude machen könne.«

*George Bernard Shaw*

## Wie ein Verkäufer seine Kabelprogramme so begeistert vorlebt, dass er seine Kunden mühelos zum Kauf verführt

Manchmal ist das Produkt ganz klar vorgegeben. Man kann es nicht verändern. Und es gibt auch keinen Service durch den man sich unterscheiden kann. Und obendrein muss man etwas verkaufen, was der Kunde nicht unbedingt braucht, was ihn längere Zeit verpflichtet, was sogar noch teurer ist als bei der Konkurrenz und was seinen »Geiz-ist-geil-Absichten« zuwiderläuft!

Aber auch da gibt es Lösungen, die die Kunden faszinieren und überzeugen. Vorausgesetzt, man ist von seinem Produkt nicht nur total überzeugt, sondern noch mehr: **Man lebt es!**

Wie man mit dieser Einstellung höchst erfolgreich werden kann, zu den drei besten Verkäufern unter 700 aufsteigen kann, sich mit seinem Einkommen ein Drei-Familienhaus bauen sowie Reisen an die schönsten Orte der Welt leisten kann, zeigt das folgende Beispiel.

### Mit Leidenschaft und Begeisterung zum Kunden

Die steile Karriere von Alfred Butz war nicht vorprogrammiert. Vor sieben Jahren verließ ihn von einem Tag auf den anderen seine Frau, ging sein Taxi-Unternehmen Pleite, forderte das Finanzamt riesige Steuernachzahlungen, musste er für zwei Kinder Unterhalt bezahlen und hatte obendrein noch 50 000 Euro Schulden. Die meisten hätten in dieser Situation resigniert



*Die Neuen Spielregeln im Verkauf.* Hans Christian Altmann

ISBN: 978-3-527-50484-8

und sich gesagt: Da komme ich eh nicht mehr hoch! Doch sein Motto lautete: Wer klein denkt, bleibt klein! Und daher resignierte er nicht, sondern veränderte sein Leben und arbeitete konsequent auf neue Erfolge hin.

Obwohl er erst heute morgen um sechs Uhr aus Barcelona von einer Schiffsreise zurückkehrte, sitzt er bereits seit acht Uhr an seinem Schreibtisch. Sein Kommentar: »Jetzt arbeite ich für die nächste Kreuzfahrt. So habe ich mir eine eigene Verpflichtung auferlegt und dennoch Spaß an der Arbeit.« Und genau diesen Spaß, diese Freude am Leben, setzt er auch höchst erfolgreich für seinen neuen Beruf ein: Kabelprogramme zu verkaufen.

Mit diesen paar Sätzen könnte man die Höhen und Tiefen eines Superverkäufers beschreiben, der uns hier schon die erste Lektion vermittelt: **Gib nie auf! Glaub an deinen Erfolg. Lass dich von keinem Misserfolg unterkriegen!**

Doch beginnen wir noch einmal von vorne: Wie schafft man einen solchen Umschwung? Wie überwindet man eine solche Misserfolgssträhne? Und wie verkauft man serienweise vier bis fünf Verträge pro Tag an Kunden und wird unter 700 Kollegen einer der drei Besten, wie die vielen Diplome in seinem Büro bezeugen?

Neugierig geworden, frage ich ihn:

**Was ist Ihr größtes Erfolgsgeheimnis?**

Es ist ganz eindeutig meine Begeisterung, meine starke Selbstmotivation, mein motivierendes Leben und meine Fähigkeit, groß zu denken. Das heißt auch, große Wünsche zu haben, zum Beispiel einen Ferrari. Auch wenn es dann später nur ein gebrauchter Porsche wurde. Oder ein Drei-Familienhaus zu bauen, das ich wirklich realisierte.

**Wie schaffen Sie diese dauerhafte positive Einstellung und Ausstrahlung?**

Ich motiviere mich jeden Tag in der Frühe selbst. Ich sage mir nicht wie viele: Ich muss raus! Sondern: Ich darf raus. Ich setze auch kein griesgrämiges Gesicht auf! Sondern ein fröhliches. Ich sage auch nicht: Ich muss heute vier Kunden finden, die mir Kabel abkaufen. Sondern: Ich finde heute vier Kunden, die mir Kabel abkaufen. Das schaffe ich, weil ich fühle: Ich verkaufe nicht Kabel! Ich bin Kabel! Und wenn es draußen regnet, sage ich mir nicht: Das ist ein Sauwetter! Sondern: Das ist ein Super-Wetter zum Verkaufen. Denn dann sind alle Leute zu Hause. Ich schaue stets auf die positive Seite der Medaille, weil ich weiß: Wenn ich gut drauf bin, mache ich viel Umsatz!

**Aber ist diese Art von Programmierung nicht eine Art naiver Selbstsuggestion?**

Natürlich. Aber es ist der Preis für den Erfolg. Genauso wie jeder Spitzensportler auch bei Regenwetter trainieren und jeder Chirurg auch nach einer Faschingsnacht höchste Konzentration aufbringen muss. Hier wie im Verkauf ist nicht entscheidend, auf welche Weise du in eine Super-Stimmung kommst, sondern dass du supergestimmt bist!

Butz verrät uns hier ein echtes Geheimnis der Sieger:

> Sieger sind nicht gut gelaunt, weil sie gut verkaufen, sondern sie verkaufen gut, weil sie gut gelaunt sind!

**Genügen hohe Produktidentifikation, positive Stimmung und klare Ergebnisziele, um sich täglich zu motivieren?**

Sie sind die Basis. Aber ich mache noch etwas: Ich investiere das verdiente Geld wieder in den **»Kreislauf des Erfolgs«**.

**Was meinen Sie damit?**

Die meisten bringen das Geld nur zum Fließen. Das heißt: Sie geben Geld für irgendwelche persönlichen Ausgaben aus. Aber sie investieren es nicht in den »Kreislauf ihres Erfolges« – also in eine bessere Ausstattung, ein besseres Büro oder eine bessere Ausbildung.

**Wie sieht das bei Ihnen aus?**

Ich habe erst kürzlich 1000 Euro in ein neues Fax-Gerät investiert, ein Multigerät, das eine Menge kann, sowie weitere 800 Euro in ein großes MDA (Mobile Digital Assistant) von Telekom, das tolle Möglichkeiten bietet, wie zum Beispiel die Terminierung auf Jahre im Voraus. Außerdem habe ich mir ein Navigationsgerät angeschafft, das mir echte Vorteile bringt. Denn wenn ich bei 25 Besuchen pro Tag für jeden Termin nur fünf Minuten im Stadtplan herumsuche, dann sind das zwei Stunden, die mir von der Verkaufszeit abgehen.

**Ihr Lebensmotto lautet: »Träume nicht das Leben, sondern lebe deinen Traum!« Wie setzen Sie dieses Motto in Ihren Leben um?**
Indem ich mich immer wieder belohne. So wohne ich als Eigentümer in einem schicken Haus mit drei Familien, besorge mir alle zwei Jahre ein neues Auto, zuletzt einen Audi A6, war schon sechsmal auf Kreuzfahrt, zuletzt mit einem Fünf-Sterne-Schiff, der »Celebrity-Cruise« in der Karibik und kaufe mir wie zuletzt in St. Thomas meine Wunschuhr, eine »Tissot T-Touch«, die eine irre Menge an Funktionen aufweist, wie z. B. einen Barometer, einen Wecker, einen Alarm, einen Kompass und einen Höhenmesser. Und wenn mir nach sechs Tagen traumhafter Atlantik-Überfahrt der Sinn danach steht, dann lege ich bei der Ankunft in Barcelona noch einmal zwei Tage zu und miete mir ein Motorboot. Daher lautet meine Maxime: **Man muss sich Wünsche und Träume schaffen. Und wenn man sie sich erfüllt hat, muss man sich gleich neue ausdenken!**

**Gratuliere zu diesem aufregenden Leben.**
**Kommen wir zum Verkauf: Was verkaufen Sie genau?**
Ich verkaufe neben anderem vor allem zusätzliche, aber gebührenpflichtige Radio- und TV-Programme.

**Arbeiten Sie mit Terminvereinbarungen?**
Nur bei Eigentümern größerer Wohnanlagen, Wohnbaugesellschaften und Architekten. Ansonsten würde ich mich bei 25 bis 30 Kontakten pro Tag mit Terminvereinbarungen nur unter unnötigen Zeitdruck setzen. Daher arbeite ich ausschließlich mit Kaltbesuchen. Ich hasse es geradezu nach Terminen zu arbeiten. Da ist keine intensive Beratung möglich, wenn schon der nächste Termin drückt.

**Wie sieht Ihre Erfolgsquote aus?**
Bei 30 Kontakten pro Tag schaffe ich in der Regel mindestens vier bis fünf Aufträge. Dazu kommen noch drei bis vier gute Anbahnungen.

**Wie schaffen Sie eine gute emotionale Beziehung zum Kunden?**
Ich fange mit einer Frechheit an: Ich bitte jeden Kunden gleich um ein Glas Wasser.

**Gute Idee! Damit brechen Sie das Eis. Und wie geht es dann weiter?**
Als Verkäufer muss ich meine persönliche Art und Weise ausdrücken. Ich muss meine Freiheit und meine Freude ausspielen und dabei authentisch wirken. Und daher muss ich mein Produkt leben! Und darf es nicht allein präsentieren! Vor allem aber muss der Kunde merken: Der weiß, wovon er redet, der beherrscht sein Metier, der identifiziert sich mit seinem Produkt. Und er muss spüren: Der ist mir sympathisch, aber auch aufrichtig und spricht Klartext. Das heißt, ich sage dem Kunden auch, dass es bei den Programmen eine Menge Mist gibt. Aber ich sage ihm auch, was ich selbst an den neuen Programmen ganz besonders schätze: die digitale Musik ohne Werbung und die 45 Musiksender. Daran sehen Sie, ich verkaufe sehr viel über »die Musik ohne Werbung«. Warum? Weil ich diese Form der Musik selbst sehr gerne mag. Und das überzeugt.

**Wie leiten Sie dann zu den neuen zusätzlichen Programmen über?**
Wenn ich merke, dass er mitzieht, dass er an dem Neuen interessiert ist, provoziere ich ihn mit der Frage: »Möchten Sie das altmodische Fernsehen oder möchten Sie gleich das ganz moderne?«

**Und was machen Sie, wenn der Kunde gleich sagt: »Das brauche ich nicht. Das ist mir zu teuer«?**
Dann gehe ich keinesfalls auf das Negative ein, wie es so viele tun, sondern leite das Gespräch auf das Positive, auf das, was

ihn interessiert. Und das krieg ich – wie sie gleich sehen werden – bei der Bedarfsanalyse heraus. Bevor der Kunde nicht die Vorteile meiner Programme kennt, gehe ich gar nicht auf die Preisfrage ein, sondern sage ihm: »Da kommen wir später dazu.« Und dann fange ich erst einmal mit der Bedarfsanalyse an. Denn ich muss als Erstes wissen, wo seine Interessensgebiete liegen: beim Sport, bei der Natur, bei Filmen oder bei der Musik? Daher frage ich ihn: »Was schauen Sie sich am liebsten an?«

**Und was machen Sie, wenn Sie mit beiden Ehepartnern sprechen?**

Dann frage ich natürlich jeden nach seinen speziellen Interessengebieten. Und jeder der beiden soll dann sein Lieblingsthema dem anderen verkaufen. Der Mann der Frau seinen Sport und die Frau dem Mann ihre Heimat- und Tierfilme. Und ich gebe dann beiden recht. Natürlich forsche ich noch weiter nach den Vorlieben der Kunden. Denn der Abschluss hängt davon ab, dass ich genau herausbekomme, was ihnen bei den Programmen gefällt und wo ihr Herz daran hängt.

Butz verrät uns hier eins der wichtigsten Überzeugungs-Gesetze: das Gesetz der Marker!

> Kunden kaufen nur das, was bei ihnen sofort und spontan sichtbar positive Gefühle oder Körperempfindungen (Marker) auslöst!

**Genügt das für den Abschluss?**

Nein, denn jetzt weiß ich nur, was ihn interessiert. Aber jetzt muss aus dem Interesse ein Wunsch, ein Begehren werden, Und dazu muss ich seine Gefühle, seine Fantasie und seinen Besitzwunsch ansprechen.

**Wie gehen Sie da vor?**

Ich lasse den Kunden meine Programme so spannend und lustvoll erleben, als ob er sie schon hätte. So erlebt der Mann eine Fußballsendung und seine Frau Tierfilme, die es nur bei uns gibt.

Also sage ich zu dem Mann: »Stellen Sie sich mal vor, der FC Bayern würde heute Abend in der Champions League spielen. Aber die normalen Programme übertragen es nicht. Nur wir. Exklusiv. Und Sie sind dabei und erleben dieses Spiel und die Spannung – statt sich grün und blau zu ärgern, weil die öffentlichen Anstalten es nicht übertragen.

Jetzt sind Sie Ihr eigener Programmdirektor – statt sich von anderen abhängig zu machen. Jetzt schauen Sie sich das an, was Sie sehen wollen, statt sich mit alten Programmen abspeisen zu lassen.« **Damit stecke ich ihn mit meiner Begeisterung an**, weil ich selbst von unseren Programmen begeistert bin. Denn die freie Programmauswahl entspricht genau meinem Lebensgefühl. Und das vermittle ich dem Kunden. Ich sage ihm auch: »Ich verkaufe Ihnen keine neuen Programme. Ich verkaufe Ihnen Freude, Freiheit, Unabhängigkeit, Abwechslung. Und Ihr Lieblingsprogramm. Ich verkaufe Ihnen nichts. Ich zeige Ihnen nur, was es Tolles gibt. Ich bin ein Glücksbringer. Und ich biete Ihnen die Chance, Ihr eigener Programmdirektor zu werden.«

Und wir erkennen eine der besten Überzeugungsmethoden: Butz versucht seine Kunden durch den **Kontrast** zwischen ihrem unbefriedigenden Ist-Zustand (dem Frust mit den öffentlichen Programmen) und ihrem erwünschten Idealzustand (selbst Programmdirektor zu werden) zu gewinnen! Das bedeutet:

> Je stärker Sie dem Kunden die negativen Auswirkungen seines Ist-Zustandes den positiven seines Idealzustandes gegenüberstellen, umso erfolgreicher können Sie ihn überzeugen!

**Heißt das, dass Ihre Begeisterung noch wichtiger ist als Ihre Produktvorteile?**

Für mich ist das Persönliche ganz entscheidend. **Ich muss dem Kunden diese Vorteile bei Kabel vorleben.** Mit Begeisterung darüber sprechen. Mit Begeisterung von meinen Erfahrungen erzählen. Und mit Begeisterung ihm mein Lebensmotto bewusst machen: »Träume nicht das Leben, sondern lebe deinen Traum!«

Butz verrät uns hier ein Geheimnis, das alle Sieger kennen:

> Mit Begeisterung kann man selbst zweitklassige Produkte gut verkaufen, ohne Begeisterung nicht einmal erstklassige!

Aber wir erkennen noch mehr: Hintergrund dieser ansteckenden Begeisterung ist der bekannte **»Spiegeleffekt«**. Er sorgt dafür, dass die Kunden über Spiegelneuronen alles unbewusst nachahmen und sich gedanklich damit beschäftigen, was ihnen der Verkäufer in Form von lebendigen Vorstellungen, Erlebnissen oder Vorgehensweisen emotional vorspielt, vormacht oder vorlebt!

Daher gilt hier: **Wer Kunden überzeugen will, muss emotional voll aus sich herausgehen, sonst wirkt er auf den Kunden nicht wirklich ein!**

**Bleibt noch der Preis. Wie argumentieren Sie hier?**

Dafür habe ich verschiedene Methoden. Die erste ist, ich minimiere den Preis. Ich sage zum Kunden: »Sie können sich jeden Tag Sport ansehen oder Heimat- und Tierfilme genießen. Dafür zahlen Sie nur 14,83 Euro pro Monat. Das sind pro Tag 49 Cent. Und wenn Sie jetzt noch an die über 30 zusätzlichen Radiosender denken, dann zahlen Sie pro Tag nur noch die Hälfte, das sind 24 Cent für alle TV- und Radioprogramme.«

**Und wie sieht die zweite Methode zur Preisverteidigung aus?**

Das ist die **Methode des Vergleichens**. Ich sage dann zum Kunden: »Herr Kunde, wenn Sie eine CD kaufen, dann zahlen Sie dafür 15 bis 20 Euro und hören einmal 25 Lieder. Bei uns zahlen Sie neun Euro für 25 Musiksender und 26 digitale Radiosender.«

Oder ich sage ihm: »Herr Kunde, wenn Sie heute mit Ihrer Frau ins Kino gehen, zahlen Sie dafür 26 Euro. Und wenn Sie dann noch zwei Colas oder zwei Popcorns kaufen, kommen noch mal sechs Euro dazu, macht schon 32 Euro. Wenn Sie dann auch noch zum Italiener gehen, kostet Sie der Abend schnell zwischen 50 und 60 Euro. Bei uns zahlen Sie X Euro pro Monat und können sich dafür jeden Tag – 24 Stunden lang – ein Programm nach Ihrer Wahl ansehen. Bei uns haben Sie die Auswahl zwischen 31 digitalen und 32 analogen TV-Sendern, insgesamt also 63. Wenn Sie sich das mal genau ausrechnen, dann zahlen Sie dafür pro Tag nur X Cent und pro Stunde nur Y Cent.«

Oder, wenn er Raucher ist, sage ich zu ihm: »Herr Kunde, diese X Euro tun Ihnen nicht weh. Wenn Sie Zigaretten rauchen, kostet Sie das am Tag bei zwei Schachteln sieben Euro. Für unsere 60 TV-und Rundfunkprogramme zahlen Sie dagegen weniger als einen Euro.«

Oder ich sage ihm: »Herr Kunde, unsere Programme sind nicht teuer. Teuer ist das Telefon, das dort in der Ecke steht und das Sie pro Monat 15,60 Euro kostet, auch wenn in der ganzen Woche kein Mensch anruft. Und teuer ist auch das Handy, für das Sie pro Monat X Euro zahlen.«

Außerdem appelliere ich bei dem Preis oft persönlich an den Ehemann und wecke ein leichtes Schuldgefühl bei ihm: »Sie sehen nicht so aus, als ob Sie Ihrer Frau diesen Spass versagen wollen. Sie wollen ihr doch sicher auch eine Freude machen?« Und genauso wende ich mich an die Frau und sage: »Ihr Mann muss hart arbeiten. Da hat er sich doch ein bisschen Freude verdient. Und ich habe von Ihnen nicht den Eindruck, als ob sie ihm das nicht gönnen würden.«

Und wir erkennen: Die vielen Preisargumente, die unser Verkäufer nur so hervorsprudelt, beweisen:

| |
|---|
| Bei der Preisargumentation kommt es darauf an, dass der Verkäufer voll von seinem Preis überzeugt ist und sofort reagiert! |

Der Hintergrund: Nicht die Qualität der Preisargumente überzeugt den Kunden, sondern die Sicherheit und Überzeugtheit des Verkäufers und die Spontaneität seiner Antwort.

**Worauf kommt es Ihnen bei dieser Form der Überzeugung an?**
Man muss sinnvolle Vergleiche bringen, die dem Kunden sofort einleuchten. Und man muss dem Kunden zeigen, wie er mit

dieser freien Programmauswahl sein persönliches Wohlbefinden steigern kann. Darauf zielt auch meine dritte Preismethode mit dem Schwerpunkt **»Freiheit, Unabhängigkeit und Abwechslung«** ab. Da sage ich zu dem Kunden: »Herr Kunde, mit unseren Programmen sind Sie nicht mehr auf das frustrierende, offizielle Programm angewiesen, sondern sind künftig ihr eigener Programmdirektor. Dann können Sie künftig selbst Ihre Fernsehabende gestalten, ohne auf den Zufall angewiesen zu sein. Dann können Sie sofort die Schlager der 70er Jahre hören, ohne vorher in ein Geschäft gehen und sich für 15 Euro eine CD mit 25 Liedern kaufen zu müssen. Und während die immer dieselben bleiben, hören Sie bei uns jeden Tag neue. Das bedeutet Freiheit, Unabhängigkeit, Abwechslung, Spaß und Erlebnis – wann immer Sie wollen.

Und wir erkennen: Auch bei der Preisargumentation setzt Butz unbewusst den **Kontrast** zwischen Ist- und Idealzustand ein. Dabei malt er die Wunschlösung des Kunden in den schönsten Farben aus. Vollkommen zu Recht. Denn nicht aus der Überwindung des Preiswiderstands, sondern aus der **Faszination der Wunschlösung** entsteht die entscheidende Kauflust.

**Sie haben ja auch ein Team von sechs Verkäufern. Wie motivieren Sie die, wenn es Schwierigkeiten beim Verkaufen gibt?**

Die Schwierigkeiten kommen meist daher, dass sie die Kunden nicht mit ihrer Begeisterung anstecken können. Weil sie selbst zu wenig begeistert sind. So hatte ich voriges Jahr einen Verkäufer, der in einem Jahr nur zwei Programme verkaufte. Den habe ich in einem Sondertraining so begeistert, dass er am nächsten Tag drei Programme verkaufte. Das ist die Macht der Begeisterung.

**Warum können sich manche Verkäufer so wenig für ihre Produkte begeistern?**

Sie wissen nicht, dass man sich mit seinem Produkt »anfreunden« muss, ja dass man es sogar lieben, ihm auf jeden Fall positive Gefühle entgegenbringen muss. Sonst bleibt es tot! Und dass es nicht genügt, dem Kunden diese Begeisterung nur zu schildern. Nein! Sie müssen selbst total begeistert von ihren Programmen sein und sie müssen diese Begeisterung dem Kunden auch vorleben und vorspielen. Denn der Kunde fühlt ganz genau, ob der Verkäufer wirklich begeistert ist oder nur so tut. Und genau dieser Eindruck entscheidet über den Kauf.

Und wir erkennen hier ein weiteres Gesetz der Überzeugung:

> Verkäufer überzeugen Kunden umso stärker, je mehr sie ihnen genau die Gefühle vorleben, die sie sich von ihren Produkten erhoffen!

**Gibt es noch etwas, was Sie und Ihre Mitarbeiter jeden Tag auf Erfolgskurs hält?**

Ja. Ich weiß ganz genau: Wenn ich pro Tag vier Kabel verkaufe, dann verdiene ich am Monatsende X Euro. Diese beiden Zahlen sind Ziele und die muss ich wissen. Genauso wie ich auch wissen muss, wie ich diese Ziele erreiche. **Daher muss jeder Mitarbeiter genau wissen: Was verdiene ich an einem Vertrag?** Und genauso muss er stets wissen: Wie viel Umsatz und wie viel Provision habe ich in diesem Monat schon gemacht? Das ist eine hervorragende Motivation, die ihn antreibt, auf Kurs zu bleiben.

Außerdem braucht er natürlich auch ein realistisches Jahresziel. Er muss genau wissen: Wie viel will ich in diesem Jahr verdienen? Und dann muss er dieses Jahresziel auf den Tagesumsatz herunterbrechen: In meinem Fall sieht das so aus: Um die Summe X zu verdienen, brauche ich 960 Aufträge. Das sind pro Monat nur 80, pro Woche nur 20 und pro Tag nur vier Anträge. Also weiß ich jeden Morgen, dass ich vier Anträge brauche und wenn ich sie am Abend erreicht habe, dann weiß ich, dass ich auf Kurs bin und fühle mich super.

## 4 Tipps, wie Sie Ihren Verkaufserfolg sofort steigern können

Der enorme Erfolg von Butz beruht nicht nur auf seinen verkäuferischen Fähigkeiten, sondern auch auf der Tatsache, dass sein Charakterprofil optimal mit dem Profil seines Angebots übereinstimmt. Das steht im Widerspruch zu der Aussage: Ein guter Verkäufer kann alles verkaufen. Das stimmt nicht! Umgekehrt gilt: Sie können Ihren Verkaufserfolg sofort steigern, wenn Sie Ihre wichtigsten Charaktereigenschaften stärker mit den wichtigsten Angebots-Vorteilen in Übereinstimmung bringen. Dann leben Sie Ihr Produkt statt es nur zu präsentieren.

Sollten aber Ihre wichtigsten Charakter-Eigenschaften nicht besonders gut mit den wichtigsten Angebots-Vorteilen übereinstimmen, gibt es Differenzen. Und das spürt der Kunde. Denn dann sind Sie nicht authentisch! Dann strahlen Sie auch nicht die Gefühle aus, die den Kunden für Ihr Angebot begeistern. Und dann werden Sie nie optimale Abschlussquoten erreichen.

Der Grund: Gegen Ihren Charakter können Sie auf Dauer nie überdurchschnittlichen Erfolg haben! Gute Verkäufer wissen:

> Je mehr die wichtigsten Charaktereigenschaften mit den wichtigsten Angebotseigenschaften übereinstimmen, umso größer sind ihre Erfolgs- und Abschlusschancen!

Und so gehen Sie am besten vor:

**Chance: Wie Sie Ihr Charakterprofil mit Ihrem Angebotsprofil in Übereinstimmung bringen**

Berücksichtigen Sie dabei am besten die folgenden vier Punkte:

1. **Erkennen Sie Ihre besonderen Charaktereigenschaften und wie sie den wichtigsten Angebotseigenschaften entsprechen**

Schreiben Sie links vier wichtige Eigenschaften Ihres Charakters und rechts daneben die Eigenschaften Ihres Angebots auf, die ihnen am besten entsprechen. Wie das funktioniert, erkennen Sie am besten am Beispiel von Verkäufer Butz:

| Wie sehen die wichtigsten Charaktereigenschaften von Butz aus? | Wie sehen die wichtigsten Angebotseigenschaften seines Angebots aus (das hier nur Kabel genannt wird) |
|---|---|
| Freiheit/Unabhängigkeit | Kabel ist die beste Chance für freie Programmauswahl und bietet Unabhängigkeit von den TV- und Radioprogrammen |
| Individualität | Kabel befriedigt jederzeit den Wunsch nach individueller Unterhaltung und Information |
| Begeisterung | Kabel begeistert jeden Benutzer, da er sich zu jeder Zeit das anschauen kann, was ihn wirklich interessiert |
| Lebensfreude | Kabel stärkt durch die individuelle Auswahl die spontane Lebensfreude und ist die beste Belohnung für die eigene Arbeit und Zielerreichung |

2. **Definieren Sie die wichtigsten Angebotseigenschaften und welche Charaktereigenschaften ihnen am besten entsprechen**

Schreiben Sie links wichtige Eigenschaften Ihres Produkts bzw. Ihres Angebots auf und rechts daneben, wie Sie diese Eigenschaften dem Kunden durch Ihre Charaktereigenschaften, also Ihr eigenes Leben beweisen bzw. vorleben können.

Beispiel Butz und sein Kabel-Angebot:

| Wie sehen die wichtigsten Angebotseigenschaften aus? | Wie beweist Butz diese Angebotseigenschaften durch sein eigenes Leben? |
|---|---|
| Kostenvorteil | Ich schaue Kabel, anstatt zu rauchen. Das ist billiger! |
| Individualität | Ich mag werbefreie Musik und daher ist Kabel für mich unverzichtbar |
| Abwechslung | Ich liebe Abwechslung und höre mir daher auch jeden Tag andere Schlager an |
| Gestaltung | Ich gestalte mein Leben nach meinen Vorstellungen und gestalte daher auch meine Programmauswahl selbst |

**3. Übertragen Sie Ihre positiven Charaktereigenschaften auf den Kunden**

Nachdem Sie dem Kunden bewiesen haben, wie sehr Sie die wichtigsten Eigenschaften Ihres Produktes auch selbst leben, sollten Sie ihm jetzt bewusst machen, wie er selbst die wichtigsten Angebotsvorteile optimal leben und davon profitieren kann. Und das am besten in Form von positiven Alltagsszenen.

Bei Butz und seinem Kabelprogramm sieht das so aus:

| Kabelvorteile | Kundennutzen |
|---|---|
| Kostenvorteil | Machen Sie es wie ich. Schauen Sie Kabel an anstatt zu rauchen. Das ist billiger, gesünder und macht mehr Spaß |
| Individualität | Sie lieben doch auch werbefreie Musik. Und Sie mögen doch auch Champions-League-Spiele. Daher ist auch für Sie Kabel unverzichtbar |
| Lebensfreude | Wollen Sie nicht Ihr Leben genießen und selbst Ihr Programm wählen, statt sich nach einem erfolgreichen Tag über blöde Programme zu ärgern? |
| Gestaltung | Sie möchten doch auch gern Ihr Leben nach Ihren Vorstellungen gestalten und sich das nächste Champions-League-Spiel ansehen, statt einfach ausgeblendet zu werden |

**4. Definieren Sie das Profil Ihres Idealkunden und Sie ziehen diesen Idealkunden unbewusst viel eher an!**

Schreiben Sie die wichtigsten Kriterien Ihres Idealkunden auf, der am besten von Ihren Angebotsvorteilen profitiert.

Der Idealkunde von Butz

- hat bereits einen Kabelanschluss,
- ist technisch aufgeschlossen für neue Medien wie Kabel,
- hat auch das nötige Kleingeld dafür, wenn er begeistert ist,
- interessiert sich für spezielle Themen wie Sport, Tiere etc.,
- ist freiheitsliebend und möchte sein eigenes Programm gestalten.

Das wichtigste Fazit für Ihren Erfolg:

> Je mehr Ihre Charaktereigenschaften mit den Angebotseigenschaften (Vorteilen) und den Kundenbedürfnissen übereinstimmen, umso größer sind Ihre Chancen den Kunden zu überzeugen!

Das zweite Fazit:

> Je weniger Ihre Charaktereigenschaften (Neigungen) mit den besonderen Angebotseigenschaften (Vorteilen) übereinstimmen, umso eher sollten Sie Korrekturen oder Veränderungen überlegen.

# 14. Kapitel
# Mit verborgenen Wünschen höchste Kauflust erzeugen

»Das Geheimnis des Erfolges besteht darin, anderen zur Erfüllung ihrer Wünsche zu verhelfen.«

*Henry Ford*

## Wie ein Verkäufer seinen Kunden fünfmal so teure Wintergärten verkauft wie seine Kollegen

Wie überzeugen Sie Ihre Kunden? Mit guten Argumenten, Zahlen und Fakten? Alles okay. Aber das funktioniert vor allem, wenn es um echte Kundenbedürfnisse geht. Im Zeichen der Wunschökonomie, bei der der Kunde keine echten Bedürfnisse mehr hat und Sie verborgene Wünsche hervorlocken müssen, **stößt diese Überzeugung schnell an ihre Grenzen**. Denn Wünsche haben mit Gefühlen zu tun und Gefühle entstehen nicht durch logische Argumente, sondern indem Sie verborgene Wünsche durch neue, faszinierende sinnliche Wahrnehmungen zum Leben erwecken. Also durch das, was der Kunde sieht (Bilder), hört (Geschichten), begreift (in die Hand nimmt), riecht (Düfte), schmeckt (Kostprobe), erlebt (Inszenierung). Ferner durch das, was er selbst – allein oder mit anderen – erforscht, ausprobiert oder gestaltet. Und außerdem durch das, was er **sich als »Ideallösung« vorstellt**. Das kann eine neue Investition (in unserem Fall ein Wintergarten) oder eine neue, besondere Identität sein (sich zum Beispiel durch den Kauf eines Wintergartens als Lebenskünstler oder als Technikfreak darzustellen). Entscheidend ist für Sie als Verkäufer nur eins:

> Je stärker Sie bei der Präsentation die Sinne und die verborgenen Wünsche des Kunden ansprechen, umso mehr Kauflust lösen Sie bei ihm aus!



*Die Neuen Spielregeln im Verkauf.* Hans Christian Altmann

ISBN: 978-3-527-50484-8

Darum dreht sich heute alles! Und diese Sinnesreize müssen stark, ja »gepfeffert« sein – sonst gehen sie im Konzert der vielen Reize unter und gehen dem Kunden nicht unter die Haut!

Das schaffen Sie, wenn Sie sich an die Regel halten:

> Sinnliche Wahrnehmungen wirken umso stärker auf uns, je mehr sie uns überraschen, verblüffen oder provozieren und je außergewöhnlicher, einzigartiger und emotionaler sie sind.

Genau das ist ja die Kunst der Topverkäufer! Sie lassen selbst einen Wintergarten, der noch gar nicht existiert, den Kunden sinnlich erleben, während schwächere Verkäufer glauben, durch Zahlen und Fakten oder das simple Herzeigen ihres Produktes oder Prospektes die Neugierde und die Begeisterung (alles Emotionen!) des Kunden gewinnen zu können. Gute Verkäufer wissen dagegen:

**Ein Verkaufsgespräch ohne Emotionen ist tot!** Es lebt nicht! Daher tun Sie alles, damit der Kunde Ihr Produkt mit allen Sinnen erlebt! Hier gilt wirklich, was schon die alten Römer wussten:

> Quod non est in sensibus, non est in intellectu! – Was die Menschen nicht sinnlich wahrnehmen, begreifen sie nicht!

Wie das ein Topverkäufer schafft und damit Umsätze erreicht, die Verkäufer ohne diese Fähigkeit nie schaffen würden, zeigt die folgende Geschichte.

Holger Aufhäuser ist Verkäufer bei einem Hersteller von Wintergärten und anderen Glaselementen. Ich treffe ihn in der großen Ausstellung seiner Firma und frage ihn:

**Sie lernen Ihre Kunden meist in Ihrer Ausstellung kennen. Aber der erste wichtige Termin findet doch beim Kunden statt. Worauf achten Sie da?**

Zuerst prüfe ich von außen: Welchen Lebensstandard hat der Kunde? Welches Auto fährt er? Wie viele Fahrräder hat er? Hochwertige oder die vom Baumarkt? Fährt er ein Motorrad? Außerdem: Wie sieht der Garten aus? Mit Teich? Mit Bachlauf? Und dann schaue ich mir das Innere an: Wie sieht die Einrichtung aus? Wie sieht die Küche aus? Gibt es eine Haushälterin? Manchmal prüfe ich schon vorab im Internet bei Google, ob über den Kunden etwas drinsteht, ob er vielleicht Unternehmer oder Geschäftsführer ist.

**Und worauf konzentrieren Sie sich als erstes im Gespräch mit dem Kunden?**

Da will ich wissen: Was möchte der Kunde? Was sind seine Wünsche und Vorstellungen? Wie sieht sein Traum aus? Was erhofft er sich? In diesem Gespräch soll vor allem der Kunde sprechen, damit ich möglichst viel über ihn und seine Wünsche erfahre. Danach gehe ich mit dem Kunden in den Garten, um Maß zu nehmen und mir erklären zu lassen, wo er was bauen will und wie es aussehen soll. Schon hier weise ich ihn auf **kritische Punkte** hin, z. B. auf die Baulast oder den Grenzabstand zum Nachbarn, erläutere ihm wichtige Richtlinien für die beste Vorgehensweise und skizziere schon eine erste Lösung für seinen Wintergarten. Alles mit dem Ziel, seine Wunschlösung zu erfahren und dabei auch meine Fachkompetenz zu demonstrieren.

**Warum ist die Demonstration Ihrer Kompetenz so wichtig?**

Ich habe es immer wieder erlebt: Wenn Sie dem Kunden ein Produkt verkaufen wollen, das bis zu 300 000 Euro kosten kann, dann haben Sie nur eine Chance ihn zu überzeugen, wenn Sie ihm sogleich in irgendeiner Weise imponieren. Das bedeutet, dass er Sie – zumindest auf Ihrem Fachgebiet – **als dominierende Persönlichkeit anerkennen muss**. Wenn nicht, bestimmt er, wo es lang geht und entscheidet, wie teuer es wird und mit wem er zu bauen beabsichtigt und Ihr Einfluss ist äußerst gering.

Und wir erkennen:

> Gute Verkäufer versuchen als Erstes, dem Kunden zu imponieren, um von ihm als kompetente und dominierende Persönlichkeit anerkannt zu werden.

**Aber geht das nicht auf Kosten der Sympathie?**

Im Gegenteil! Ich habe festgestellt, dass 70 bis 80 Prozent der Kunden eine dominierende Haltung des Verkäufers – natürlich nicht als Besserwisser, sondern als echter Helfer – absolut schätzen. Ja, sie fühlen sich sogar ausgesprochen wohl, wenn sie das Gefühl haben, dass sie jemand an der Hand nimmt und sie vor unnötigen Fehlern bewahrt. Dieser Dominanzeffekt ist sogar von Wissenschaftlern ausdrücklich bestätigt worden.

**Klingt interessant. Und wie beweisen Sie dem Kunden Ihre Kompetenz und damit Ihre Dominanz?**

Über Detailwissen. Ich frage den Kunden zum Beispiel, wie er sich den Sonnenschutz vorstellt. Und wenn er mich dann erstaunt anschaut, sage ich ihm, dass sich Wintergärten im Sommer bis zu 70 Grad aufheizen und dass dadurch im Nu alle Pflanzen eingehen können. Und dann erkläre ich ihm kurz die verschiedenen Beschattungssysteme. Oder ich frage ihn, wie er denn die Entlüftung bei den verschiedenen Wetterbedingungen – Sonne, Wind und Regen – vornehmen will. Per Hand? Türe auf und zu? Oder wie? Und dann erkläre ich ihm kurz die Vorteile eines automatisierten Be- und Entlüftungssystems. So bekommt er langsam eine Ahnung, dass hinter einem guten Wintergarten mehr steckt als nur ein paar Glaswände. Unbekannte, verblüffende Details anzusprechen, macht immer Eindruck beim Kunden.

**Und wie schaffen Sie es, dass sich der Kunde stärker mit seinem neuen Wintergarten identifiziert?**

Gute Frage. Meine beste Methode dafür ist, dass ich dem Kunden nie die Details vorweg erkläre, sondern **ihn zuerst immer frage, wie er sich die Lösung vorstellt** und was er tun würde. So beschäftigt er sich gedanklich voll mit der Planung seines Wintergartens und ist außerdem viel mehr an den Antworten interessiert.

**Und wo bleibt die emotionale Ansprache?**
Die kommt am Ende des ersten Termins, wenn ich den Kunden bitte, ein Foto von seinem Haus bzw. von der Stelle, wo der Wintergarten gebaut werden soll, mitsamt seiner Familie und dem Hund machen zu dürfen. Dieses Bild erscheint später zusammen mit dem geplanten Wintergarten im Angebot. Auf diese Weise erlebt sich der Kunde bereits als Besitzer des neuen Wintergartens. Das verstärkt nicht nur seine **Identifikation** mit seinem Wunschprojekt, sondern auch die emotionale Bindung zu mir. Beides ist für den Verkauf von hohem Nutzen.

**Wenn Sie mit dem Kunden über die Details Ihres Wintergartens sprechen, worauf legen Sie da besonderen Wert?**
Egal, was ich ihm erkläre, unsere Boden-Konvektor-Heizung oder unser Beschattungssystem, ich spreche immer **in der Sprache des Kunden**. Am besten in Bildern und Geschichten oder in plastischen Szenen, die sich der Kunde sofort vorstellen kann. Daher sage ich zu ihm nicht: »Wir setzen 400 verschiedene Profile ein!«, sondern: »Unsere Profile, die wir am Lager vorrätig haben, reichen von Hamburg bis nach München«.

**Und wie gehen Sie vor, wenn der Kunde noch zögert oder seine Kauflust noch nicht besonders ausgeprägt ist?**
Dann versuche ich die Fantasie des Kunden anzuregen und **Luftschlösser zu bauen**. Am besten durch hypothetische Fragen oder Gedankenspielereien. Wenn sich ein Kunde zum Beispiel nur ein Terrassendach wünscht, um seine Gartenmöbel zu schützen, frage ich ihn: »Könnten Sie sich vorstellen, auch einen kompletten Wind- und Wetterschutz zu realisieren? Oder Ihre Terrasse voll bewohnbar zu machen? Oder sie sogar zu einem ganzjährig benutzbaren Wohn-Wintergarten zu erweitern?« Wenn er nicht sofort ablehnt, spreche ich ihn jetzt in einer sehr bildhaften Sprache an und sage zu ihm: »Herr Kunde, haben Sie auch daran gedacht, was geschieht, wenn ein stürmischer Westwind den Regen unter das Dach treibt und alle Polster nass werden? Und

dass es schon bei leichter Windstärke auf Ihrer Terrasse entweder sehr nass oder sehr ungemütlich wird? Und dass bei einer offenen Terrasse, wenn die Polster draußen bleiben, die Katzen dort gern ihr Nachtlager aufschlagen?« Oftmals ergeben sich aus diesen Erweiterungsfragen erst die wahren Bedürfnisse oder die verborgenen Wünsche des Kunden.

**Das heißt, Sie sprechen den Kunden vor allem über sinnliche Eindrücke an. Und wie gehen Sie vor, wenn der Kunde sich noch nicht mit einem vollständigen Wintergarten anfreunden kann?**

Ich versuche dann alle Sinne und Gefühle anzusprechen, ja sogar **einen ganzen Film vor seinen Augen ablaufen zu lassen**. Dann sage ich zum Beispiel zu der Frau des Hauses: »Frau Meier, stellen Sie sich mal vor, wie Sie mit Ihren Nachbarinnen in dem neuen Wintergarten gemütlich Kaffee trinken und das Feuer im Kamin brennt, während es draußen schneit und die Schneeflocken langsam Ihren Garten in ein Wintermärchen verwandeln … oder wenn es regnet und die Tropfen an den Scheiben herunterperlen … oder wenn plötzlich ein Gewitter aufzieht und es blitzt. Erinnern Sie sich noch, wie Sie beim letzten Gewitter zu Ihrem Mann sagten: ›Da war gerade ein Blitz!‹ Und er nur trocken antwortete: ›Ja, du hast Recht!‹, und sich gleich wieder in seine Zeitung vertiefte? Aber jetzt können Sie und Ihre Familie das Gewitter, den Blitz, den Sturm, den Regen, die Frühlingssonne, ja die ganze Natur live erleben. Sie können sehen, wie es schneit und die Flocken langsam zur Erde schweben. Sie können in der Nacht den Sternenhimmel betrachten, den großen Wagen und den Polarstern erkennen und Sie können der Sonne zusehen, wie sie im Frühjahr den Schnee auf ihrem Dach zum Schmelzen bringt. Ist das nicht echte Lebensqualität?« Und ich sage ihnen: »**Sie leben auch in Ihrem Wintergarten**. Sie machen eine Flasche Wein auf und genießen Ihr Leben, während es draußen regnet, schneit oder stürmt. Und Sie freuen sich des Lebens, weil es bei Ihnen so schön warm ist und das Feuer im offenen Kamin brennt. Sie sitzen auf Ihrem gemütlichen Sofa, schauen in die Natur und genießen Ihren Garten. Sie schauen Ihren Kindern oder Enkeln zu, wie sie vergnügt auf dem warmen Boden mit

Fußbodenheizung spielen. Das wird Ihr meistgenutzter Raum werden. Da werden Sie Ihr bisheriges Esszimmer glatt vergessen! Und hier werden Sie auch Ihre Besuche empfangen, Ihre Freundinnen und Ihre Gäste.«

Und wir erkennen das Rezept jeder guten Überzeugung:

> Zuerst müssen beim Kunden positive Gefühle geweckt werden. Nur dann nimmt er auch die Fakten Ihres Angebots positiv wahr und trifft auch eine positive Entscheidung.

**Das sind wunderschöne Bilder. Aber genügt das schon für die Überzeugung?**

Nicht immer. Aber es regt die Fantasie des Kunden an und es bewirkt Emotionen. Der Höhepunkt kommt, wenn ich ihn erneut in unsere Ausstellung einlade und danach eine Betriebsführung für ihn veranstalte. Dabei kommt es mir darauf an, dass er überall Gelegenheit findet, etwas anzufassen, auszuprobieren oder zu überprüfen, um so sein Wissen aufzupolieren. Das ist enorm wichtig: Denn der Kunde gewinnt durch dieses Wissen mehr Selbstvertrauen! Und damit auch mehr Mut zu dieser neuen Investition.

Und wir erkennen:

> Je höher der Preis einer neuen Investition ist, umso größer muss auch das Selbstvertrauen des Kunden werden!
> Am besten durch neues Know-how!

Außerdem gewinnt der Kunde dadurch auch mehr Begeisterung und mehr Auftrieb. Das hat wohl mit der Ausschüttung von Dopamin zu tun, wenn der Kunde Neues lernt. Nebenbei drücke ich ihm immer wieder verschiedene Ausstellungsstücke in die Hand, damit er die besonderen Vorteile unserer Qualität für seinen Wintergarten im wahrsten Sinne des Wortes begreifen kann. Außerdem zeige ich ihm hier auch, welche Bedeutung die richtige Lüftung und Beschattung haben und weise ihn auf die positiven Auswirkungen einer Automatisierung hin. Dazu erzähle ich ihm gerne kleine, oft dramatische Geschichten, die bestimmte Produktvorteile beweisen, z. B. dass ohne automatisierte Steuerung bei aufkommendem Sturm das offene Dachfenster oder die ausgerollte Markise im Nu weggefegt werden können, wenn er gerade nicht da ist.

**Sie wollen also, dass der Kunde auch die Qualität Ihres Wintergartens mit allen Sinnen erlebt?**

Ja, denn nur über solche sinnliche Wahrnehmungen bekommt er die Gefühle, die zum Abschluss führen: zum Beispiel das Gefühl der Zuverlässigkeit, der Solidität, der Qualität oder des Vertrauens. Daher schildere ich auch bei der Betriebsführung den Fertigungsablauf so, als ob sein Wintergarten bereits hergestellt würde, zeige ihm wo sein Name stehen würde. Dadurch **wächst die Identifikation** mit seinem Wintergarten. Ich zeige ihm dabei auch unsere Rohprofile im Lager, den Zuschnitt, die Bearbeitung, den Anschlag, die Verglasung sowie die Qualitätsprüfung und den Versand. Ich verdeutliche ihm hier, wie sein Auftrag behandelt werden würde und sage zu ihm: »Wenn Ihr Auftrag eingeht, dann werden hier die Rohprofile aus unserem Lager exklusiv in der von Ihnen gewählten Farbe beschichtet und zur Bearbeitung in die Produktion gegeben. Und wenn einmal ein Profil zu Boden fallen sollte, dann wird das nicht mehr eingebaut, sondern Sie kriegen in jedem Fall ein neues Profil, ohne den kleinsten Kratzer.«

**Versuchen Sie durch solche sinnlichen Erlebnisse auch ein höheres Wertbewusstsein aufzubauen?**

Klar. Darum dreht sich doch alles. **Das Wertbewusstsein muss immer höher sein als das Preisbewusstsein!** Um das zu erreichen drücke ich ihm zum Beispiel zwei Arten von Profilen in die Hand und frage ihn, welches Profil teurer ist. Meist wählt er das Falsche und ich verblüffe ihn dann mit meinem Fachwissen. Oder ich zeige ihm eine Eckkonstruktion und gebe ihm ein Glas Wasser in die Hand, damit er es darüber gießt und sich von der Dichtigkeit überzeugt. Oder ich fordere ihn auf, eine Stahlkonstruktion zu verbiegen und frage ihn dann, wie viel Tonnen Belastung sie aushält. Mit der Antwort wachsen sein Erstaunen und sein Vertrauen.

**Worauf kommt es bei der Darstellung solcher fachlichen Details an, damit sie überzeugend wirken?**
Ich darf dabei den Kunden auf keinen Fall mit technischen Ausdrücken wie dem U-Wert oder dem UG-Wert, der Verglasung aus Polykarbonat oder Fachbegriffen wie Traufe und Sparren erschlagen. Stattdessen versuche ich ihm das Ganze mit Bildern, mit anschaulichen Beispielen, Vergleichen und Situationen aus seinem Alltag zu erklären. **Ich spreche in seiner Sprache und ich denke wie er!**

**Welche Rolle versuchen Sie dabei zu spielen?**
Oft glauben die Kunden dann, dass ich Kaufmann, Architekt, Ingenieur, Tischler, Glasermeister oder sonst was bin. Aber ich sage zu ihm: »Ich bin Mädchen für alles. **Ich bin Ihr Kümmerer!** Ich kümmere mich um Sie und Ihren Wintergarten. Und ich bin Ihr erster Ansprechpartner.« Und genau das ist es, was sie hören wollen.

**Und wann stellen Sie dem Kunden Ihr konkretes Angebot vor?**
Erst jetzt, wenn der Kunde durch die zahlreichen Infos eine starke Energie gewonnen hat, wenn er ein Bewusstsein von unserer hochwertigen Qualität hat und wenn er weiß, was an technischem Know-how und an durchdachten Lösungen hinter unserem Wintergarten steht, zeige ich ihm das Angebot. **Und dieses erste Angebot muss sofort zünden, sonst ist er enttäuscht**. Und es zündet auch sofort bei ihm, wenn er auf der ersten Seite das Bild seines Hauses mit dem neuen Wintergarten und seiner Familie und seinem Hund sieht. Erst jetzt nenne ich auch den Preis: »Das alles kostet Sie nur 70 000 Euro.«

**Schluckt der Kunde nicht bei diesem Preis?**
Natürlich. Aber entscheidend ist, dass ich als Verkäufer nicht schlucke. Und das gelingt mir, weil ich durch die Vorgespräche genau weiß, was er wirklich will und bezahlen kann.

Auch hier erkennen wir ein echtes Siegermerkmal:

> Bei den Preisen kommt es nicht darauf an, ob der Kunde schluckt, sondern dass der Verkäufer nicht schluckt!

**Die Kunden, die Sie bisher vorgestellt haben, kauften den Wintergarten wohl vor allem wegen dem Naturerlebnis. Gibt es noch ein anderes, entscheidendes Motiv?**

Natürlich. Das kann man auch schon bei den Naturliebhabern beobachten. Viele kaufen auch deshalb, weil sie damit eine neue Identität als Lebenskünstler und Genießer erreichen wollen.

**Können Sie sich an einen Verkauf erinnern, bei dem es dem Kunden fast ausschließlich darum ging, eine bestimmte Identität zu erreichen?**

Ja, und das war **mein schönster Verkaufserfolg**. Eines Tages rief mich ein Kunde an und fragte mich, ob ich seinen angefangenen Wintergarten zu Ende bauen könne. Sein bisheriger Wintergartenbauer sei in Konkurs gegangen und habe eine Falt-Schiebeanlage von unserer Firma geplant. Als Hersteller können wir ihm doch sicherlich dabei helfen. Ich sagte dem Kunden, dass ich mir die Situation vor Ort anschauen müsse, um ihm eine Lösung aufzeigen zu können. Vor Ort sah ich eine Rohkonstruktion, die fachlich so total daneben lag, dass ich schon auf den ersten Blick eine Vielzahl von Mängeln sah. Nachdem ich ihm die Mängel aufgezählt hatte, empfahl ich ihm, diese Konstruktion abzureißen und an ihrer Stelle einen richtig konstruierten Wintergarten zu setzen. Schließlich habe er sich ja auch ein perfektes Haus mit circa 400 $m^2$ Wohnfläche bauen lassen. Als er mich fragte, ob ich nicht wenigstens die Faltanlage, die er aus der Konkursmasse des Wettbewerbers gekauft habe, in die neue Konstruktion mit einbeziehen könnte, sagte ich zu ihm: »Das bringt nichts. **Ich plane keinen Wintergarten nach einer Faltanlage!**«

Und wir erkennen:

Gute Verkäufer widersprechen bei schlechten Lösungen, schwache Verkäufer bei falschen Meinungen.

Als ich bei diesem Gespräch auch noch erfuhr, dass der Kunde Inhaber einer großen, technischen Firma war, wusste ich, was er wirklich wollte und was er brauchte: **Etwas Besonderes, etwas technisch Anspruchsvolles und einen echten Hingucker!** Etwas, was seinen Status als Technikspezialist eindrucksvoll hervorhob. Daraufhin habe ich für den Kunden einen technisch höchst anspruchsvollen Wintergarten geplant, der genau auf die Größe seines Hauses zugeschnitten war. Er war doppelt so groß wie die alte Konstruktion und technisch so ausgefeilt, dass schon die Optik mit ihren Stahlseilen, vorgesetzten Stahlkonstruktionen und einem lernfähigen Lampensystem ein echter Hingucker war.

**Damit müssen Sie preislich ja weit über seinen bisherigen Vorstellungen gelegen haben.**

Stimmt genau. Denn als ich dem Kunden auf der letzten Seite des Angebotes den Preis von nur 250 000 Euro mitteilte, da sah er mich einen Augenblick verblüfft an und fragte mich dann mit Pokergesicht: Was erwarten Sie denn jetzt? »Den Auftrag!«, sagte ich ihm. Und mit einem leichten Grinsen meinte er: »Einverstanden.« Und unterschrieb ohne jedes Feilschen den Auftrag! Als mich kurze Zeit später seine beiden Architekten, die dabei waren, fragten, wie um Himmelswillen ich denn den Kunden dazu gebracht hätte, den Auftrag bei dieser hohen Summe so schnell zu unterschreiben, sagte ich ihnen: »**Ich habe genau gewusst, was der Kunde wirklich will!** Erstens einen funktionstüchtigen Wintergarten, zweitens eine technisch anspruchsvolle Konstruktion und drittens als Alleinstellungsmerkmal einen echten Hingucker!«

**Welche Schlussfolgerung zogen Sie daraus?**

Heute weiß ich: Wenn man die Wünsche und Vorstellungen des Kunden genau erkennt und sie eins zu eins umsetzt, dann ist das Verkaufen gar nicht schwer!

**Und wie war Ihre mentale Einstellung, dass Sie es schafften, diesem Kunden einen fünfmal so teuren Wintergarten zu verkaufen?**

Das Erste ist: Für mich spielt der Preis keine Rolle. Egal ob ich eine Überdachung für 5000 Euro oder einen Traum-Wintergarten für 300000 Euro verkaufe. Ich habe keine Angst vor Zahlen wie die meisten Verkäufer. Und ich weiß, bei solchen Kunden, die mehr Geld investieren, **muss ich nur zuhören, ihre Bedürfnisse genau hinterfragen und dann vor allem die dahinterliegenden, verborgenen Wünsche erkennen**. Und dann muss ich sie selbstbewusst an die Hand nehmen und die Lösung präsentieren.

**Das klingt relativ einfach. Aber warum schaffen das so wenig Verkäufer? Und warum schaffen Sie das?**

Es hat wohl mit dem Selbstvertrauen zu tun. Man darf sich bei solchen Gesprächen auf keinen Fall in die Defensive drängen lassen. Sonst ist man verloren. Stattdessen muss man solchen Topkunden durch Kompetenz imponieren und auf seinem Fachgebiet der bestimmende Partner sein. Natürlich mit Charme und nicht mit Arroganz! Und man muss eine Art Siegesgewissheit verspüren.

**Siegesgewissheit? Wie kommt man dazu? Was geschieht in diesem Augenblick emotional mit Ihnen?**

Wenn eine solche Situation entsteht, geht für mich die Bühne des Lebens auf. Dann schlüpfe ich immer tiefer in meine Rolle als Verkäufer und das heißt für mich, dem Kunden zu einer Wunschlösung zu verhelfen, nach der er sich wirklich sehnt, aber die er bisher unterdrückt hat. Dabei setze ich automatisch immer mehr meine Körpersprache ein. Ich richte mich auf. Ich rede mit Begeisterung. Ich unterstreiche mit den Händen die Ausmaße und **ich versetze mich voll in den Zustand des Kunden**. Ja, ich strahle schon bei der Besprechung vor Freude über diese optimale Wunschlösung für den Kunden.

**Was meinen Sie damit, sich in den Zustand des Kunden zu versetzen?**

Ich erlebe schon bei der Präsentation genau das Gefühl des Stolzes, das der Kunde empfindet, wenn er seinen Gästen den neuen Wintergarten zeigt. Oder ich strahle schon vorab das Gefühl der Genugtuung aus, das in ihm hochsteigt, wenn die Gäste in höchsten Tönen von seinem neuen Wintergarten schwärmen. Diese Gefühle drücke ich spürbar aus und die übertragen sich auch auf ihn.

**Eine faszinierende Methode. Bestätigen Sie bei der Präsentation auch bewusst den Wunsch des Kunden, einen so anspruchsvollen Wintergarten zu bauen?**

Natürlich. Und ich sage ihm mehrmals, dass diese Toplösung für seinen Status die beste ist und dass er als erfolgreicher Unternehmer alles Recht der Welt hat, sich einen so imposanten Wintergarten zu leisten. Und das Wunder ist: **Je mehr ich mich durch diese Anteilnahme gefühlsmäßig engagiere, umso mehr Bilder fallen mir dazu ein!** Und die serviere ich dann dem Kunden wie auf einem Silbertablett.

**Mit anderen Worten: Ihr emotionales Engagement, aber auch Ihre positive Stimmung spielen dabei eine überragende Rolle?**

Wahrscheinlich die wichtigste. Denn eins darf mir dabei nicht passieren. **Ich darf bei solchen Topkunden und Summen auf keinen Fall verkrampfen.** Da muss ich locker und gut gelaunt bleiben, denn ich verkaufe ja Lebensfreude. Daher sehe ich das Verkaufen wie ein Spiel an. Ich spiele dann einfach mit dem Kunden und beobachte ganz genau, welche Worte oder Reize für ihn am erregendsten sind und die setze ich dann ein. Und wenn sie ganz genau treffen, dann macht es Klick!

## 10 Erfolgstrategien, wie Sie Kunden zu neuen Einstellungen und neuen Produkten verführen

Nietzsche sagte, wie schon zuvor erwähnt, einmal:

| |
|---|
| Es genügt nicht die Leute von der Wahrheit zu überzeugen, man muss sie auch zu ihr verführen! |

Das wird ganz entscheidend, wenn es darum geht, Kunden für völlig neue Produkte zu gewinnen. Sehen wir uns jetzt eine der wichtigsten Herausforderungen im Verkauf an. Sie verkaufen Produkte oder Dienstleistungen, die vielleicht voll im Trend liegen und die jeder Kunde begrüßt: »Ja, so etwas brauchen wir!« Aber dann kommt der Pferdefuß: Es ist etwas teurer! Und was noch schlimmer ist: **Es erfordert auch eine neue Einstellung beim Kunden.** Ein paar Beispiele:

Jeder ärgert sich über die Methoden der Stromriesen und nickt beim Thema Energiesparen, aber nur die wenigsten investieren freiwillig in eine neue moderne Heizung. Jeder ist dafür, die Umwelt zu schonen. Aber biologisch abbaubare Tragetüten zu verwenden, wenn sie ein paar Cent mehr kosten, tun keineswegs alle. Jeder möchte bei seinen Geldanlagen gut beraten werden, aber nur die wenigsten sind bereit, in eine neutrale, aber kostenpflichtige Beratung zu investieren.

Warum sagen wir laut ja, aber handeln nicht entsprechend? Allein wegen des Preises? Nein, sondern weil diese Angebote auf innere Widerstände stoßen und daher neue Einstellungen erfordern. Dabei sollten Sie folgende Punkte berücksichtigen:

### 1. Vage Absichtserklärungen ziehen mitnichten ein konkretes Verhalten nach sich

So wie allgemeine Zustimmungen nur selten zum Kauf energiesparender Geräte führen, so müssen Sie als Verkäufer selbst bei allen neuen Produkten den Kunden **bei jedem Produktvorteil danach fragen**, ob er für ihn persönlich von echtem Nutzen ist und ob er sich die Anschaffung auch konkret vorstellen könne.

**2. Neues Verhalten weckt immer Ängste und Unsicherheiten**

Viele Kunden, die sich für biologisch abbaubare Tragetüten interessieren, haben Angst, dass sie sie nach Gebrauch auf den Komposthaufen werfen und nach einem Jahr immer noch Reste entdecken. Also bleiben sie lieber bei den alten Plastiktüten. Für Sie bedeutet das, dass Sie auch die verdeckten Ängste und **Bedenken des Kunden aufspüren**, ansprechen und durch glaubwürdige Beweise oder Referenzen widerlegen müssen.

**3. Neue Produkte bewirken bei Kunden nur dann ein verändertes Verhalten, wenn sie für sie finanziell und praktisch nachvollziehbar sind**

Eine neue Heizung für ein Einfamilienhaus kann schnell 10 000 bis 20 000 Euro kosten. Damit können sich viele Kunden nicht identifizieren. Sie müssen also Ihr Angebot so gestalten, dass Ihr Produkt sowohl vom Preis als auch vom praktischen Nutzen her **für sie nachvollziehbar ist**. Oder wenn Sie mit den Preisen nicht flexibel reagieren können, müssen Sie neue Kundenzielgruppen suchen.

**4. Kunden müssen sich die Veränderungen im Geist vorstellen können**

Sie müssen sehen können, wie sie im Alltag davon profitieren. Wer sein Haus mit einer speziellen Mauerdämmung versehen soll, braucht eine Vorstellung davon, wie sich diese Dämmung auch auf die Fassade und das Raumklima auswirkt. Und **ob er sich dabei wohlfühlt**. Sie müssen daher den Kunden bei neuen Produkten genau sagen können, wie sich Ihr Angebot konkret in seinem Alltag auswirkt und wie er davon profitiert. Und Sie sollten ihm diese Erfahrung am besten sinnlich vor Augen führen oder durch gute Referenzen erleben lassen.

**5. Der Kunde muss auch wissen, wie sich das Neue anfühlt**

Zum Beispiel wie es sich anfühlt, mit einem neutralen Anlageberater zu reden, der einen nur berät, aber keine Produkte verkauft, sodass er noch ein zweites Anlagegespräch braucht. Ein solcher Vermögensberater sollte daher dem Kunden eine **erste Kurzberatung kostenlos anbieten**, damit er erlebt, wie das funktioniert. Versuchen Sie auch bei anderen Angeboten dem Kunden Ihr neues Produkt in die Hand zu drücken, ihn probefahren, probewohnen oder probetragen zu lassen, damit er sich daran gewöhnt und weiß, wie es sich anfühlt.

6. **Der Kunde kann sich abstrakte Dinge oder Vorteile nur schwer oder überhaupt nicht vorstellen**

Auch den Beitrag biologisch abbaubarer Tragetüten zum Umweltschutz kann er sich erst vorstellen, wenn er erfährt, wie viele Millionen Plastiktüten verbrannt werden müssen – mit der entsprechenden Umweltbelastung! Geben Sie daher dem Kunden die Chance, die Vorteile Ihres Angebots **mit allen Sinnen** – sehen, riechen, tasten, hören – zu erleben, damit er sich damit in seinem Alltag identifizieren kann.

7. **Der Kunde übernimmt Neues, wenn das Produkt für ihn sofort begreifbar ist und er das Gefühl hat, selbst Einfluss nehmen zu können**

Den Nutzen einer Solaranlage auf dem Dach kann er sofort begreifen, die Vorteile konkret berechnen und durch die Größe der Anlage **selbst beeinflussen**. Weisen Sie daher Ihren Kunden bewusst auf die Vorteile Ihres Angebots hin und zeigen Sie ihm, wie er selbst, z. B. durch energiesparende Investitionen mehr Umweltschutz und Kostenersparnis erreichen kann.

8. **Der Kunde muss die Mängel oder Verluste des Vertrauten konkret erleben, bevor er sich zu einem neuen Verhalten entscheidet**

Der Kunde kann nur auf der Basis sinnlicher Wahrnehmungen, die in ihm Gefühle auslösen, rationale Entscheidungen treffen.

Das klingt unlogisch, aber stimmt! Der neutrale Vermögensberater muss dem Kunden daher die oft dramatischen Auswirkungen einer einseitigen Bankberatung durch authentische Erlebnisse aus seiner Praxis so anschaulich vor Augen führen, dass er **den möglichen Totalverlust geradezu fühlt** und spürt, dass der vertraute Bankberater keineswegs immer nur sein Bestes will.

**9. Selbst das Problembewusstsein für wichtige Anliegen (z. B. die Altersvorsorge), muss bei der heutigen Erlebnisgesellschaft über Entertainment, Lebensfreude und Spaß geweckt werden**

Sagen Sie selbst: Besitzen Beratungsgespräche für die Altersvorsorge einen Unterhaltungswert? Sicher nicht! Fühlt sich der Träger einer biologisch abbaubaren Tüte froher und selbstbewusster? Wohl nur dann, wenn auf seiner Tüte etwas auf diese »Einzigartigkeit« und sein vorbildhaftes Verhalten hinweist. Überlegen Sie daher bei jedem neuen Produkt, wie Sie die Präsentation und Nutzung für den Kunden **zu einem »lustvollen Erlebnis« gestalten können**, das ihm mehr Lebensqualität, eine höhere moralische Integrität oder eine bessere Selbstinszenierung verspricht. Bieten Sie Ihren Kunden diesen Mehrwert!

**10. Kunden brauchen emotionale Erlebnisse, um neue Einstellungen und Verhaltensweisen auch logisch nachvollziehen zu können**

Wenn Sie Kunden, die abnehmen wollen, Verzicht und Leibesübungen predigen, hat das wenig Erfolg. Aber wenn Sie ihnen sagen, dass sie dann wieder in ihre früheren Klamotten passen und am Strand eine gute Figur machen, wirkt das schon viel verlockender. Auch der mahnende Finger durch Sparen für das Alter vorzusorgen, wirkt eher abschreckend. Aber sie daran zu erinnern, dass sie auf diese Weise im Alter auch ihre geliebten Theaterbesuche, Reisen und Kuren beibehalten können, klingt schon reizvoller. Verführen Sie Kunden bei neuen Produkten mit **Vorstellungen, die auf sie belohnend und lustvoll wirken**. Dann schüttet der Körper Dopamin als Vorbote dieser Belohnung aus und das treibt wiederum die Kunden an, diese Belohnungen auch zu realisieren.[6)]

# Teil IV
# Die Neuen Spielregeln des Abschlusses

Wie Sie Kunden durch geschickte Kommunikation, energetische Handlungsimpulse und die Abwehr von Wettbewerbern zum Abschluss verführen

*Die Neuen Spielregeln im Verkauf.* Hans Christian Altmann

ISBN: 978-3-527-50484-8

# 15. Kapitel
# Kunden aus alten Denkmustern herausholen

»Verschwende nicht deine Zeit
im Streben nach Vollkommenheit,
strebe vielmehr nach hervorragender
Leistung, indem du dein Bestes tust.«

*Laurence Olivier*

## Wie ein Finanzdienstleister es schaffte, durch ein neues Verkaufskonzept in drei Jahren zum Topverkäufer aufzusteigen

Oliver Ziegenbein gehört zu den erfolgreichsten Beratern eines riesigen Finanzdienstleistungsunternehmens. Was ihn auszeichnet, sind nicht nur seine überragenden Verkaufsergebnisse, sondern auch seine Fähigkeit, unbewusst die neuesten Methoden für den Abschluss vorwegzunehmen und in seinen Verkaufsgesprächen einzusetzen – lange bevor sie von den Wissenschaftlern publiziert werden. Darüber hinaus schafft er dank seines einzigartigen Konzeptes eine **unglaubliche Beziehung zu seinen Kunden**. Die Folge: Während seine Kollegen eine Abschlussquote von 2:1 (zwei Gespräche, ein Abschluss) haben, kommt er auf die sensationelle Quote von 10:9, die ihn unter 3000 Beratern an die Spitze katapultiert hat. Hier ist sein Geheimnis:

### Wie steigen Sie in die Beratung ein?

Ich gehe grundsätzlich von einem Zwei-Phasen-Modell des Verkaufsgesprächs aus. Das heißt: Ich sage dem Kunden gleich, dass ich ihm beim ersten Kontakt auf keinen Fall etwas verkaufe und dass ich mich auch nicht als Verkäufer einzelner Produkte, sondern als Spezialist für die komplette Risiko- und Altersvorsorge sehe. Dadurch unterscheide ich mich sofort gegenüber den andern Wettbewerbern, bei denen der reine Produktverkauf im Vordergrund steht.



*Die Neuen Spielregeln im Verkauf.* Hans Christian Altmann

ISBN: 978-3-527-50484-8

Und wir erkennen hier schon das erste Siegermerkmal:

> Sieger wollen stets anders als alle anderen sein, um sich als Besonderer zu fühlen und sofort die Aufmerksamkeit des Kunden zu gewinnen.

**Können Sie mir ein Beispiel für diese Vorgehensweise nennen?**
Angenommen, ein Kunde kommt auf Empfehlung eines Stammkunden zu mir, der kurz zuvor eine Rentenversicherung abgeschlossen hat. Die möchte er jetzt auch haben. In diesem Fall sage ich zu ihm, dass ich zuerst eine Analyse seiner Ist-Situation mache und dann prüfe, ob er sie wirklich braucht. Erst dann mache ich ihm ein Angebot. Das imponiert ihm und gibt ihm das Gefühl, dass ich »jemand Besonderer« bin, von dem er daher auch etwas Besonderes erwarten darf. Das ist die erste Voraussetzung, um vom Kunden anerkannt zu werden und statt Misstrauen eine positive Erwartungshaltung zu erzeugen.

Und wir sehen:

> Erst wenn der Kunde den Verkäufer respektiert, nimmt er auch seine Vorschläge ernst!

**Was tun Sie sonst noch, um die volle Aufmerksamkeit des Kunden zu gewinnen?**
Indem ich das Bewusstsein habe, dass ich für den Kunden ein einzigartiges Angebot habe. Und das habe ich, weil er bei mir alles aus einer Hand bekommt. Er muss also nicht wegen Versicherungen zum Berater A, wegen Investmentfonds zum Berater B und wegen Beteiligungen zum Berater C gehen.

**Hat das auch damit zu tun, dass Sie sich gegenüber den Wettbewerbern unterscheiden?**
Ja, weil ich dem Kunden nicht nur Komplettlösungen für seine Risiko- und Altersvorsorge anbiete, sondern gleichzeitig auch alle möglichen steuerlichen Vorteile und staatlichen Fördermittel mit

einbeziehe. Und weil ich ihm deshalb helfen kann, seine Ziele mit mir schneller und sicherer zu erreichen als mit jedem anderen Wettbewerber. Das sage ich ihm auch.

Und wir wissen:

> Nichts fasziniert den Kunden mehr als der Unterschied zur Konkurrenz, der sich für ihn positiv auszahlt!

**Gehen Sie auch bei der Analyse anders als andere vor?**
Hier gehe ich anhand einer farbigen Analyse-Broschüre gemeinsam mit dem Kunden alle wichtigen Bereiche durch. Zum Beispiel: Wie sieht seine Risiko- und Altersvorsorge aus? Wie sieht es mit den steuerlichen Fragen und der Nutzung staatlicher Fördermittel aus? Wie sehen seine Geldanlagen und Verbindlichkeiten aus? Welche Erfahrungen hat er mit Wertpapieren gemacht? Was hat er an Wohneigentum? Wie sieht sein Einkommen jetzt und in der Zukunft aus?

**Welchen Eindruck wollen Sie damit beim Kunden erreichen?**
Die hochwertige Analyse-Broschüre bewirkt beim Kunden den ersten »Verblüffungseffekt«, denn eine solche beeindruckende Professionalität und umfassende Übersicht hat er bisher noch nicht erlebt.

Und wir wissen:

> Nichts bewirkt beim Kunden eher einen nachhaltigen Eindruck als ein schneller Verblüffungseffekt!

**Motiviert das allein schon den Kunden etwas für seine Risiko- und Altersvorsorge zu tun?**
Nein. Daher frage ich ihn im zweiten Teil der Analyse auch nach seinen Wünschen, Sehnsüchten und Zielen, also warum und wofür er sein Geld anlegen will. Darin liegt die eigentliche Antriebskraft für den Abschluss. Aber – und jetzt kommt ein ent-

scheidender Schritt: Ich schreibe nicht nur seinen Ist-Zustand auf, sondern bestätige ihn auch darin, dass er gut daran tut, sich rechtzeitig um seine Altersvorsorge zu kümmern. Das ist der wahre Schlüssel zum Abschluss! Denn der Kunde wünscht sich nicht nur die Befriedigung seiner Bedürfnisse, er wünscht sich zuerst einmal die Anerkennung dieser Bedürfnisse oder Wünsche durch eine wichtige Bezugsperson! Und das bin ich. Nur so entsteht eine emotionale Verbindung zwischen ihm und mir. Und nur dann nimmt der Kunde meine späteren Vorschläge auch an.

Wir stoßen hier auf ein echtes Abschlussgeheimnis:

> Topverkäufer fragen Ihre Kunden nicht nur nach ihren Bedürfnissen, sondern erkennen sie auch ganz bewusst an! Nur so fühlt sich der Kunde bestätigt und wertvoll und nur so entsteht eine emotionale Verbindung, die zuletzt zum Abschluss führt.

**Nehmen Sie auch den augenblicklichen, emotionalen Zustand des Kunden wahr und bestätigen ihn?**

Ja, weil ich beobachtet habe, dass der Kunde beim Gespräch über seine Bedürfnisse oder Wünsche mich unbewusst immer wieder beobachtet. Und warum? Weil er sich sowohl hinsichtlich seiner Bedürfnisse als auch seines Gefühlszustandes eine positive Resonanz von mir erhofft. Konkret: Wenn ein Kunde sich für eine private Rentenversicherung interessiert und dann noch voller Stolz sagt, dass er dafür gleich mal 20000 Euro einzahlen möchte, dann erhofft er sich sowohl die Anerkennung seines Wunsches (nach einer Rentenversicherung) als auch die Anerkennung seines emotionalen Zustandes (also seines Stolzes, dass er gleich mal 20000 Euro anlegen kann). Dann sage ich ihm, dass er bei seinem Erfolg, bei seinem Lebensstandard und bei seiner Stellung recht daran tut, einen so hohen Betrag anzulegen. Der eminent wichtige Vorteil besteht darin: **Erst meine positive Resonanz ermutigt den Kunden, weitere Schritte und Überlegungen in Richtung Kauf zu unternehmen.**

**Das klingt überzeugend. Und was ist, wenn diese positive Resonanz des Verkäufers ausbleibt?**

Dann haben wir hier schon den Grund, warum so viele Abschlüsse durch unnötige Einwände, Ausreden oder Antipathien verzögert oder verweigert werden. Denn durch diese Art von Macht erzwingt sich der Kunde die versagte Anerkennung! Stattdessen gehe ich sogar noch einen Schritt weiter: Oft kommt ein Kunde zu mir, der Ängste und Zweifel hat oder aufgrund früherer Anlageberatungen verärgert oder frustriert ist. Statt diese Gefühle zu ignorieren, fordere ich ihn sogar auf, darüber zu sprechen und zeige auch ganz bewusst **Verständnis für seine Situation**. Im Gegensatz zu manchen Anlageberatern, die als Erstes das Depot des Kunden madig machen und ihm damit indirekt Naivität oder Inkompetenz vorwerfen. Eine Katastrophe!

**Warum?**

Weil sie den Kunden damit in eine Oppositionshaltung drängen und obendrein auch noch negative Gefühle wie Ärger und Frust auslösen.

**Und wie lange sprechen Sie über seine Frustgefühle mit ihm?**

Nur kurz, zwei, drei Sätze, damit er sich bestätigt fühlt, aber nicht in eine negative Stimmung gerät. Aber dadurch löse ich seinen Gefühlsstau auf. Das macht ihn offen und er zeigt sich später auch dankbar dafür. Denn er fühlt: Ich stimme mit ihm überein! Ich teile seine Meinung und ich nehme auch seine Situation genauso wahr wie er selbst. Jetzt weiß er, dass er einen echten Partner gefunden hat. Und diese Gemeinsamkeit ist für ihn und für mich ganz wichtig!

Das heißt:

| |
|---|
| Topverkäufer nehmen auch den emotionalen Zustand des Kunden wahr und anerkennen ihn! |

**Warum ist das Aufspüren von zusätzlichen Kundenwünschen trotz der erkannten Versorgungslücken so wichtig?**

Ganz einfach. Die Vorsorgeanalyse mit ihren Mängeln löst beim Kunden meist eine niedergedrückte Stimmung aus, die seinen Handlungsantrieb lähmt. Wenn wir aber dann über seine stärksten Wünsche und Sehnsüchte – seinen erhofften Idealzustand – sprechen und ich **seine Wünsche und Gefühle voll bestätige und anerkenne**, dann leuchten seine Augen auf. Dann werden seine Stimmung und damit automatisch auch seine Kauflaune besser. Hier in der Anerkennung der Kundenbedürfnisse und der Kundengefühle sowie in der Übereinstimmung mit ihm liegt der Schlüssel zum Abschluss! Und nicht in künstlichen Abschlussversuchen wie der Alternativtechnik.

**Und was geschieht nach der Analyse?**

Jetzt erfolgt ein ganz entscheidender Schritt. Ich muss ihm das zweite Gespräch »verkaufen«. Und das gelingt mir, indem ich den Kunden neugierig mache und ihm etwas verspreche. Zum Beispiel, dass ich ihm beim nächsten Besuch die Auswertung seiner Analyse zeige und ihm gleichzeitig verrate, wie er unter Ausnutzung aller steuerlichen Vorteile und staatlichen Fördermittel seine Wunschziele am schnellsten erreichen kann.

**Wie gehen Sie dann beim zweiten Gespräch vor?**

Hier gehe ich als Erstes erneut auf die drei wichtigsten Wünsche des Kunden ein, um ihn so in eine positive Stimmung zu bringen. Danach überreiche ich ihm feierlich, wie eine Urkunde, eine Mappe mit seinem Namen: die Auswertung seiner Analyse.

**Kommt es jetzt zur Schlüsselstelle im Verkauf – dem Schaffen eines Problembewusstseins?**

Absolut. Denn jetzt geht es für mich darum, dem Kunden schwarz auf weiß bestehende Lücken und Defizite bewusst zu machen. Und das heißt, dass ich ihm klar machen muss, dass er für seine Altersvorsorge etwas tun muss. Viele Verkäufer glauben allerdings, dass man den Kunden durch abstrakte Begriffe wie die »Rentenlücke« oder durch Zahlen wie den monatlichen Fehlbetrag im Alter überzeugen kann. Sie denken, der Kunde müsste durch diese Lücke doch logischerweise seinen Versorgungsbedarf sehen. Aber das funktioniert nicht. In solchen Stress-Situationen bleibt das alte Stammhirn meistens seinen alten Denkgewohnheiten verhaftet. Dann reagiert der Kunde spontan mit Aussagen wie: Das brauchte ich bisher nicht! Das brauche ich auch künftig nicht!

**Eine schwierige Situation.**
**Wie holen Sie ihn aus dieser Anti-Haltung?**

Jetzt muss ich den Blickwinkel des Kunden verändern! Und das gelingt nur selten durch logische Argumente, sondern viel eher durch die Ansprache seiner Gefühle. Entweder durch neue sinnliche Wahrnehmungen oder durch neurobiologische Methoden wie die Provokation oder die Überraschung, die ihn schlagartig aus seinen alten Denkmustern herausreißen.

**Sie machen mich neugierig.**
**Können Sie mir das an einem konkreten Beispiel erklären?**

Nehmen wir an, der Kunde ist vierzig Jahre alt und ich sage ihm nach der Analyse, dass er bei Eintritt der Rente im Vergleich zu seinem heutigen Lebensstandard eine echte Versorgungslücke hat. Da es aber bis dahin noch 25 Jahre sind, nimmt er diese Lücke in Wirklichkeit gar nicht wahr und spielt sie mit den **üblichen Ausreden** herunter, wie z. B.: »Dann hilft mir sicher der Staat!«

Jetzt könnte ich ihn entweder an der Hand nehmen und ihm zwei Altersheime zeigen, eins, wo die Leute leben, die auf den Staat angewiesen sind und eins, wo Leute mit entsprechender Absicherung leben. Das würde ihm vielleicht seine Situation wirklich schlagartig bewusst machen.

Oder ich frage ihn, was er im letzten Jahr an Urlauben, Kuren, Städtereisen oder Theaterbesuchen unternommen hat und frage ihn dann provozierend, auf was er davon im Alter verzichten möchte? Denn das kann er sich mit seiner Rente auf keinen Fall mehr leisten. Auch diese Form der Provokation könnte ihn schlagartig »auf andere Gedanken bringen«.

**Mit welchen Einwänden haben Sie es denn noch zu tun?**

Sie reichen von der Verneinung der Rentenlücke (»Der Staat wird schon für mich sorgen, wenn es darauf ankommt!«), die wir bereits kennen, bis hin zu Illusionen (»Wenn ich alt bin, kann ich mich auf meine Kinder verlassen!«) oder einem Fatalismus (»Ich sterbe wie mein Vater eh vor dem 70. Geburtstag«) oder bis zur völligen Ablehnung jeder Vorsorge (»Man lebt nur einmal und was morgen kommt, weiß eh keiner!«).

**Und wie schaffen Sie es, diese Abwehrhaltungen zu durchdringen und dennoch ein Problembewusstsein zu schaffen?**

Die beiden ersten Methoden kennen Sie ja bereits: neue sinnliche Wahrnehmungen schaffen oder provokative Methoden einsetzen. Sie sorgen für eine neue Denkweise. Aber jetzt muss ich dem Kunden auch noch die negativen Folgen seiner bisherigen Denkweise so dramatisch bewusst machen, dass er sie direkt vor seinen Augen sieht und gefühlsmäßig erlebt. Dazu muss ich ihm Situationen vor Augen führen, die ihm unter die Haut gehen und die ihn emotional erschüttern.

Die **besten Methoden** dafür sind, neben den bereits erwähnten Methoden der Provokation und Überraschung, die Dramatisierung, die Verunsicherung, das Wecken von Schuldgefühlen, die Mobilisierung von Angst, das Schüren von Unzufriedenheit oder der Angriff auf seine alte (selbstzufriedene) Identität und das Aufzeigen einer neuen, besseren Identität. Nur mit diesen emotionalen Methoden und nicht mit sachlichen Argumenten kann ich hier den Kunden aus seinen alten Denk- und Verhaltensgewohnheiten herausreißen und ihn veranlassen, das Ganze unter einem neuen Gesichtspunkt – Psychologen sagen dazu, unter einem neuen »Denkrahmen« – zu betrachten.

**Wie funktioniert diese emotionale Überzeugung in der Praxis?**

Zu diesen vier Einwänden sage ich dem Kunden zum Beispiel beim **ersten Einwand**: »Staatsversorgung? Stimmt. Aber ohne eigene Rentenanwartschaft sorgt der Staat für sie genauso wie für die Arbeitslosen heute – mit Hartz IV. Oder was glauben Sie, wie hoch Ihre Rente in 20 Jahren sein wird? Und wovon wollen Sie dann leben?« Ich mache ihm also Angst vor der Zukunft, provoziere ihn mit seiner Unkenntnis über seine Altersrente und schockiere ihn mit dem fehlenden Lebensunterhalt im Alter.

**Zweiter Einwand:** »Verlass auf Ihre Kinder? Auch wenn sie 3500 Euro pro Monat für Ihren Platz im Pflegeheim zahlen sollen? Sollen sie das freiwillig leisten oder vom Staat dazu gezwungen werden? Wollen Sie ihnen das zumuten? Haben Sie wirklich das Recht, Ihren Kindern im Alter so auf der Tasche zu liegen?« Ich mache ihm wieder Angst durch den hohen monatlichen Pflegesatz, schockiere ihn mit staatlichen Zwangsmaßnahmen und appelliere an sein Ehr- und Rechtsgefühl gegenüber seinen Kindern.

**Dritter Einwand:** »Früher Tod: Und was machen Sie, wenn Sie dennoch länger leben? Weil die Medizin heute viel mehr kann? Hoffen? Oder worauf wollen Sie dann im Alter verzichten? Auf Ihr Auto? Auf Ihren Urlaub? Oder auf Ihre Theaterbesuche?« Ich provoziere ihn also mit einer längeren Lebenserwartung und den negativen Auswirkungen.

**Vierter Einwand:** »Lebensgenuss? Und wenn das Geld alle ist, sollen dann Ihre Kinder und die Allgemeinheit für Ihre Nachlässigkeit aufkommen?« Ich wecke also Schuldgefühle und greife seine Identität als guter Familienvater an und mache ihm gleichzeitig auch die Chance für eine neue Identität bewusst, z. B. als verantwortungsvoller Familienvater angesehen zu werden: »Ist es nicht ein schönes Gefühl, im Alter finanziell unabhängig zu sein und von Ihren Kindern als verantwortungsvoller Vater geschätzt zu werden?«

Und wir erkennen:

> Kunden werden in der Regel erst durch einen »Symmetriebruch« in Form von Provokationen, Dramatisierungen, Verunsicherungen oder Angriffen auf ihre Identität zum Umdenken gebracht.

**Das heißt: Sie stellen der Versorgungslücke des Kunden immer auch einen bestimmten erwünschten Idealzustand gegenüber?**

Ja, ich spreche beim Kunden immer zwei Gefühle gleichzeitig an: das Gefühl des Mangels und das Gefühl einer Wunschlösung. Der Vorteil ist, dass durch diesen Kontrast zwischen seinem augenblicklichen Ist-Zustand (Versorgungslücke) und dem erwünschten Idealzustand (erhoffter Lebensstandard im Alter) beim Kunden zuerst ein Gefühl des **Ungenügens** entsteht, aus dem sich dann ein Spannungszustand ergibt, den er jetzt unbedingt beseitigen möchte. Erst dann stelle ich ihm meine Produkte, also die Lösung für diesen Idealzustand vor. Das verstärkt spontan seine Hoffnung, dass er mit meiner Hilfe und meinen Produkten diesen Mangel und diese Spannung beseitigen und seinen Wunschzustand erreichen kann.

**Wenn ich das richtig verstehe, dann heißt das, dass sich der Kunde heute selbst überzeugt?**

Ja, weil durch diese Gefühle eine starke Neigung ausgelöst wird, diese Spannung durch ein aktives Handeln aufzulösen.

**Und dadurch entsteht dann die Abschlussbereitschaft des Kunden?**

Ja, ganz im Gegensatz zu der üblichen Lehrmeinung, dass es für den Abschluss notwendig ist, einen Nutzen nach dem anderen aufzuhäufen, bis man einen Mehrwert erzeugt hat, der den Preiswert übersteigt. Dann kauft der Kunde. Aber das funktionierte nur in der **Bedürfnisökonomie**, wo der Kunde noch einen echten Bedarf hatte. Heute leben wir in der **Wunschökonomie** und die Erfüllung von Wünschen setzt immer erst bestimmte Gefühle voraus. Gefühle des Mangels und andere wie ich sie gerade beschrieben habe. Nur dann empfindet der Kunde den nötigen Antrieb für den Abschluss.

**Sie sagten, dass es heute keine Bedürfnisökonomie mehr gebe. Aber der Kunde hat doch einen echten Bedarf nach Altersvorsorge?**
Das ist richtig. Aber wenn er erst 40 Jahre alt ist, juckt ihn dieser Bedarf nicht und daher lehnt er ihn ab. Jetzt muss ich diesen Bedarf erst durch die Ansprache von Gefühlen wie dem Mangel oder der Ideallösung als Wunsch zum Leben erwecken. Ohne diesen emotionalen Anstoß verharrt der Kunde weiter im Ruhezustand. Das besagt schon ein altes physikalisches Gesetz! Und genau darin liegt ja heute die Kernaufgabe des Verkäufers: bewusste oder verborgene Wünsche zum Leben zu erwecken. Davon hängt alles ab. Die Konjunktur, unser Wohlstand und unser Sozialstaat.

Noch ein **Tipp**: Um Ihnen zu helfen, diese modernen neurowissenschaftlichen Methoden der »Verführung« in Ihrem Verkaufsgespräch wirkungsvoll einzusetzen, sollten Sie sich die folgende Checkliste bei der Vorbereitung mehrmals durchlesen und nach guten Antworten suchen:

**Checkliste: So bereiten Sie sich exzellent auf Verhandlungen vor!**

- Wie sieht mein genaues **Verhandlungsziel** aus?
- Welche **Übereinstimmung** mit dem Kunden kann ich ansprechen?
- Wie kann ich sofort seine **Aufmerksamkeit** erregen?
- Wie kann ich eine persönliche **Nähe** zu ihm herstellen?
- Wie könnte ich ihm **imponieren**?

- Welches **Problem/Defizit**, welchen Mangel kann ich ansprechen?
- Welche negativen **Auswirkungen** des Ist-Zustandes sind für ihn nachteilig?
- Welche **Ideallösung**, Problemlösung oder Identität ist für ihn attraktiv?
- Welche positiven **Auswirkungen** des Idealzustandes sind für ihn wünschenswert?

- Welche **Vergleiche**, Kontraste, Gegenüberstellungen kann ich einsetzen, um einen Spannungszustand herzustellen?
- Wie kann ich dem Kunden mein Angebot als **Ideallösung** anbieten?
- Welche **Zukunftsperspektiven** kann ich ihm aufzeigen?
- Welches unerwartete **Ergebnis** könnte ich ihm anbieten?
- Welches **einzigartige** Angebot kann ich ihm anbieten?

- Was wäre für ihn ganz **neu**, anders, besonders, aufsehenerregend?
- Was wäre für ihn spektakulär, **verblüffend**, außergewöhnlich?
- Wie kann ich den Kunden **provozieren** oder verunsichern, um ihn aus seinen alten Denkmustern herauszureißen?
- Wie kann ich **Schuldgefühle** bei ihm wecken?
- Welche emotionalen **Schlüsselbegriffe** könnten ihn reizen?

- Welche sinnlichen **Erlebnisse** kann ich ihm anbieten?
- Welchen persönlichen, sachlichen **Nutzen** kann ich anbieten?
- Welchen emotionalen **Mehrwert** kann ich ihm anbieten?
- Wie könnte ich emotionales **Engagement** beweisen?
- Welche Gesten oder **Aktionen** können ihn beeinflussen?

- Welche **Risikominderung** kann ich ihm anbieten?
- Wen könnte ich als **Referenz**, Helfer, Entscheider anführen?
- Welche **Einwände** oder Hindernisse können auftauchen?
- Wie kann ich die Kosten, **Preise**, Rabatte relativieren?
- Welche **Handlungsaufforderungen** sollte ich einsetzen?

# 16. Kapitel
# Wahre Kundenbedürfnisse erfühlen und erfüllen

»Um klar zu sehen, genügt oft ein Wechsel der Blickrichtung.«

*Antoine de Saint-Exupéry*

## Wie ein Finanzdienstleister durch seine Kommunikationsfähigkeit Geschäfte abschließt, die andere nie abschließen können

Benny Stürmer ist ebenfalls Anlageberater und einer der härtesten Konkurrenten von Oliver Ziegenbein. In seinem Unternehmen ist er bekannt für seine überdurchschnittlichen Abschlusserfolge, die er vor allem seiner unglaublichen Kommunikationsfähigkeit verdankt.

Mittlerweile gehört es zu seinen Herausforderungen Verträge abzuschließen, an denen sich seine Kollegen die Zähne ausgebissen haben. Die bieten ihm dann lieber 50 Prozent ihrer Provision an, als gar nichts zu verdienen. Das machte mich natürlich neugierig. Um das Geheimnis seiner Abschlusserfolge zu knacken, frage ich ihn:

**Alle Berater in Ihrem Unternehmen gehen auf dieselbe Weise vor. Warum bleiben sie dennoch so weit hinter Ihren Abschlusserfolgen zurück?**

Ich glaube das Kernproblem liegt in ihren Illusionen. Sie glauben allein durch die Berechnung einer Rentenlücke den Kunden schon abschließen zu können. Doch Logik überzeugt den Kunden nicht. Sie unterschätzen ferner die notwendige Überzeugungsarbeit und die möglichen Gefahren beim Abschluss.

**Was meinen Sie damit genau?**

Ich kann Ihnen das am besten an meiner Vorgehensweise erklären. Jeder Abschluss setzt beim Kunden drei Kriterien voraus: **Kompetenz, Ehrlichkeit und Sympathie**. Erst wenn der Kunde



*Die Neuen Spielregeln im Verkauf.* Hans Christian Altmann

ISBN: 978-3-527-50484-8

spürt, dass Sie wirklich mehr wissen und ihn durch Ihr Hintergrundwissen verblüffen können und dass Sie ehrlich sind, ihn also auch auf versteckte Gebühren hinweisen und dass Sie ihn mögen, ist er überhaupt erst bereit, sich zu öffnen und Ihnen zuzuhören. Wenn der Verkäufer das nicht schafft, rächt sich dieses Versäumnis spätestens beim Abschluss.

**Das scheint enorm wichtig zu sein. Können Sie uns das noch deutlicher demonstrieren, wie Sie da in der Praxis vorgehen?**

Meine Kompetenz und meine Ehrlichkeit beweise ich ihm durch meine Transparenz, indem ich ihm ein Insiderwissen aus unserer Branche vermittle. So erkläre ich ihm bei der Auswahl der Versicherungen anhand von Kontrastvergleichen, warum ich ihm die Alternative A und nicht B empfehle und ich mache ihn dabei auf bestimmte Nachteile im Kleingedruckten aufmerksam, auf die er selbst nie gekommen wäre und die ihn oft sogar schockieren.

**Sie setzen also selbst beim Nachweis Ihrer Kompetenz und Ehrlichkeit emotionale Methoden ein?**

Ja, weil der Kunde jeden Unterschied am besten durch Kontraste, Vergleiche und Gegenüberstellungen oder durch Überraschungen, Verunsicherungen und Verblüffungen erkennt. Und weil ihm nur die unter die Haut gehen.

**Und wie sieht das in der Praxis aus, wenn Sie Ihre Kunden verblüffen oder verunsichern?**

Ich frage dann z. B. den Kunden bei seiner Gebäudeversicherung, ab welcher Windstärke sie haftet. Und dann sage ich ihm zu seiner Verblüffung, dass sie erst ab Windstärke acht zahlt. Dann brauche ich ihn nur noch zu fragen, warum ihn sein Berater damals nicht darauf aufmerksam gemacht hat und er erkennt sofort einen Mangel an Kompetenz oder Ehrlichkeit bei seinem früheren Berater und ein Mehr an Kompetenz und Ehrlichkeit, sprich Vertrauen, bei mir. Oder ich frage ihn: »Wissen Sie eigentlich, was Ihnen bei Ihrer Kfz-Versicherung im Falle einer Schadensregulierung droht, wenn Sie den jährlichen Km-Verbrauch nicht korrekt melden und statt 30000 km nur 10000 km angeben?« Das überrascht und verunsichert ihn. Zuerst im Hinblick auf seine bisherige Versicherung und dann im Hinblick auf seinen bisherigen Berater. Oder ich frage ihn bei der Überprüfung seiner Hausratversicherung: »Sie haben doch als Geschäftsführer sicher einen Generalschlüssel für Ihre Firma?« Wenn er ja sagt, frage ich ihn: »Wissen Sie, dass bei Ihrer bisherigen Versicherung der Verlust dieses Generalschlüssel, einschließlich der Folgen wie dem Austausch aller Zylinder, nicht versichert ist? Und wissen Sie auch, was Sie das im Ernstfall kosten kann? Schnell 20 000 und mehr Euro!« **Solche unvorhergesehenen Risiken schockieren ihn natürlich** und lassen ihn sofort an seiner Versicherung und seinem Berater zweifeln. Und je größer diese Verunsicherung ist, umso mehr glaubt er an meine Kompetenz und Ehrlichkeit. Und ohne diese Anerkennung schließt er nicht ab.

**Das klingt logisch! Aber wie vermeiden Sie es, dass der Kunde jetzt irgendwelche Produkte ins Auge fasst, die nicht zu einer guten Altersvorsorge gehören?**

Ganz wichtig ist für mich, dass ich vor dem Abschluss mit dem Kunden klare Entscheidungskriterien für eine »optimale Altersvorsorge« festlege. Dann vereinbare ich z. B. mit dem Kunden, dass wir für diese Lösung nur staatlich überwachte Produkte, aber keine Angebote des grauen Kapitalmarktes wie etwa geschlossene Immobilien- oder Schiffs-Fonds einsetzen, dass er ab 67 Jahren ein monatliches Zusatzeinkommen von 2000 Euro und ein freies Kapital von 20 000 Euro braucht. **Außerdem lege ich auch noch andere wichtige Entscheidungskriterien mit ihm fest.** Zum Beispiel: Wer trifft die endgültige Entscheidung? Er allein? Oder zusammen mit seiner Frau? Oder hat noch jemand anderer ein wichtiges Wort mitzusprechen? Bis wann soll diese Entscheidung fallen? Gibt es noch andere Umstände (z. B. flüssiges Geld), von denen die Entscheidung abhängt?

**Hält sich der Kunde auch an diese Entscheidungskriterien? Oder müssen Sie dafür noch etwas tun?**

Um diese Vereinbarungen abzusichern und Verständigungsfehler zu vermeiden, fasse ich die Familienverhältnisse, den aktuellen Ist-Zustand, den erwünschten Sollzustand und natürlich auch unsere vereinbarten Entscheidungskriterien nochmals auf einer Seite, in einer Art **Absichtserklärung** zusammen, wobei ich nach Möglichkeit sogar seine Formulierungen verwende, damit er sich damit voll identifiziert und sieht, dass ich ihn voll verstanden habe. Und das lasse ich ihn auch unterschreiben.

Darüber hinaus bemühe ich mich auch, das angestrebte Endergebnis unserer Lösung, also seine Wunschlösung, immer in einem Bild zusammenzufassen, das ich dem Kunden **direkt vor Augen stelle**. Zum Beispiel: »Herr Kunde, Sie möchten in 25 Jahren, wenn Sie in Rente gehen, Ihren Lebensabend in der Toskana verbringen und bis dahin ein Kapital angespart haben, das Ihnen eine monatliche Rente von 2500 Euro ermöglicht.«

All dies dient neben der Klärung bestimmter Fragen vor allem der Bestätigung seiner Wünsche und der Herstellung einer hohen gemeinsamen Übereinstimmung.

**Ist diese Absichtserklärung schon Teil der gemeinschaftlichen Problemlösung, mit der sich der Kunde identifizieren soll?**

Ja. Denn in der Abschlussphase ist ganz entscheidend, dass ich gemeinsam mit dem Kunden auf den Abschluss hinarbeite. Es muss unbedingt eine Gemeinschaftsarbeit sein, denn nur dann **identifiziert** er sich auch mit der Lösung. Deshalb gehe ich mit ihm gemeinsam jeden Punkt durch und frage ihn: »Was ist für Sie jetzt am wichtigsten? … Welche Laufzeiten und welche monatlichen Beiträge sind für sie am angenehmsten?« Und natürlich schließt diese gemeinschaftliche Lösung auch Fragen nach seiner Lebensplanung und nach den erwünschten Auswirkungen für seine Familienmitglieder mit ein.

Und wir wissen:

| |
|---|
| Gute Berater organisieren den Abschluss als gemeinsame Sache mit dem Kunden, um eine starke Identifikation zu erreichen. |

**Gibt es noch einen Punkt, dem Sie Ihre überragende Abschlussquote zu verdanken haben?**

Das hängt ganz entscheidend mit den **vier Zielen** zusammen, die ich bei jedem Abschluss unterscheide: dem äußeren, dem inneren, dem emotionalen und dem gesellschaftlichen Ziel. Sie sind ganz entscheidend dafür, dass ich es schaffe, den Kunden nicht nur während der Beratungszeit, sondern auch darüber hinaus an mich zu binden. Nur mit diesen vier Zielen kann ich ihn so zufriedenstellen, dass er ein langfristiger Stammkunde wird, dass er positive Mundpropaganda für mich betreibt und dass er mich aktiv an seine Bekannten und Freunde weiterempfiehlt. Und allein auf diesen drei Faktoren beruht in Wahrheit mein Wachstum und meine hohe Abschlussquote!

**Sie machen mich gespannt:**
**Wie sehen diese vier unterschiedlichen Ziele aus?**

Das erste Ziel ist das »**äußere** Ziel«, also der Verkauf eines Produktes. Das ist z.B. der Abschluss einer guten Rentenversicherung. Dabei kann jedoch schnell ein Problem auftreten, denn eine Rentenversicherung kann der Kunde auch von anderen Wettbewerbern oder im Internet finden. Manchmal sogar billiger. Denn Beratung gibt es ja keine. Und dann ist der Kunde für mich verloren.

**Brauchen Sie deshalb weitere Ziele?**

Exakt. Zum Beispiel das »**innere** Ziel«, das ich auch in der Absichtserklärung schriftlich festhalte. Es ist wesentlich präziser. Es lautet z.B.: »Herr Bleibtreu möchte eine komplette Risiko- und Altersvorsorge erreichen, die ihn vor den Risiken A, B und C schützt und die ihm im Alter von X Jahren eine Rente in Höhe von X Euro garantiert und eine Mindestverzinsung von X Prozent bei seinen übrigen Geldanlagen verspricht. Darüber hinaus erwartet er eine Betreuung in Form einer halbjährlichen Ansprache.« Der Vorteil: Dieses »innere Ziel« kann er nur mit mir erreichen und nicht übers Internet. Dadurch bleibt er an mich gebunden.

**Und wie sehen die restlichen Ziele aus?**

Das **»emotionale Ziel«** heißt für ihn – und auch das ist ganz entscheidend –, dass er mit der Vermögensanlage und der Altersvorsorge möglichst wenig zu tun haben will und einen Berater braucht, der ihn kompetent und ehrlich berät und der sich um alles Weitere kümmert. Genau das tue ich für ihn durch meine Komplettlösung. Auch dadurch hebe ich mich von konkurrierenden Billiglösungen ab und binde den Kunden langfristig an mich.

**Und wie sieht das vierte Ziel aus?**

Es ist das **»gesellschaftliche Ziel«**. Es bedeutet für ihn z. B., dass er durch eine verantwortungsvolle Risiko- und Altersvorsorge vor seiner Familie gut da steht und dafür sowohl von mir als auch von seiner Familie anerkannt wird. Und diese Anerkennung erreicht er sicher nicht mit billigen, risikoreichen Internetlösungen oder mit einem Berater, der kein eigenes Backoffice und keinen Namen und keine Durchsetzungskraft in seiner Gesellschaft hat, sondern nur mit mir.

**Haben diese Ziele noch eine besondere Bedeutung?**

Ja sicher. Was glauben Sie denn, wie viele Kunden zwar die Absicht haben, etwas für ihre Altersvorsorge zu tun, aber dann zum Schluss doch abspringen? Selbst in unserem Unternehmen beträgt die Abschlussquote nach dem zweiten Gespräch nur 1 : 2. Das heißt: Nur jeder zweite Kunde schließt ab. Und warum? Weil der Abschluss in der Regel von zwei völlig unterschätzten Gefahren bedroht wird. Die erste Gefahr sind die so genannten **»Ersatzhandlungen«**. Das heißt: Der Kunde verfolgt zwar noch das Thema Vorsorge, aber statt einer kompletten Gesamtlösung entscheidet er sich zuerst einmal für einen langfristigen Sparplan bei der Sparkasse. Und so bin ich aus dem Geschäft. Dem Kunden aber reicht diese »Ersatzhandlung«, denn sie gibt ihm das Gefühl, etwas für sein Alter getan zu haben.

**Und die zweite Gefahr?**

Der Kunde flüchtet sich – wie die Psychologen sagen – in eine **rivalisierende Identitätsabsicht**. Statt in eine ganzheitliche Vorsorge-Lösung zu investieren, verfolgt er plötzlich das Ziel, künftig mehr ein »Genuss- und Freizeitmensch« zu sein. Das dient seiner Meinung nach auch der Lebensqualität und erhält ihn fit und gesund und so schafft er sich ein neues Wohnmobil an und wieder bin ich aus dem Geschäft. Solche Auslöser für rivalisierende Identitätsabsichten können jeden Tag auftreten: Heute ist es der Besuch einer Freizeit-Messe mit dem Wunsch nach einem Wohnwagen und morgen ist es der Besuch einer Energie-Messe, mit dem Ziel, einen besseren Wärmeschutz für sein Haus zu erreichen. Und weg ist der Kunde.

**Was können Sie dagegen tun, um den Kunden trotzdem an sich zu binden?**

Zum einen durch die inneren Ziele, zum andern durch die gemeinsame Arbeit an der Problemlösung, zum dritten durch die Absichtserklärung, die einen klaren Terminplan vorsieht und seine und meine Aufgaben regelt. Viertens durch den permanenten Kontakt mit dem Kunden, um plötzliche Veränderungen in Richtung Zielabsichten sofort zu erkennen und gegensteuern zu können. Und fünftens – und das ist vielleicht der wichtigste Punkt – durch die Befolgung meiner Kommunikationsregeln.

**Wie kamen Sie auf diese Kommunikationsregeln?**

Zum einen durch meine Erfahrungen. Aber der eigentliche Auslöser war eine kurze Szene aus dem berühmten Roman *Die Buddenbrooks* von Thomas Mann. Da trifft sich Senator Buddenbrook mit dem Immobilienmakler Gosch, um ihm mit einem gewissen Stolz seinen Wunsch nach einem neuen Haus mitzuteilen. Das ist normal. Doch wie der Makler darauf reagiert hat, hat mich echt verblüfft. Er hat nicht nur den Wunsch des Senators, sondern auch seinen emotionalen Zustand bestätigt.

**Haben Sie eine Kopie von dieser Szene?**

Hier ist sie. Ich lese sie Ihnen gerne vor. Da sagt Senator Buddenbrook voller Stolz: »Vielleicht ist das Übermut, Herr Gosch. Aber es scheint mir an der Zeit, ein neues Haus zu planen, ein größeres Haus zu bauen. Ich will für die Zukunft planen. Und ich verhehle Ihnen nicht, dass die Lage der Firma, der Zustand der Geschäfte, es mir erlauben, einen solchen Schritt zu tun.«

Und Makler Gosch antwortet darauf ungemein einfühlsam: »Ich weiß es, Herr Senator. Jedermann weiß es. Kein Haus hat derzeit einen besseren Klang und Sie tun gewiss gut daran, Ihrem äußeren Leben und dem Ihrer verehrten Frau eine Veränderung zu erlauben.«

**Welche Schlussfolgerung zogen Sie daraus?**
Dass der Verkäufer zuerst eine gute Beziehung zum Kunden schaffen muss und erst dann erfolgversprechend über eine mögliche Kundenlösung sprechen kann. Ohne sie funktioniert kein Abschluss, denn der Kunde erwartet das. Und genau das ist es, was die meisten Verkäufer vernachlässigen und was sich bei der ersten kritischen Situation sofort rächt.

Und wir erkennen daraus:

| |
|---|
| Erst wenn zwischen Kunde und Verkäufer eine positive Beziehung besteht, können sie über mögliche Lösungen sprechen und auch kritische Probleme lösen. Ohne sie gibt es keine Abschlüsse. |

**Haben Sie auch eine Kurzfassung der vorhin erwähnten Kommunikationsregeln, die sie im Umgang mit Ihren Kunden so erfolgreich einsetzen?**
Ja, hier sind sie:

## 10 goldene Regeln, wie Sie Ihren Kunden genau die Kommunikation bieten, die sie erwarten

**Erste Regel**
**Der Kunde strebt nicht nur die Befriedigung bestimmter Bedürfnisse an, sondern braucht auch die Anerkennung dieser Bedürfnisse durch den Verkäufer.**

Erst die Bestätigung des Kundenwunsches durch den Verkäufer (z. B. nach einem neuen Haus) wertet diesen Wunsch auf und legitimiert ihn auch öffentlich. Sagen Sie daher dem Kunden, wie recht er hat, eine gute Altersvorsorge in Angriff zu nehmen.

### Zweite Regel

**Der Kunde will, dass der Verkäufer durch seine Sprache, seine Stimme und seine Miene auch seinen augenblicklichen emotionalen Zustand wahrnimmt und anerkennt.**

Erst die positive Resonanz des Verkäufers auf seinen Gefühlszustand ermutigt den Kunden, seine Absicht genauer auszudrücken. Erst dann ist er bereit, wirklich über seine Probleme und (verborgenen) Wünsche zu sprechen. Wird diese Hoffnung vom Verkäufer nicht erfüllt, fühlt er sich nicht ernst genommen. Dann hat er auch wenig Hoffnung, durch das Angebot des Verkäufers sein Ziel zu erreichen und reagiert prompt mit Zurückhaltung.

Das Ignorieren des emotionalen Zustandes des Kunden gehört daher zu den größten Abschlussfehlern! Anerkennen Sie das Gefühl des Kunden, z. B. seinen Stolz, dass er aufgrund seiner beruflichen Erfolge 30 000 Euro sofort anlegen kann. Oder seinen Ärger, wenn er mit seinem bisherigen Berater nicht zufrieden war.

### Dritte Regel

**Der Kunde braucht einen Verkäufer, dem er seine Ansichten und seine Gefühle zur aktuellen Situation mitteilen kann und der sie mit ihm teilt.**

Geben Sie daher dem Kunden die Gelegenheit, über die Einschätzung der Situation und über seine Gefühle (Stolz, Ärger oder Zweifel) zu sprechen. Je eher Sie für beides Verständnis zeigen – durch zustimmende Worte oder Gesten –, umso eher ist der Kunde bereit, über seine Wünsche zu sprechen. Jede Unterdrückung führt dagegen zu einem »Gefühlsstau« und damit zu einer Abwehrhaltung des Kunden.

Versuchen Sie aber einen zurückhaltenden Kunden nicht sofort mit aufgesetzter Begeisterung von einem neuen Produkt zu überzeugen. Das ist der falsche Weg. Viel erfolgversprechender ist es, sich anfangs der Stimmung und den Gefühlen des Kunden anzupassen und dann Schritt für Schritt die Stimmung hochzuschalten.

**Vierte Regel**

**Der Kunde wünscht sich einen Verkäufer, der die Situation genauso wahrnimmt wie er und der deutlich zum Ausdruck bringt, dass er dabei mit dem Kunden »übereinstimmt«.**

Je mehr Sie mit dem Kunden übereinstimmen und das auch bewusst ausdrücken, umso sympathischer findet er Sie und umso mehr Vertrauen hat er. Übereinstimmung ist der Kernpunkt jeder guten Kundenbeziehung.

Versuchen Sie daher zumindest auf Teilgebieten eine Übereinstimmung zu erreichen, z. B. bei den Hobbys, Sportarten oder Lieblingsvereinen. Mit solchen »Überein-Stimmungen« bewirken Sie viel leichter eine positive Stimmung des Kunden und damit später auch seine »Zu-Stimmung«.

**Fünfte Regel**

**Der Kunde sucht und braucht im Verkaufsgespräch das Gefühl der Gemeinsamkeit mit dem Verkäufer.**

Neben der Übereinstimmung wünscht sich der Kunde, dass der Verkäufer ihm das Gefühl vermittelt, mit ihm gemeinsam die optimale Lösung entwickeln zu wollen. Fragen Sie ihn daher nach seiner Meinung, seinen Erfahrungen und seinen Vorstellungen für die neue Lösung. Verstärken Sie durch die Vermittlung von neuem Know-how auch sein Selbstvertrauen, sein Engagement und seine Identifikation mit der gemeinsamen Lösung.

**Sechste Regel**

**Der Kunde braucht bei der Präsentation der Lösung eine erste grundsätzliche Orientierung durch den Verkäufer.**

Der Kunde will spüren, dass der Verkäufer sein Angebot als die beste Lösung für ihn persönlich ansieht. Erst diese emotionale Bestätigung bewirkt seine volle Aufgeschlossenheit und seine natürliche Besitzerlust. Die Präsentation von Lösungen ohne diese ausdrückliche Bestätigung, dass es wirklich die beste Lösung für ihn ist, ist daher Gift für jeden Abschluss.

Sagen Sie daher dem Kunden ausdrücklich wie begeistert Sie von dieser Lösung für ihn sind, warum sie seine Bedürfnisse erfüllt und wie sehr er davon profitieren wird. Sagen Sie ihm auch, wenn Sie sogar selbst diese Lösung nutzen.

**Siebte Regel**

**Der Kunde will die Überzeugung des Verkäufers durch seine Sprache, Miene, Stimme und Haltung spüren.**

Diese unbewussten Signale sind für ihn überzeugender als alle Ihre Worte. Jetzt entscheidet das, was Sie wirklich über die Kundenlösung denken und vor allem fühlen (!), über Ihre Überzeugungskraft und damit über den Abschluss. Denn diese unbewusste Sprache versteht er viel besser und reagiert entsprechend.

**Achte Regel**

**Der Kunde spürt die innere emotionale Haltung des Verkäufers und richtet danach seine Kaufentscheidung aus!**

Er spürt ganz genau, welche Emotionen der Begeisterung, Gleichgültigkeit oder Angst der Verkäufer hat. Deshalb sollten Sie sich als Erstes selbst für Ihr Angebot und den Nutzen Ihres Angebots für den Kunden begeistern und diese Begeisterung dann durch Ihre Entschlossenheit ausdrücken, mit der Sie dem Kunden zu diesem Nutzen verhelfen wollen. Das geschieht am besten, wenn Sie dem Kunden einen »Film« vorspielen, in dem er selbst erlebt, wie er von Ihrem Angebot in seinem Alltag profitiert. Diese Entschlossenheit zur Hilfe, nicht zum Abschluss, ist für den Kunden der beste Beweis für Ihre Überzeugtheit und vermittelt ihm erst den Antrieb zum Abschluss. Sie hilft ihm auch Abschlusskiller wie Angst, Unsicherheit oder Hast zu vermeiden.

**Neunte Regel**

**Der Kunde braucht beim Abschluss nicht nur die ausdrückliche positive Bestätigung des Verkäufers, sondern auch seine energische und ermutigende Aufforderung zum Handeln.**

Daher sollten Sie jeden Vorschlag mit starken Handlungsaufforderungen, eindringlichen Appellen, starken Werten, energiegeladenen Worten und bildhaften Überlegungen zur konkreten Umsetzung abschließen. Zum Beispiel: »Nachdem wir alles geklärt haben, sollten wir jetzt auch entschlossen handeln! Heute den Vertrag unterschreiben, morgen einen Arbeitskreis installieren und in einer Woche die Umsetzung beginnen.«

Je aktiver Ihre Handlungsaufforderungen sind und je klarer Sie die Vorgehensweise beschreiben, umso mehr regen Sie den Kunden unbewusst an, sie nachzuahmen und sich mögliche Strategien zur Realisierung und Nutzung des Angebotes zu überlegen. Das heißt: Durch nichts anderes können Sie Ihre Abschlüsse schneller steuern!

**Zehnte Regel**

**Der Kunde passt seine Reaktion beim Abschluss unbewusst genau den Gefühlen des Verkäufers an!**

In Entscheidungssituationen reagiert der Kunde viel eher auf Gefühle als auf logische Argumente. Dabei spielen Spiegelneuronen eine große Rolle. Sie beeinflussen ganz stark sein Einfühlungsvermögen und seinen Nachahmungstrieb. Daher passt er sich unbewusst der Entschlossenheit und Überzeugtheit des Verkäufers genauso an wie seiner Zögerlichkeit oder Unsicherheit.

Aus diesem Grund geben beim Abschluss die emotionalen Stärken und Schwächen des Verkäufers den Ausschlag! Und nicht seine Abschlussmethoden. Daher verkaufen alle Verkäufer stets das am besten, wovon sie selbst am meisten überzeugt sind.

## Mit 10 effektiven Punkten zum Abschlusserfolg!

Leopold Messner verkauft Verpackungen. Nach Monaten oft vergeblicher Verkaufsgespräche, bei denen er vom Hölzchen aufs Stöckchen kam und die Kunden nie wirklich für seine Lösungen begeistern konnte, kam er auf die Idee, ein 10-Punkte-Programm aufzustellen und sich konsequent daran zu halten. Die Vorteile stellten sich fast schlagartig ein, denn jetzt vergaß er nichts mehr und konzentrierte sich statt vielem Herumreden auf das, was die Kunden wirklich interessierte und was sie wirklich motivierte, ihre alten Verpackungen zugunsten seiner neuen aufzugeben.

### 1. Ist-Analyse durchführen

Dabei geht es darum, den Schaden und die Auswirkungen mangelhafter Verpackungen zu dramatisieren. Zum Beispiel: »Herr Kunde, die durchschnittliche Bruchrate bei den bisherigen Verpackungen beträgt laut Branchenreport X rund acht Prozent. Das bedeutet, dass es fast bei jeder zehnten Sendung Ärger, Frust, Reklamationen, Schadenersatz, Schreibarbeit und Verlust an Vertrauen und Bindung gibt. Bei der Menge Ihrer Versendungen beträgt der Schaden in etwa X Euro!«

### 2. Wahre Schadensursache nennen

Der Grund ist, dass die traditionellen Verpackungen einen zu schwachen Karton haben. Man muss bei den heutigen Transport-Belastungen einen harten Karton verwenden, der in seiner Konstruktion den Bienenwaben gleicht.

### 3. Erfolgstest vorstellen

Wir haben unseren Karton unter den verschiedensten Bedingungen getestet: auf den Boden geworfen, fallen lassen, auf Lkws geworfen oder an die Wand geschleudert. Niemals ist er zu Bruch gegangen.

**4. Referenzschreiben vorzeigen**
Wir haben den neuen Karton bei über 100 Probesendungen getestet. Alle Kunden haben uns die Qualität unserer neuen Kartons schriftlich bestätigt.

**5. Kosten relativieren**
Der neue Karton kostet nur zehn Cent mehr als der alte.

**6. Kostenersparnis aufzeigen**
Unter Berücksichtigung der bisherigen Schadenersatzkosten und Neuverpackungen sparen Sie pro Woche rund 800 Euro. Dazu kommen noch günstigere Versicherungsprämien und außerdem ein wesentlich besseres Kundenverhältnis und damit eine höhere Kundenbindung.

**7. Vorschlag machen**
Ich schlage vor, die restlichen Kartons zu entsorgen und alle Lieferungen ab dem ersten des nächsten Monats auf unsere neuen Verpackungen umzustellen.

**8. Liefertermin anbieten:**
Die neuen Kartons können Sie binnen drei Tagen angeliefert bekommen.

**9. Abschlussvorschlag machen**
Ich schlage vor, dass Sie 100 000 Stück bestellen, die dann in monatlichen Sendungen von 10 000 Stück ausgeliefert werden. So erhalten Sie einen Spitzenpreis mit einem hohen Mengenrabatt und ersparen sich unnötige Lagerkosten.

**10. Bestellung festlegen**
Sind Sie mit dem Vorschlag einverstanden? Wenn Sie noch heute bestellen, übernehmen wir bei der ersten Lieferung auch die Entsorgung Ihrer alten Kartons.

# 17. Kapitel
# Durch Energieimpulse zum Abschluss bewegen

»Denken ohne Handeln
ist Wahnsinn.«

*Friedrich Nietzsche*

## Warum zwei Finanzdienstleister aufgrund verschiedener Energieimpulse völlig unterschiedliche Abschlussquoten erreichen

Wir alle wissen: Abschlusserfolge erfordern Überzeugungskraft, Nachdruck und Entschiedenheit sowie Worte, die den Kunden zum Handeln aufrufen! Welchen Unterschied das bei zwei Abschlussgesprächen ausmacht, zeigen Ihnen jetzt zwei Finanzdienstleister: der eine mit Misserfolg, der andere mit Erfolg.

### Der zurückhaltende Franz Herrenhofer

Franz Herrenhofer ist Finanzdienstleister und versucht bei seinen Kunden durch die Gegenüberstellung seiner Rentenansprüche und seines aktuellen Lebensstandards eine echte Versorgungslücke aufzuzeigen. Sie soll den Kunden zum Handeln bringen. Folglich sagt er zu dem Kunden:

»Herr Kunde, um diese **Lücke zu schließen** gibt es drei Möglichkeiten: Die erste ist eine gute private Rentenversicherung, die zweite ist die staatliche Förderung über die ›Riester-Rente‹ und die dritte ist ein geeigneter Investmentfonds, der eine höhere Rendite einbringt. Was meinen Sie? Welche Lösung bevorzugen Sie?«

Das Ergebnis ist mäßig. Die häufigste Kundenreaktion danach lautet: »Das muss ich mir erst noch mal überlegen.«

Der **Grund**: Es handelt sich um einen halbherzigen Abschluss mit gravierenden Nachteilen. Erstens: Drei Alternativen ohne



*Die Neuen Spielregeln im Verkauf.* Hans Christian Altmann

ISBN: 978-3-527-50484-8

präzise Einzelvorschläge überfordern den Kunden. Zweitens: Ohne die Darstellung ihrer konkreten Auswirkungen in der Zukunft kann sich der Kunde nichts vorstellen. Drittens: Ohne energische Handlungsaufforderungen – nach einer gründlichen Analyse und einer grundsätzlichen Übereinstimmung – kann der Kunde weder seine Ängste noch seine Trägheit überwinden. Warum also soll er dann abschließen? Kein Wort, kein Bild, keine Geste und kein Appell – also keinerlei Spiegelneuronen – fordern ihn zum Handeln auf! So bleibt er tot.

### Dr. Karl Frischauf – mit Elan und Nachdruck!

Sein Kollege Dr. Karl Frischauf setzt in dieser Situation eine viel handlungsorientiertere Abschlussstrategie ein. Er überzeugt den Kunden zum einen mit echten Produktvorteilen, konkreten Auswirkungen, starken emotionalen Reizwörtern und einem selbstbewussten Indikativstil (so als ob der Kunde bereits handeln würde). Und er überzeugt ihn zum andern mit Nachdruck und Entschiedenheit in der Stimme, mit aktiven Körperverben, mit klaren Handlungsaufforderungen und mit energetischen Appellen. Das hört sich dann so an:

»Herr Kunde, **Sie schließen** diese Rentenlücke am besten, indem Sie dafür drei **Grundsteine legen**. Erstens, Sie **erwerben** eine gute private Rentenversicherung. Damit sind Sie zeitlebens **abgesichert** und haben schon mal ein **gutes Gefühl**, denn so sind Sie auf der **sicheren** Seite. Zweitens: Sie **nutzen und kassieren** alle staatlichen Fördermittel, die es bei der ›Riester-Rente‹ gibt. Damit erreichen Sie eine wesentlich **höhere Rendite**, die sich am Ende mit mehreren Tausend Euro bemerkbar macht und die Sie sich keinesfalls entgehen lassen dürfen. Wer weiß, wie lange es die noch gibt. Hier heißt es **rasch zuzugreifen!** Drittens: Wir **suchen** uns jetzt noch **gemeinsam** einen optimalen Investmentfonds für diese Rentenversicherung aus: einen Fonds, der wie Sie es sich **wünschen**, höchste Sicherheit mit überdurchschnittlicher Rendite verbindet und der Ihnen sicher **viel Freude** machen wird. **Einverstanden** mit der Vorgehensweise? Ausgezeichnet. Dann **wollen** wir jetzt diese drei Bausteine **gleich** besprechen. Und wenn wir alles zu Ihrer **Zufriedenheit** geklärt haben, sollten wir **Nägel mit Köpfen machen**. Sie wollen doch auch das Ganze dann unter **Dach und Fach bringen**. Und zu einem **guten Ende bringen**. Nicht wahr? Oder wollen Sie die Angelegenheit, die wirklich dringlich ist, noch weiter auf die **lange Bank schieben?** Das wollen Sie sicher nicht! Wenn wir das **geregelt** haben, **müssen** wir nur noch das und das … **tun** und Sie haben es geschafft: Sie haben eine **optimale** Altersvorsorge!«

Wenn der Kunde noch zögert, fährt er mit Nachdruck fort: »Herr Kunde, wir haben **gemeinsam** eine klare Versorgungslücke in Höhe von … **festgestellt**. Die verschwindet nicht von alleine. Die müssen wir so schnell wir möglich **schließen**. Jede Verzögerung **kostet** Sie mehr Geld! … **Sehen** Sie sich dazu noch mal unsere Berechnungen an … **Fragen** Sie mich, wenn noch etwas unklar ist … Aber wir haben keine Zeit mehr zu **verlieren!** Wir müssen das jetzt zu Ende bringen! Und Sie brauchen dafür eine optimale Gesamtlösung! Und die haben wir jetzt gemeinsam erarbeitet. **Einverstanden?** Dann **unterschreiben** Sie bitte hier die drei Anlagen … Ich **unterschreibe** hier schon mal unsere Vereinbarung … und in drei Tagen haben Sie die Bestätigung in Ihrem Briefkasten liegen und damit das **beruhigende Gefühl**, wirklich etwas Gutes für eine optimale Altersvorsorge **getan** zu haben. **Unterschreiben** Sie hier – auf dieser Zeile!«

Bleibt die Frage: Warum war Dr. Frischauf erfolgreicher als Karl Herrenhofer?

Eine einfache Statistik liefert den Beweis:

Bei der Variante I gab es nur eine einzige Handlungsaufforderung. Bei der Variante II gab es über 30 Handlungsaufforderungen, emotionale Impulse, Kundenvorteile und Aktionen.

Und wir wissen:

| |
|---|
| Die Anzahl der klaren, energetischen Handlungsaufforderungen steht in direktem Verhältnis zu der Abschlusswahrscheinlichkeit! |

## 15 Methoden, wie Sie mit mehr Nachdruck größere Verkaufserfolge erreichen

1. Sprechen Sie nicht erst in der Abschlussphase vom Handeln, sondern fordern Sie schon bei der Präsentation nach jeder neuen Idee den Kunden mit einer klaren **Handlungsaufforderung** zum Handeln auf! (»Wir sollten uns diese Gelegenheit nicht entgehen lassen! Wir müssen diese Chance wahrnehmen!«)
2. Stellen Sie dem Kunden eine neue Idee **mit einem Zielbild** vor, die sofort sein Interesse erregt. (»Wir sollten nicht wieder eine Teillösung, sondern eine echte Komplettlösung anstreben!«)
3. Stellen Sie Ihre Vorschläge mit **Nachdruck** und Entschiedenheit vor. (»Setzen wir alles daran, um dieses Problem mit einem neuen Konzept endgültig zu lösen!«)
4. Demonstrieren Sie dem Kunden in Worten und Bildern die **Vorgehensweise**, mit der er am besten sein Wunschziel erreicht. (»Wir sollten in fünf Schritten vorgehen: Erstens …«)
5. Argumentieren Sie mit **handlungs- und zukunftsorientierten Worten**. (»Das erste, was wir jetzt tun müssen, ist, dass wir für die Zukunft klare Entscheidungskriterien festlegen!«)
6. Verwenden Sie für Ihr Vorgehen so **bildhafte Worte**, dass sich der Kunde Ihre Idee vorstellen kann und sie ihn zum Nachahmen anregen. (»Hören wir mit der bisherigen Flickschusterei auf und streben wir eine Lösung an, die Hand und Fuß hat!«)
7. Stellen Sie bei jedem Vorschlag die entscheidende Aussage gleich im **ersten Satz** vor! Und dann erst die Einzelheiten. (»Mit dieser Lösung erreichen wir eine optimale Komplettlösung! Sie hat den Vorteil, dass …«)
8. Fordern Sie den Kunden immer wieder mit aktiven **Worten** auf. (»Handeln wir! Zeigen wir Mut! Wagen wir es, das Ziel noch heute in Angriff zu nehmen!«)

9. Durchdenken Sie Ihr Projekt so gut, dass Sie bereits vor der Verhandlung den **letzten Satz** im Kopf haben! (»Wenn wir heute zu einer Vereinbarung kommen, haben Sie den Grundstein für eine optimale Altersvorsorge gelegt«)
10. **Variieren** Sie Ihre Handlungsaufforderungen immer wieder mit neuen, verblüffenden oder provozierenden Vorschlägen. (»Wenn wir heute zum Abschluss kommen, erhalten Sie als zusätzliches Geschenk noch …«)
11. Sprechen Sie öfter von »**wir**« als von »Ich oder Sie«. Stellen Sie damit eine Gemeinsamkeit mit dem Kunden her. (»Lassen wir uns diese Chance nicht entgehen! Handeln wir!«)
12. Verbinden Sie jede neue Idee und jede Handlungsaufforderung mit **Vorteilen** für den Kunden. (»Wenn wir dieses Konzept realisieren, profitieren Sie von allen staatlichen Fördermitteln!«)
13. Nehmen Sie mögliche **Einwände** vorweg, die der Kunde haben könnte. (»Sicherheit? Die hat für uns die höchste Priorität!«)
14. Drücken Sie bei allen **Handlungsaufforderungen** Ihre Selbstsicherheit, Dominanz und Überzeugtheit von der optimalen Kundenlösung aus (»Mit dieser Lösung erreichen Sie beides: Sicherheit und überdurchschnittliche Rendite«)
15. Fordern Sie Ihre Kunden **mehrmals** mit Ihren Worten, Gesten und der Beschreibung, wie er vorgehen sollte, zum Handeln auf! (»Wagen Sie … Handeln Sie … Gehen Sie Schritt für Schritt vor!«)

## Tipps, wie Sie mit energetischen Willenssignalen Ihre Abschlusschancen deutlich steigern!

Ich glaube, dass der Abschluss und die Abschlussquote viel mehr von der **Persönlichkeit** und den **unbewussten Signalen** des Verkäufers abhängen als von irgendwelchen Abschlusstechniken. Viele Verkäufer verlieren den Abschluss,

- weil sie dem Kunden **unbewusst Signale der Unsicherheit**, der Schwäche, des fehlenden Nachdrucks, der fehlenden Identifikation mit der Kundenlösung, aber auch des fehlenden Engagements und der fehlenden Vorbereitung für gute Antworten auf seine Einwände signalisieren,
- weil sie dem Kunden statt der **notwendigen Anerkennung**, Partnerschaft und Übereinstimmung unbewusst eher Egoismus signalisieren und:
- weil sie außerdem den Kunden nur mit **logischen** Argumenten statt mit sinnlichen Wahrnehmungen und Erlebnissen überzeugen wollen, also sich nicht wirklich in ihn und seine Welt einfühlen wollen.

### Und was sagt die Neurowissenschaft zu diesen Abschlussmethoden?

Neurowissenschaftler haben festgestellt, dass je häufiger und je emotionaler ein Kunde bestimmte Ideen oder Vorschläge eines Verkäufers hört oder mit ihm darüber spricht, umso mehr denkt er unbewusst bereits über die dafür notwendigen Handlungsstrategien nach, wie er dieses Ergebnis erreichen kann. Genauer gesagt, wie er diesen kompetenten Verkäufer nachahmen kann.

Daher sind Kompetenz, Glaubwürdigkeit und Dominanz, die der Verkäufer vom Kunden anerkannt bekommt, für den Abschluss so wichtig.

Dieser unbewusste Handlungseffekt ist umso größer, je mehr der Verkäufer **erstens** auch noch aktive Körperverben verwendet (also Tätigkeitswörter, die Körperbewegungen beschreiben, zum Beispiel: »Wir sollten die Sache entschlossen anpacken!«), **zweitens**, den Kunden zu bestimmten Handlungen auffordert (»Wagen wir es, die Altersvorsorge in Angriff zu nehmen!«), **drittens**, ihm mögliche Handlungsstrategien bildhaft vor Augen führt (»Wir sollten jetzt wie beim Hausbau mit dem Fundament beginnen und dann …«) und ihm **viertens**, motivierende Handlungsziele vorgibt (»Wenn wir heute Nägel mit Köpfen machen, haben Sie in zwei Wochen eine optimale Altersvorsorge und das beruhigende Gefühl, das Optimale dafür getan zu haben.«).

Das heißt konkret:

> Das Gehirn eines Menschen ist vorrangig auf das Erlernen und Entwickeln von Handlungsstrategien ausgerichtet. Daher schließt ein Kunde umso eher ab, je stärker ihm der Verkäufer Handlungsschritte vorstellt, die ihn anregen, sie nachzuahmen oder durch eigene Handlungsstrategien zu ergänzen.

Das führt uns zu einem ganz interessanten Thema: warum so viele Verkäufer geradezu unbewusst ihre Abschlüsse verlieren:

### Schluss mit Misserfolgen: So erkennen Sie die Merkmale einer unbewussten Abschlussschwäche

- Kunden während der Präsentation Prospekte in die Hand zu drücken
- Kunden nach der Übergabe des Angebots aufzufordern, bei Interesse zurückzurufen und nicht selbst nachzufassen
- Kunden ein ausführliches Angebot zu machen, ohne ihn vorab zu fragen: »Das Angebot erhalten Sie am … Können wir uns am … zusammensetzen, um darüber zu sprechen?«
- Verkaufsgespräche wegen Anrufen neuer Kunden zu unterbrechen
- weiterzureden, wenn der Kunde sich entscheiden soll und ihm so die Möglichkeit zu Diskussionen (Ausflüchten) zu geben
- mit Kunden zu Beginn und beim Abschluss zu lange über Privates zu sprechen, das nichts mit dem Abschluss zu tun hat
- mit einer »Schaun-wir-mal-Einstellung« in Abschlussverhandlungen zu gehen statt klare Abschlussziele festzulegen
- keine direkten Abschlussfragen zu stellen (»Haben Sie noch eine Frage oder können wir das gleich vertraglich festmachen?«)

- Vorschläge nicht mit klaren Handlungsaufforderungen zu verbinden (»Wir sollten das Projekt noch heute in Angriff nehmen.«)
- negative Fragen zu stellen (»Für Sie kommt dieses Modell wohl nicht infrage?«)
- Abschlusssignale des Kunden zu überhören bzw. nicht sofort mit einer Abschlussinitiative darauf einzugehen (Kunde: »Wann können Sie liefern?« Verkäufer: »Wie groß soll die Lieferung sein und bis wann brauchen Sie sie? … Dann halte ich das gleich mal fest.«)
- Kundeneinwände zu beantworten ohne danach sofort eine Abschlussfrage zu stellen (Kunde: »Das ist mir zu teuer!« Verkäufer: »Was stellen Sie sich vor? … Wenn ich Ihnen preislich entgegenkomme, sind wir dann im Geschäft?«)
- mit nicht zuständigen Leuten über den Abschluss zu verhandeln statt mit dem Entscheider
- in kritischen Situationen nervös und unsicher zu werden (Vermeidungsverhalten, Stress, Schwitzflecken)
- hastig und schnell statt mit Nachdruck und Entschlossenheit über Produktvorteile sowie über Konditionen zu sprechen
- keine klaren Erfolgskriterien für den Abschluss zu definieren, z. B.: Wenn ein qualifizierter Kunde ein Problem hat, das ich lösen kann, dann löse ich es auch!
- Kundenausreden oder -ausflüchten (z. B. nochmals darüber nachdenken zu wollen) sofort nachzugeben

## 20 Tipps, wie Sie mit bewussten Signalen Ihre Abschlussstärke steigern

- Erhöhen Sie die Anzahl der Handlungsaufforderungen.
- Erhöhen Sie die Anzahl der Kundenkontakte oder Anrufe in der Abschlussphase.
- Reagieren Sie **schnell auf Änderungswünsche** der Kunden.
- Bleiben Sie auch bei Absagen am Kunden dran.
- Bringen Sie Ihre Kunden mit guten Referenzkunden zusammen.

- Bieten Sie Ihren Kunden mehr Gelegenheiten Ihr Angebot risikolos kennenzulernen, z. B. durch Proben.
- Fühlen Sie sich in Ihre Kunden ein, um zu erfahren, was ihre dringendsten Probleme und Wünsche sind.
- Bestätigen Sie dem Kunden, dass Sie seine individuellen Wünsche anerkennen und berücksichtigen werden.
- Machen Sie sich die **Extra-Mühe** für eine neue, überraschende Problemlösung.
- Bieten Sie dem Kunden einen **verblüffenden Zusatznutzen** bzw. emotionalen Mehrwert an.
- Überlegen Sie schon vorher Preise, die vom Umsatz bzw. dem Zukunftspotenzial des Kunden abhängen.
- Denken Sie sich in die Vorstellungen und Gefühle (Ängste, Bedenken, Sorgen) verschiedener Entscheider hinein.
- Schreiben Sie dem Kunden nach dem ersten Gespräch einen **»Letter of intent«** und rufen Sie ihn zwei Tage später an, um die Korrektheit zu überprüfen.
- Verfolgen Sie von Anfang an das Ziel, den Kunden als Stammkunden und Empfehlungsgeber zu gewinnen.
- Vermeiden Sie jede innere Ablehnung gegenüber schwierigen Kunden, sondern gehen Sie mit Wohlwollen und gutem Willen in Abschlussverhandlungen.
- Mobilisieren Sie bewusst Ihren **Willen** und die feste Entschlossenheit, qualifizierte Kunden abzuschließen.
- Signalisieren Sie dem Kunden wie sehr Sie seinen Auftrag wünschen, z. B. durch einen Extra-Leistungsbeweis.
- Sehen Sie, welche Bedürfnisse der Kunde hat, wie sehr er also Ihr Angebot braucht, wie gut Ihr Angebot genau seine Bedürfnisse befriedigt, wie sehr er davon profitiert und wie er zuletzt den Auftrag unterschreibt.
- Sagen Sie dem Kunden öfters, wie sehr Ihr Angebot, seine Situation bzw. sein Gestaltungsniveau oder seine Lebensqualität in der Zukunft positiv verändern wird.
- Sagen Sie ihm auch, wie sehr Sie es schätzen, ihn als Kunden zu gewinnen, und ihn so zufriedenstellen wollen, dass er Ihr Stammkunde wird und Sie weiterempfiehlt.

## 20 psychologische Tipps, wie Sie noch mehr aus Ihren Abschlussgesprächen herausholen

Hinter jedem Tipp steht eine wissenschaftlich erforschte Theorie, die Sie sofort in konkrete Abschlussinitiativen umsetzen können.

### 1. Nützen Sie die sich selbst erfüllende Prophezeiung

Sagen Sie vor einem Abschlussgespräch mehrmals suggestiv zu sich: »Ich werde am Donnerstag den Vertrag mit dem (qualifizierten) Kunden X abschließen!« und Sie haben eine doppelt so hohe Abschlusschance, als wenn Sie es nur »versuchen«. Denn damit haben Sie Ihr Bewusstsein und ihr Unterbewusstes auf einen ganz bestimmten Erfolg programmiert.

### 2. Profitieren Sie von einem Priming-Prozess

Schreiben Sie sich vor einem wichtigen Abschlussgespräch fünf positive Worte auf, die für diesen Kunden von besonderer Bedeutung sind, z. B. »Entschlossenheit, Erfolg, Energie, Handeln und Begeisterung«. Bilden Sie dann mit jedem Wort positive Sätze im Gespräch mit dem Kunden, z. B.: »Herr Kunde, erfolgreiche Menschen zeichnen sich durch **Entschlossenheit** aus! ... Herr Kunde, nur was zu einem guten Ende gebracht wird, ist auch ein **Erfolg**! ... Herr Kunde, was wir brauchen ist die richtige **Entscheidung!** ... Herr Kunde, lassen Sie uns daher aktiv und entschlossen **handeln**! ... Herr Kunde, Sie wissen ja: Nur Handeln bewirkt **Ergebnisse.«** Allein die Erwähnung solcher Schlüsselwörter prägt das Unterbewusste des Kunden und bewirkt eine stärkere Handlungs- und Abschlussbereitschaft.

### 3. Stärken Sie Ihre Anziehungskraft

Konzentrieren Sie Ihre Aufmerksamkeit vor dem Abschlussgespräch darauf, Ihrem Kunden durch Ihr einzigartiges Angebot oder Ihre optimale Problemlösung zu seiner Ideallösung **verhelfen** zu wollen. Damit ziehen Sie nicht nur seine Abschlussbereitschaft, sondern auch weitere Kunden an, die sich ebenfalls diese Ideallösung wünschen.

**4. Achten Sie auf positive Mimiksignale**
Glauben Sie hundertprozentig an sich und an den Nutzen Ihres Produktes für den Kunden und Sie strahlen in Ihrem Gesicht unbewusst so positive Mimik-Signale aus, dass Sie den Kunden ebenfalls **unbewusst überzeugen**.

**5. Geben Sie sich als Optimist!**
Glauben Sie optimistisch an Ihren Erfolg, an den Abschluss, an die Erreichung Ihrer Tages- und Wochenziele und ziehen Sie auch nach Misserfolgen unbeirrbar Ihr Tagessoll durch und Sie werden in zwei Jahren um **52 Prozent besser** verkaufen als die durchschnittlichen Verkäufer.

**6. Erinnern Sie sich an frühere Erfolge**
Denken Sie öfters mit Freude und Begeisterung an frühere Verkaufserfolge und Ihre Erfolgsmethoden zurück und Sie werden sich auch in kritischen Situationen wieder an diese Erfolge und Ihre Methoden erinnern. Ja, Sie werden auf diese Weise unbewusst wieder die gleiche Stimme, die gleiche Sprechweise, die gleichen Gesten und die gleichen Überzeugungsmethoden abrufen.

**7. Interpretieren Sie Schwierigkeiten positiv!**
Sehen Sie schwierige Abschlussgespräche als anregende Herausforderungen statt als gefährliche Bedrohungen an und Sie mobilisieren dadurch unbewusst **60 Prozent mehr Kraft** und Kreativität.

**8. Definieren Sie genau Ihre Ziele**
Legen Sie vor einem Abschlussgespräch genau fest, was Sie wann bei welchem Kunden erreichen wollen, z. B.: »Ich werde dem Kunden X meine Maschine Y zum Preis Z verkaufen«, und Sie steigern die Wahrscheinlichkeit, dieses Ziel zu erreichen, um über 50 Prozent: Denn Ihr Unterbewusstsein als wahrer Helfer braucht ein ganz klares Ziel »vor Augen«, um Sie wirkungsvoll unterstützen zu können.

**9. Mobilisieren Sie Ihre Willenskraft**

Machen Sie vor Abschlussgesprächen eine klare Willensdeklaration, z. B.: »Ich höre nicht eher auf, bevor ich drei Abschlussversuche gemacht habe!« Sie mobilisieren damit eine Entschlossenheit, die nicht nur den Kunden zur **Nachahmung**, also zum Abschluss bewegt, sondern die Ihnen unbewusst auch genau die richtigen Worte oder Methoden eingibt, die bei diesem Kunden zum Abschluss notwendig sind. Es ist die wirkungsvollste Erfolgsmethode.

**10. Verstärken Sie schon vorab Ihren Kampfgeist**

Wiederholen Sie schon vor dem Abschlussgespräch mehrmals: **»Ich gebe auf keinen Fall auf!«** und halten Sie sich hundertprozentig daran. Dann werden Sie Abschlüsse erreichen, die Sie sonst nie erreichen würden. Den Grund dafür liefert Joseph Murphy: »Alle Anstrengungen zahlen sich erst aus, wenn man beschlossen hat, nicht aufzugeben!«

**11. Erzeugen Sie eine positive Stimmung**

Bringen Sie sich durch die Vorstellung Ihrer Erfolge und der Belohnungen schon vorab in eine begeisterte Stimmung und Sie finden unbewusst genau die begeisternden Worte, die Ihre Kunden zum Abschluss bewegen. Warum? Weil Ihre früheren Erfolge und Misserfolge entsprechend Ihrer damaligen Stimmung abgespeichert wurden: also Erfolge unter Topstimmung und Misserfolge unter mieser Stimmung. Wenn Sie jetzt wieder topgestimmt sind, können Sie mühelos Ihr ganzes Archiv von Erfolgserinnerungen nutzen.

**12. Verblüffen Sie Ihre Kunden**

Überraschen Sie den Kunden mit einem neuen, verblüffenden Angebot, z. B. dass Sie ihm statt einer Versicherung gleich drei anbieten und Sie steigern schlagartig sein Interesse und seine Abschlussbereitschaft.

**13. Achten Sie auf die Marker Ihrer Kunden**

Verhandeln Sie mit Kunden nur über die Produkte und Produktvorteile, auf die er spontan mit positiven Worten, Gefühlen oder Gesten (z. B. einem Kopfnicken) reagiert. Das sind seine Marker! Und verzichten Sie auf alle Vorteile, die bei ihm spontan Skepsis oder Ablehnung auslösen. Denn nur Argumente, die positive Marker auslösen, führen zum Abschluss.

**14. Unterstützen Sie Ihre Aussagen mit Gefühlen**
Verstärken Sie Ihre Produktvorteile, indem Sie Ihre Aussagen stillschweigend mit positiven Gefühlen begleiten, z. B. mit den Suggestionen: »Lieber Kunde, **ich mag dich!** ... Ich will dir helfen!« Oder indem Sie daran denken und sich einfühlen, wie lustvoll der Kunde von Ihrem Angebot profitieren wird.

**15. Fördern Sie die »Zu-Stimmung« des Kunden**
Kommen Sie beim Abschluss dem Kunden mit etwas entgegen, was ihn genau in die Stimmung bringt, die er für seine **»Zu-Stimmung«** braucht, z. B. durch ein letztes Entgegenkommen.

**16. Erzeugen Sie Vertrauen durch »Vertrauliches«!**
Gewinnen Sie das Vertrauen des Kunden durch gute Insider-Tipps, die ihm helfen, Nachteile zu vermeiden, z. B. »Wissen Sie, Herr Kunde, warum diese Versicherung im Ernstfall nicht zahlt?« Je mehr Ihnen der Kunde vertraut, umso eher verlässt er sich auch ohne Beweise auf Ihre Vorschläge und umso eher schließt er ab.

**17. Bieten Sie dem Kunden sinnliche Wahrnehmungen**
Am besten, indem Sie ihn die Vorteile Ihres Angebots konkret sehen, begreifen, fühlen, erleben und in der Praxis nachvollziehen lassen. Und indem Sie dafür sorgen, dass ihm seine Wunsch und Ideallösung immer wieder in lebendigen Bildern vor Augen steht.

**18. Wecken Sie Energien beim Kunden**
Mobilisieren Sie die Entschlossenheit des Kunden zum Abschluss, indem Sie ihn nach Ihren Vorschlägen mit »energetischen« Worten, Gesten und direkten Handlungsaufforderungen zum Abschluss **auffordern** und ihm den besten Weg dazu auf-

zeigen. Am besten in der Wir-Form, z. B.: »Wir sollten den Mut haben, etwa Neues zu wagen! Wir haben alle Punkte geklärt, jetzt sollten wir sie auch umsetzen! Lassen Sie uns ein Ergebnis anstreben, das wirklich Zukunft hat.«

**19. Geben Sie sich die Berechtigung zum Abschluss**

Ergänzen Sie vor jedem wichtigen Abschlussgespräch die drei Aussagen: »Ich **verdiene** den Abschluss, weil … ich z. B. gut vorbereitet bin. Ich weiß, wie ich qualifizierte Kunden abschließe, weil … ich z. B. ihr Problem lösen kann und: Ich weiß, dass die Kunden mein Angebot brauchen, weil … es z. B. einzigartig ist!« Damit haben Sie unbewusst die besten Abschlussaussichten. Denn Sie vermeiden dadurch die größten Abschlusskiller: die unbewussten Gefühle vieler Verkäufer, ein Scharlatan oder Hochstapler zu sein, der seinen Kunden in Wahrheit nichts bietet und daher den Auftrag gar nicht verdient und ihn deshalb unbewusst sogar oft sabotiert.

**20. Spüren Sie das Gefühl der Siegesgewissheit**

Zum Beispiel durch das Motto: »**Wenn** der Kunde ein Problem hat, das ich lösen kann, **dann** werde ich es lösen und den Abschluss machen.« Wenn Sie dann bei qualifizierten Kunden nicht eher aufstehen, bis der Auftrag unterschrieben ist, wird Ihre Abschlussquote dramatisch ansteigen!

> »Die werden gewinnen, die überzeugt sind, zu gewinnen!«
>
> *Vergil*

## Wenn die Stimmung stimmt, stimmen auch die Zahlen!

Wenn Sie mich fragen, welche Erfolgsvoraussetzung für Sie als Verkäufer die wichtigste ist, dann ist es ganz eindeutig Ihre positive Stimmung. Denn je besser Ihre Stimmung ist, umso höher ist Ihre Leistungsfähigkeit, Ihre Kreativität, Ihre Überzeugungskraft, Ihre Entschlossenheit, Ihre Ausdauer und natürlich

Ihre Siegesgewissheit! In schlechter Stimmung ist kein Mensch stark (außer in Wut), aber in guter Stimmung kann er »Bäume ausreißen«!

Das wahre Erfolgsgeheimnis der Stimmung liegt in der Regel: **Gleiches zieht Gleiches an!** Das heißt: Je positiver Sie gegenüber Ihren Kunden gestimmt sind, umso mehr ziehen Sie Kunden mit positiver Kauflaune an! Und das Entscheidende ist:

> Schon geringfügige Änderungen in der Stimmungslage beeinflussen die Gedanken und Urteile der Kunden oft dramatisch!

Psychologische Forschungen ergaben, dass 63 Prozent aller Industrie- und 81 Prozent aller Privatabschlüsse davon abhängen, ob es dem Verkäufer gelingt, den Kunden in einen Zustand der Begeisterung und Faszination zu versetzen. Die wichtigste Voraussetzung ist, dass Sie sich zuvor selbst in eine positive Stimmung versetzen. Denken Sie daran:

> Durchschnittliche Verkäufer sind nach einem Gesprächserfolg positiv gestimmt, gute Verkäufer vor einem Gespräch!

Was heißt das für Sie? Lesen Sie selbst.

### Je besser die Kunden gelaunt sind, umso mehr kaufen sie!

Psychologen haben herausgefunden, dass je positiver die Stimmung des Kunden ist,

- umso höher ist seine **Aufmerksamkeit** für Ihre Aussagen;
- desto positiver fällt sein **Urteil** über Ihre neuen Ideen und Vorschläge aus;
- umso mehr **erinnert** er sich an frühere, positive Käufe;
- desto positiver denkt er an die **Zukunft**;
- umso mehr sieht er vor allem die positiven Seiten Ihrer Idee;

- umso lebendiger ist sein **Tonfall**, seine Wortwahl, seine bildhafte Darstellung, seine Gestik und seine Miene;
- umso **risikofreudiger** und leichtfertiger, ja oft sogar unvernünftiger reagiert er, ohne seinen kritischen Verstand zu gebrauchen (sicher der teuerste Stimmungsvorteil!);
- umso interessierter ist er an einer **Beziehung** zu Ihnen, weil er Sie dann als Partner und Ressource für die Zukunft ansieht;
- umso mehr ist er bereit, Ihren neuen Vorschlag als **Hypothese** zu überdenken, wenn Sie ihn dazu auffordern, z. B.: »Können Sie sich mal vorstellen …?«;
- umso weniger ist er auf eine bestimmte Lösung fixiert;
- umso eher kann er sich auch **Alternativen** vorstellen;
- umso mehr achtet er darauf, dass er zu Ihnen eine ausgeglichene **Bilanz** der Gefühle und Handlungen erreicht, also sich für Ihr Entgegenkommen durch den Kauf und später bei hoher Zufriedenheit durch Wiederholungskäufe und als Empfehlungsgeber revanchiert.[7)]

Ist das nicht unglaublich beeindruckend?

Und warum ist diese positive Stimmung für den Kunden so wichtig? Weil er sich neben einer stärkeren Wettbewerbsfähigkeit immer und vor allem auch ein besseres Wohlergehen wünscht! Und daher sagen Werbefachleute, die es wissen müssen:

| »Alles Geld der Welt wird ausgegeben, um sich gut zu fühlen!« |
|---|

### Gut drauf sein, wenn es drauf ankommt! – Aber wie?

Am besten eignen sich dazu Fragen nach dem **»Warum«** und **»Weil«** Ihrer Absichten. Versuchen Sie bei diesen Fragen und Antworten immer mehr auf die Wünsche und die Gefühle zu kommen, die »Ihnen am Herzen liegen«.

Ein Beispiel dazu: Wenn Sie gerade in einer etwas deprimierten Stimmung sind, dann könnten Sie sich folgende Fragen stellen:

Warum soll ich mich auf das kommende Kundengespräch freuen? Weil ich gerne Erfolg haben möchte. Warum will ich Erfolg haben? Weil ich damit mehr Geld verdiene. Warum will ich mehr Geld verdienen? Weil ich mich dadurch als erfolgreicher Verkäufer fühle. Warum will ich mich als erfolgreicher Verkäufer fühlen? Weil ich dann meinen Kindern ein Vorbild bin und ihnen im Leben etwas bieten kann. Warum will ich ihnen ein Vorbild sein und ihnen etwas bieten? Weil ich von ihnen geliebt werden will. Und das ist doch wohl ein Grund für freudige Verkaufsgespräche.

Um sich dauerhaft in eine positive Stimmung zu versetzen und eine hohe Abschlussstärke zu erreichen, könnte Ihnen vielleicht auch helfen, das folgende 10-Punkte-Programm eines Topverkäufers jeden Tag einmal durchzulesen oder es auf Ihre Verkaufstätigkeit umzuschreiben.

## Tipps zur Selbstmotivation: Die 10 Erfolgsfaktoren eines Topverkäufers

### 1. Ich muss heute richtig Gas geben und aktiv werden!

Selbst wenn ich heute Leads von neuen Kunden bekomme, bedeutet das keineswegs echtes Interesse. Ich muss selbst zum Kunden fahren. Ich muss agieren statt reagieren.

### 2. Ich will gar nicht alles von den Wettbewerbern wissen

Ich will deren Vorteile gar nicht so genau wissen. Denn wenn ich alle Vorzüge weiß, sinkt meine Stimmung ab. Ich aber brauche eine absolut positive Stimmung, wenn ich Kunden anspreche.

### 3. Ich glaube an mein Produkt

Meine Einstellung ist: »Mein Produkt ist das Beste!« Und da ich nur mit positivem Denken eine Chance habe, heißt mein Motto: »Tu immer so, als ob du der Beste wärst!«

### 4. Ich sehe den Preis keinesfalls als das Wichtigste an

Der Preis ist definitiv nicht der wichtigste Erfolgsfaktor! Und auch das Produkt ist nur zu 25 Prozent wichtig. Viel wichtiger ist mein persönliches Engagement und meine Entschlossenheit.

**5. Ich habe eine gute Home-Office-Organisation**
Gute Vorbereitung gibt mir Sicherheit und Selbstvertrauen. Daher mache ich jeden Freitagnachmittag Bürotag und jeden Abend meine Angebots-Ausarbeitung.

**6. Ich kenne mehr Antworten als der Kunde Fragen hat**
Ich habe gute Antworten auf die drei Schlüsselfragen des Kunden: Warum soll ich Ihr Produkt kaufen? Warum soll ich es von Ihnen kaufen? Und warum soll ich es heute kaufen?

**7. Ich weiß, wie ich die Aufmerksamkeit des Kunden gewinne**
Zu einem neuen Kunden sage ich daher: »Ich habe erst gestern einen Nobelpreisträger, der unsere Produkte einsetzt, gefragt, wie organisieren Sie Ihre Arbeit? Interessiert Sie das?«

**8. Ich setze mir ehrgeizige Ziele**
Ich habe klare Tages- und Wochenziele. Wenn am Donnerstag das Soll nicht stimmt, mache ich auf der Stelle noch Extra-Termine.

**9. Ich gebe nicht auf**
Zumindest nicht solange ich ein gutes Gefühl habe. Hier halte ich mich an den Satz von Murphy: »Alle Anstrengungen zahlen sich erst aus, wenn man beschlossen hat, nicht aufzugeben.«

**10. Ich programmiere mich vor jedem Gespräch auf den Erfolg**
Ich weiß genau, was ich heute erreichen will und stärke meinen Willen: »Ich will heute X Tausend Euro Umsatz machen.«

# Teil V
# Die Neuen Spielregeln der Kundenbindung

Wie Sie Kunden durch exzellenten Service zu Stammkunden und Empfehlungsgebern machen und einen uneinholbaren Vorsprung schaffen

*Die Neuen Spielregeln im Verkauf.* Hans Christian Altmann

ISBN: 978-3-527-50484-8

# 18. Kapitel
# Langfristige Kundenbindung durch hohen Mehrwert

»Tüchtiges Schaffen, das hält auf Dauer kein Gegner aus.«

*Peter Rosegger*

## Wie ein Verkäufer von Leasing-Finanzierungen durch einen einzigartigen Mehrwert 30 000 Kunden gewinnt und an sich bindet

Die größte Herausforderung für jeden Verkäufer ist heute die Ähnlichkeit der Produkte. Und was viele vergessen: die Ähnlichkeit der Verkäufer und damit ihrer Methoden. Wer sich heute nicht mit seinem Angebot und seiner Persönlichkeit irgendwie **unterscheidet, differenziert und aus der Masse abhebt**, wer dem Kunden nicht irgendeinen speziellen oder einzigartigen Nutzen bietet, der fällt nicht auf, der erregt keine Aufmerksamkeit, der bewirkt keine Neugierde und auch keine positive Erinnerung. Stattdessen wird er einem unbarmherzigen Preisvergleich unterzogen und die Loyalitätsrate seiner Kunden tendiert gegen Null. Keine schönen Aussichten.

Wie man selbst in einem äußerst hart umkämpften Markt auch als Einzelkämpfer überragende Verkaufserfolge erzielt und sich mit den Jahren einen immer größeren, beinahe **uneinholbaren Vorsprung** vor den Konkurrenten verschafft, wenn man es versteht, sich von den Wettbewerbern zu unterscheiden und seinen Kunden einen unnachahmlichen Nutzen zu bieten, zeigt das folgende Beispiel.

Philipp Reiser verkauft Leasing-Finanzierungen für bewegliche Teile und Autos an gewerbliche Unternehmer. Und er verkauft seit 25 Jahren um 300 Prozent besser als der Zweitbeste, im letzten Jahr sogar um 375 Prozent besser. Neugierig geworden fragte ich ihn:



*Die Neuen Spielregeln im Verkauf.* Hans Christian Altmann

ISBN: 978-3-527-50484-8

**Worauf führen Sie Ihren Erfolg zurück?**

Zu 95 Prozent auf biederen Fleiß und zu fünf Prozent auf ein bisschen mehr Wissen, mehr Überzeugungskraft und mehr Verkaufsinstinkt.

**Und woher resultiert dann der große Unterschied zu dem Zweitbesten?**

Am Ende des Tages summieren sich die Kleinigkeiten. Sehr erfolgreiche Verkäufer haben schon am Abend vorher den ganzen Tag durchstrukturiert, von der Frühe bis zum Abend. Sie gehen mit Akribie die einzelnen Punkte an, haben eine vorzügliche Organisation aufgebaut und setzen alles daran, die angestrebten Tagesaktivitäten und Ziele zu erreichen.

**Heißt das, dass Sie nach ganz bestimmten Quoten vorgehen?**

Völlig richtig. Ich weiß ganz genau, wie viele Anrufe und wie viele Angebote ich pro Tag machen muss, um eine bestimmte Anzahl von Abschlüssen zu erreichen, wobei ich dann auch noch eine bestimmte Storno-Quote unserer Zentrale berücksichtige. So mache ich am Tag 80 Anrufe. Daraus resultieren 65 Angebote, die zu 15 Verträgen führen, von denen zwölf von der Zentrale angenommen werden.

**Profitieren Sie auch sonst noch von der Quote?**

Ja. Zum einen kann ich Ihnen zu jeder Stunde des Tages sagen, was ich bereits erreicht bzw. verdient habe. Zum anderen weiß ich ganz genau, was ich jeden Tag tun muss, um meine angestrebten Ziele zu erreichen. Zum Dritten weiß ich so sofort, wo ich an meinem Verkaufsprozess etwas verändern kann oder muss, wenn es nicht so läuft wie bisher, oder wie ich besser werden kann. Ein Beispiel: Wenn die Quote zwischen Anrufen und Angeboten nicht stimmt, dann weiß ich sofort, dass mein Aufhänger heute zu wenig interessant ist, dass mein Produkt heute vielleicht zu wenig wettbewerbsfähig ist, weil vielleicht irgendein Wettbewerber mit zugkräftigeren Konditionen wirbt oder dass meine Argumente zu wenig kundenbezogen oder zu wenig zündend sind.

Reiser vermittelt uns hier die erste Lektion für Sieger:

> Erfolg entsteht durch tägliche Ziele, tägliche Kontrollen, tägliches Feedback und tägliche Verbesserungen!

**Hat Ihre hohe Kontakt- und Auftragszahl noch eine andere Ursache?**

Wahrscheinlich. Denn ich biete meinen Kunden nicht nur die Leasing-Finanzierung für neue Autos an, sondern ich kann ihnen auch günstige Leasingkonditionen für ihre Autos beschaffen.

Warum? Weil ich ihnen gleichzeitig bestimmte Autohändler mit besonders günstigen Leasingkonditionen empfehle. Diese Autohändler habe ich natürlich vorher kontaktiert und je mehr Leasing-Finanzierungen ich verkaufe, umso mehr Bestellungen bekommen sie und umso bessere Konditionen geben sie an meine Kunden weiter. Alle diese Vorteile wiederum bewirken leichtere, schnellere und größere Neukundenabschlüsse. Die hohe Zahl an Abschlüssen führt also indirekt zu einer klaren Verbesserung meines Produkts und damit zu mehr Kundennutzen! So ergibt sich eine Win-win-Situation für alle: meine Kunden, die Autohändler und für mich.

**Aber wie erklären Sie es sich, dass andere Verkäufer sehr fleißig, aber bei Weitem nicht so erfolgreich sind?**

Ich glaube, das hängt mit dem unterschiedlichen Verkaufsinstinkt zusammen. Gute Verkäufer wissen mit instinktivem Gespür, wie sie sich durch die richtigen Strategien und Verkaufsmethoden von den Wettbewerbern abheben, auf den Kunden Eindruck machen und in seinem Gedächtnis bleiben.

Zu den zwei Trainees, die ich in meinem Büro ausbilde, sage ich immer: »Gute Verkäufer sind wie Jäger im Wald. Sie wissen instinktiv, wo sich welches Tier hinter welchem Baum im Wald versteckt. Und sie haben einfach ein Talent dafür, mit Kunden optimal umzugehen, ihre Wünsche zu erspüren und sie mit den richtigen Worten und Strategien zu überzeugen«.

**Viele sagen, diesen Instinkt hat man, den kann man einem nicht beibringen. Wie ist Ihre Meinung dazu?**

Das stimmt nur zum Teil, denn viele Spitzenverkäufer verdanken ihren untrüglichen Instinkt drei Ursachen: Erstens, sie sind mit Leib und Seele Verkäufer. Sie leben ihren Beruf und sind daher jeden Tag an ihren Kunden ganz nahe dran. Sie kennen also ganz genau ihre Bedürfnisse und Wünsche. Zweitens, sie sind enorm fleißig und haben – wie in meinem Fall mit 80 Anrufen pro Tag – eine ungeheuere Vielzahl von Chancen, ihr Gespür zu üben und zu verbessern. Und drittens – und das ist in meinen Augen die wichtigste Voraussetzung –, sie orientieren sich jeden Tag an ihren Quoten und sie analysieren sofort Abweichungen: seien es besondere Erfolge oder Misserfolge. Und da hapert es bei den Durchschnittlichen. Das können oder wollen sie nicht. Dieses Talent halte ich jedoch für ganz entscheidend.

**Sie sagten, dass Sie dieses Gespür üben. Heißt das, dass Sie vor oder während Ihrer Kundengespräche ganz bewusst auf Ihr Gefühl, auf Ihre innere Stimme oder auf Ihren spontanen Eindruck achten?**

Ja, genauso habe ich begonnen. Aber heute geht das bei mir unbewusst vor sich, geradezu automatisch. Ich glaube, und das habe ich einmal in einem Artikel gelesen, dass gute Verkäufer durch ihre hohe Konzentration auf den Kunden unbewusst viel mehr Eindrücke wahrnehmen als andere und dass daraus dann unbewusst ihr Urteil entsteht. Und dass sie dann diese Eindrücke unbewusst in einer Art »stillschweigendem Gedächtnis« abspeichern und bei ähnlichen Fällen sofort wieder abrufen können. Anders kann ich es mir nicht erklären.

**Psychologen sagen dazu, dass Verkäufer oder Sportler, die jeden Tag intensiv ihre Vorgehensweise üben und immer weiter verbessern, plötzlich das »Momentum« erreichen, also den Zustand, wo sie unbewusst in jeder Situation die besten Strategien einsetzen.**

Genauso ist es. Und jeder Verkäufer, der dieses Momentum noch nicht erreicht hat, muss in jeder schwierigen Situation neu überlegen, verbraucht dadurch viel mehr Energie und kann dennoch nicht auf seinen Erfahrungsschatz zurückgreifen.

**Sie haben vorher gute Verkäufer mit Jägern verglichen, die instinktiv wissen, hinter welchem Baum sich ein Tier versteckt. Aber sie müssen ja auch optimal schießen können.**

Klar. Für den guten Verkäufer heißt das: Sie beherrschen ihre Werkzeuge optimal: angefangen von den einzelnen Verkaufsmethoden bis hin zu den besten Abschlussstrategien. Dadurch brauchen sie viel weniger als andere über ihr Verkaufsgespräch nachzudenken, sondern können sich voll auf den Kunden – in meinem Fall auf seine Stimme, seine Sprechweise und seine Argumente – konzentrieren. Und dabei Untertöne heraushören, die sie stutzig machen.

Und wir erkennen hier eine besondere Siegereigenschaft:

| |
|---|
| Der untrügliche Verkaufsinstinkt entsteht, wenn man sein Thema beherrscht und sich voll auf den Kunden konzentriert und (anfangs ganz bewusst) bestimmte Eindrücke abruft. |

**Alle sprechen heute von der Pflicht, sich von den Wettbewerbern zu unterscheiden. Was tun Sie, um sich von allen anderen abzuheben?**

Eine ganze Menge. Von Anfang an bin ich immer anders als andere vorgegangen. Während meine Kollegen es sich einfach machten und vom ersten Tag an neue Kunden anriefen, bin ich die ersten sechs Jahr beinhart per Kaltakquise durch die Gewerbegebiete gezogen und habe bei allen gewerblichen Firmen gute persönliche Kontakte aufgebaut. Nur so lernt man den Kunden und sein Umfeld wirklich kennen. Dabei kommt mir zugute, was auch andere Spitzenverkäufer auszeichnet: Ich bin für alles offen. Ich bin zuhörbereit und bemühe mich, nie langweilig zu sein. Daher freut es mich, wenn die Kunden heute über mich sagen: Der Reiser ist kompetent. Der weiß immer, wie man Probleme löst und der bietet mir immer etwas Besonderes.

**Genügen diese Einstellungen, um sich wirkungsvoll zu differenzieren?**

Nein. Dazu müssen noch drei weitere Einstellungen kommen. Erstens: Ich will Verkäufer sein! Ich identifiziere mich also voll mit meinem Beruf. Zweitens: Ich will Erfolg haben! Und ich will ihn jeden Tag haben! Und drittens: Ich will immer besser werden – statt mich auf meinen Lorbeeren auszuruhen. Wenn ich dann am Abend nicht den gewünschten Erfolg habe, dann frage ich mich sofort: Was kann ich tun, um den Rückstand aufzuholen? Wie kann ich meine Quote wieder verbessern?

Reiser weist uns hier auf eine weitere wichtige Siegereigenschaft hin:

> Spitzenverkäufer streben jeden Tag nicht nur bestimmte Ergebnisse an, sondern wollen sich jeden Tag auch weiter verbessern!

**Und wie gehen Sie mit dem beinharten Wettbewerb in Ihrer Branche um?**

Die Einhaltung der Quoten sagt mir, ob mein Angebots-Paket noch okay ist. Das ist für mich das Wichtigste. Dann kann ich auch akzeptieren, dass 70 Prozent der angerufenen Kunden zu mir sagen: Ein anderer ist billiger. Dann konzentriere ich mich halt auf die 30 Prozent, bei denen es nicht um den letzten Cent, sondern auch um eine gute emotionale Beziehung geht.

**Gehören die »gute Beziehung« und Ihr Wunsch »anders als andere zu sein« zusammen?**

Ja, unbedingt. Denn ich schaffe diese gute Beziehung zum Kunden vor allem durch eine ganze Reihe einzigartiger Maßnahmen.

**Das klingt interessant. Wie sehen die aus?**

Die erste ist: Ich schreibe nicht nur regelmäßig Artikel zum Thema »Antiaging« für meine Kunden, sondern führe auch jeden Monat einen »Antiaging-Abend« durch. Dabei kommen maximal

15 bis 20 Leute zusammen, sodass sich auch noch die Chance zu einem persönlichen Kontakt ergibt. Das Thema selbst fällt mir leicht, da ich ursprünglich Ernährungswissenschaftler, also Dipl. Ökotrophologe, werden wollte, aber vor 25 Jahren keinen Markt dafür vorfand. Doch meine Kunden honorieren das ungemein.

**Eine außergewöhnliche Idee. Tun Sie sonst noch was für die Gesundheit Ihrer Kunden?**

Ja und das ist meine zweite Maßnahme: In diesem Jahr biete ich meinen Kunden jeden Monat zusammen mit einem Kardiologen (Herzspezialisten) und Urologen einen Vortrag zum Thema **»Persönlicher Gesundheits-Check«** an. Dabei machen wir den Kunden nicht nur klar, worauf es heute bei einer gesunden Lebensweise ankommt, sondern bieten ihnen auch einen konkreten Nutzen: Statt für zwei Tage nach Wiesbaden fahren zu müssen, um den notwendigen Gesundheits-Check durchführen zu lassen, weisen wir sie auf eine nahe Klinik hin, wo sie am Freitag um acht Uhr früh kommen und um 14 Uhr mit der Diagnose heimgehen können.

**Damit sind Sie sicher der Spitzenverkäufer, der die gesündesten Kunden hat. Und was tun Sie für die Genießer?**

Auch etwas Besonderes. Ich bin Mitglied eines sehr renommierten Zigarren-Clubs, der sich **»Buena Vista«** (Schöne Aussicht) nennt und zurzeit 17 feste Mitglieder und drei Gastmitglieder aufweist. Die Mitglieder treffen sich einmal im Monat, um einen interessanten Gastreferenten anzuhören und dann ihrem Lieblingshobby sowie der Pflege persönlicher Kontakte nachzugehen. Bei interessanten Vorträgen lade ich dazu auch ausgewählte Kunden ein, die zum einen den Vortrag und zum anderen das gepflegte Zigarren-Ambiente zu schätzen wissen. So kommt man sich durch das anregende Ambiente persönlich und geschäftlich am schnellsten näher.

**Und was tun Sie, um Ihre Kunden auch geschäftlich an sich zu binden und sich gleichzeitig zu unterscheiden?**

Mein neuester Plan im Bereich der Kundenbindung sieht vor, meinen 25 000 Kunden jeden Monat ein E-Mail mit einem interessanten Angebot zuzusenden. Natürlich, nachdem ich sie vorher um die Erlaubnis dazu gefragt habe. In diesen E-Mails geht es um günstige Angebote verschiedener Automobilhändler. Die erreiche ich, indem ich jeden Monat einen anderen Autohändler anspreche, ihm von meiner Datei mit den 25 000 gewerblichen Kunden erzähle und ihn dann frage, in welcher Form er uns ein besonderes Angebot machen könnte. Das ist dann mein persönlicher Zusatznutzen, **mein besonderer »Mehrwert«** für meine Kunden.

Wenn sich dann der alte Geschäftsführer einer großen Firma extra die Zeit nimmt, um mich seinem Nachfolger vorzustellen, dann weiß ich, dass ich auf dem richtigen Weg bin.

**Und wie unterscheiden Sie sich im Gespräch von anderen?**

Ich lege großen Wert darauf, dass mein Angebot für den Kunden absolut gut ist. Er muss dabei das Gefühl haben, dass ich genau seine Probleme und Wünsche kenne und auf seine individuelle Situation eingehe. Und er muss sofort spüren, dass er durch die Zusammenarbeit mit mir echte Vorteile hat.

**Wie sieht das konkret aus?**

Zum Beispiel, indem ich dem Kunden aufzeige, dass er mit meiner Finanzierung bei gleicher Laufzeit 40 Prozent weniger Körperschaftssteuer zahlen muss. Oder wenn ich ihn darauf aufmerksam mache, dass er mit meiner Leasing-Finanzierung gerade in der jetzigen Situation einen echten Kostenvorteil hat. Denn mit jedem neuen Bankkredit verschlechtert er nicht nur seine Bilanzstruktur, sondern auch seine Kreditfähigkeit, was – nach Basel II – automatisch seine Zinskosten erhöht.

**Kurz-Test: So erhöhen Sie Ihre Abschlussquote**

Sie erreichen umso mehr Abschlüsse, je positiver Sie die folgenden vier Fragen beantworten können.

1. Wie sieht Ihre **Abschlussquote** aus?

___

___

2. Was **unternehmen** Sie, wenn die Quote nicht stimmt?

___

___

3. Was tun Sie jeden Tag, um das **Momentum** zu erreichen?

___

___

4. Welchen **Mehrwert** bieten Sie Ihren Kunden?

___

___

# 19. Kapitel
# Die beste Wachstumsformel aller Zeiten

»Es gibt keinen Selfmademan.
Du kannst deine Ziele nur mit Hilfe
der anderen erreichen.«

*George Shinn*

## Warum ein Top-Finanzdienstleister durch eine einzige Frage zwanzigmal mehr verdient als seine Kollegen

Topverkäufer wollen nicht nur eine Win-win-Situation herstellen, sondern sie verfolgen, wie es der Loyalitätsexperte Fred Reichheld in seinem Buch *Die ultimative Frage*[8)] festgestellt hat, auch ein wesentlich wichtigeres Ziel. Sie wollen ihre Kunden auch langfristig an sich binden. Denn sie wissen: **eine starke Kundenloyalität ist heute der entscheidende Faktor für ein nachhaltiges Wachstum.** Und sie wissen, dass dieses Wachstum von einer einzigen Antwort des Kunden abhängt und die lautet: **»Herr Kunde, würden Sie mein Unternehmen einem Freund oder Kollegen empfehlen?«**

Und was sagen die Firmen dazu? Sie werden es nicht glauben: **80** Prozent sind davon überzeugt, ihren Kunden eine überdurchschnittliche Qualität zu bieten. Und was sagen die Kunden dazu? Nur **acht** Prozent stimmen diesem Urteil zu. Wahrhaftig – ein gewaltiger blinder Fleck in den Augen der Firmen und wohl auch mancher Verkäufer.

## Erkennen Sie die wahre Empfehlungsbereitschaft Ihrer Kunden!

Daher gehen gute Firmen und Verkäufer bei solchen Umfragen noch zwei Schritte weiter. Der erste ist: Sie lassen den Kunden die Frage nach Empfehlungen auf einer Skala von null bis zehn bewerten: Null bedeutet »auf keinen Fall« und zehn »mit voller Begeisterung«. Und nur die Kunden, die diese Skala mit



*Die Neuen Spielregeln im Verkauf.* Hans Christian Altmann

ISBN: 978-3-527-50484-8

neun oder zehn bewertet haben, gelten als echte **Förderer**. Das sind die Kunden, die ihre Begeisterung für das Unternehmen nach außen tragen, die eine positive Mundpropaganda tätigen und die durch ihre Weiterempfehlung ihre persönliche Reputation aufs Spiel setzen und aktiv neue Kunden werben. Hier gilt:

> Topzufriedene und empfehlungsbereite Kunden sind die einzigen, die das Wachstum von Unternehmen und Verkäufern fördern!

Es gibt keine andere und bessere Methode für ein profitables Wachstum.

Der zweite Schritt ist: Wenn Sie festgestellt haben, dass sich z. B. 70 Prozent ihrer Kunden als Förderer eingeschätzt haben, dann ziehen Sie von dieser Prozentzahl alle Kunden ab, die diese Frage von null bis sechs angekreuzt haben. Sie werden als »kritische« Kunden angesehen. Die Kunden, die die Sieben oder Acht angekreuzt haben, gelten als »passive« Kunden und bleiben bei dieser Rechnung unberücksichtigt. Was dann übrig bleibt ist der **Nettoanteil loyaler Kunden**. Und der ist entscheidend; denn je höher er ist, also je mehr topzufriedene Förderer-Kunden Sie und Ihre Firma haben, umso größer sind die Wachstumsaussichten. Umgekehrt: Je niedriger er ist, umso stärker wird das Wachstum begrenzt!

Alles dreht sich also für Sie darum, jedem Ihrer Kunden diese ultimative Frage zu stellen, die Prozentzahl der Förderer und Kritiker zu ermitteln und dann alles daranzusetzen, um die Zahl der Förderer zu erhöhen und die Zahl der Kritiker zu verringern! Das ist heute die beste Strategie, um neue Umsatz- und Provisionszuwächse zu erreichen! Denn die vier Vorteile, die Sie von Ihren Förderern erhalten, sind gewaltig.

1. Förderer **binden** sich langfristig und emotional an Sie und Ihr Unternehmen.
2. Sie geben überproportional **viel Geld** für Ihre Produkte oder Ihre Dienstleistungen aus.

3. Sie **steigern** nicht nur Ihre jährlichen Umsätze, sondern in noch stärkerem Maße auch Ihr Provisionseinkommen, da auf diese Weise neue Akquisekosten wegfallen. Und:
4. Sie **empfehlen** Ihr Unternehmen an ihre Freunde und Kollegen und betreiben eine positive Mundpropaganda.

Welche konkreten Ergebnisse bringt das für Verkäufer in der Praxis? Dazu ein paar Beispiele:

- Durchschnittliche **Finanzdienstleister** verdienen rund 50 000 Euro, während Topverkäufer auf eine Million kommen. Das ist zwanzigmal mehr! Und warum? Weil 80 Prozent ihres Umsatzes aus Folgekäufen und Weiterempfehlungen resultieren.
- Gute **Versicherungsvertreter**, die sich engagiert um die Loyalität ihrer Kunden kümmern, bekommen von ihren Förderer-Kunden fünfmal mehr Empfehlungen und jedes Jahr dreimal mehr Neugeschäfte als von ihren kritischen Kunden.
- Gute **Autoverkäufer** mit einem hohen Anteil an Förderkunden verkaufen gerade in schwierigen Zeiten, wo sich die kritischen Kunden noch mehr als sonst zurückhalten, fünf bis zwanzigmal besser als ihre schwächeren Kollegen. Warum? Weil ihnen ein ständiger Strom an Empfehlungskunden zufließt, während ihre Kollegen mühsam neue Kunden akquirieren müssen.

Bleibt die Frage:

## Wie erzeugen Sie eine echte Kundenloyalität?

Eins ist entscheidend: Sie müssen Ihre Kunden vor allem in **kritischen Situationen** positiv überraschen und ihnen auch nach dem Kauf neue begeisternde Erfahrungen bieten. Nehmen wir als Beispiel die Versicherungskunden.

Ihre Zufriedenheit hängt ganz entscheidend davon ab, wie schnell und unproblematisch ein Schadensfall reguliert wird. Da können die Vertreter des amerikanischen Versicherungskonzerns USAA ganz gewaltig punkten. Denn wenn ihre Kunden einen Autounfall haben, erhalten sie schon am Unfallort einen Ersatzwagen, die USAA-Service-Mitarbeiter übernehmen sofort an Ort und Stelle den Abtransport, kümmern sich zuverlässig um die Reparatur, erledigen prompt die Schadensregulierung und sorgen perfekt dafür, dass sich der Kunde um nichts kümmern muss. Kein Wunder, dass die USAA den Weltrekord mit 82 Prozent topzufriedener Kunden hält und die Vertreter supererfolgreich sind.

Ist das auch in anderen Branchen möglich? Natürlich. Untersuchungen ergaben:

**Autoverkäufer** können die Empfehlungsbereitschaft ihrer Kunden ganz enorm steigern, wenn sie die lästigen Rückrufaktionen für einen Positiveffekt nutzen und ihren Kunden für die Zwischenzeit ein begehrtes Modell als Leihwagen anbieten.

Ja, sie können ihre Kunden sogar total begeistern, wenn sie auch noch dafür sorgen, dass der Wagen des Kunden am Abend zurückgebracht und der Leihwagen wieder abgeholt wird.

Mit solchen Aktionen bieten sie ihren Kunden nicht nur einen spürbaren Mehrwert, sondern schaffen es auch, dass sie auf diese Weise **mit ihnen immer wieder in Kontakt kommen**, ihnen neue, begeisternde Erfahrungen bieten und so unauslöschlich in positiver Erinnerung bleiben. Und genau darauf kommt es bei der Kundenloyalität an! Wir erkennen daraus:

> Empfehlungen entstehen durch absolute Kundenzufriedenheit, regelmäßige Kundenkontakte und immer wieder neue, begeisternde Kundenerfahrungen – vor allem in kritischen Situationen.

Wie entscheidend das Verhalten einer Firma gerade bei Fehlfunktionen für eine hohe Kundenloyalität ist, beweisen die Zahlen einer deutschen Auto-Nobelmarke. Hat sie **nach** einem regulären Werkstattaufenthalt noch einen Nettoanteil loyaler Kunden von 40 Prozent, so sinkt er bei der Behebung einer Fehlfunktion (z. B. einer Reparatur) auf **ein Prozent ab** und driftet bei einer unfreundlichen Behandlung sogar ins Minus. Die Folge: Wenn dann der Verkäufer seine Kunden nicht durch seine persönlichen Bindungsmaßnahmen auffängt, wird aus dem topzufriedenen Kunden schnell ein kritischer Kunde, der das nächste Mal woanders kauft.

Was machen daher gute Autoverkäufer? Sie fordern ihre Kunden sogar auf, sie bei fälligen Werkstattbesuchen anzurufen, damit sie sich um den optimalen Service kümmern können. Darüber hinaus gibt ihnen diese »Fürsorge« gleich wieder die Chance zu einem neuen Kontakt, der obendrein auch noch die moralische Verpflichtung des Kunden verstärkt.

Topverkäufer machen das nicht umsonst. Sie wissen genau, dass bei dem immer härter werdenden Wettbewerb die echte **Kundenfokussierung** – durch eine individuelle Betreuung und einen exzellenten Service – heute das **entscheidende Differenzierungsmerkmal** gegenüber dem Wettbewerb ist.

Untersuchungen zeigen, dass die Empfehlungsbereitschaft der Autokunden zwischen dem vierten und fünften Jahr ihren Tiefpunkt erreicht. Also gerade zu dem Zeitpunkt, wo viele Autofahrer über den Wiederkauf nachdenken. **Gerade jetzt käme es darauf an, die Kundenbegeisterung und Kundenbindung über diesen Zeitraum zu erhalten.** Doch genau hier – und auch das belegen die Untersuchungen – verweigern viele Verkäufer den engen Kontakt mit ihren Kunden und bieten ihm keine neuen, begeisternden Erfahrungen mehr an. Die Folge: Beide – Verkäufer wie Kunde – handeln dann nach dem Motto: Aus den Augen aus dem Sinn! Die harte Konsequenz: Wenn der Verkäufer den Kunden aus den Augen verliert, dann sieht auch der Kunde keinen Sinn mehr darin, bei ihm erneut zu kaufen.

### Das Grundproblem im weltweiten Verkauf

Machen wir uns für einen Augenblick die dramatischen Folgen der Globalisierung bewusst: Den Kunden und seine Bedürfnisse und Wünsche aus den Augen zu verlieren, blockiert heute nicht nur das Wachstum, sondern ist häufig auch die Ursache drastischer Umsatzrückgänge und ernster Berufskrisen. Denn der Kunde spürt früher oder später ganz genau die unbewusste Einstellung des Verkäufers und handelt entsprechend! Und zu glauben, die fehlende Betreuung der Stammkunden durch Neukundenakquise ersetzen zu können, ist reines Wunschdenken.

Wer heute erfolgreich neue Kunden akquirieren will, der muss sich eher noch tiefer in die aktuellen Kundenbedürfnisse hineindenken als bisher, der muss sich im Geschäft mit Industriekunden zuerst in das Geschäftsmodell der neuen Firma einarbeiten, dann deren Erfolgsfaktoren erkennen und zuletzt den steigenden Ansprüchen der Einkäufer gerecht werden, die immer komplexere Lösungen verlangen. Nur mit echter Kundenfokussierung hat er hier überhaupt eine Chance!

**Warum sollten Sie sich da nicht viel lieber auf Ihre Bestandskunden konzentrieren**, wo Sie viel leichter, kostengünstiger und zielsicherer neue Aufträge erreichen können? Vorausgesetzt, Sie haben eine Reihe topzufriedener Kunden? Und Sie nehmen weiter ganz sensibel die sich verändernden Kundenbedürfnisse wahr! Ja noch besser: spüren sie schon im Voraus!

Denn was ist heute die wahre Ursache der Auftragsmisere? Die Unternehmensberatung Bain & Company nannte in einer Untersuchung **»das mangelnde Verständnis für die tatsächlichen Kundenbedürfnisse«** einen der wichtigsten Wachstumskiller! Und daher heißt die beste Lösung für Sie:

> Finden Sie die wahren Wünsche der Kunden heraus und setzen Sie sich mit ganzer Kraft ein, sie zu erfüllen! Dann wird auch der Kunde Ihren Wunsch nach neuen Aufträgen erfüllen!

## Forschen Sie nach der wahren Kundenzufriedenheit!

Verlassen sie sich bei der Messung der Kundenloyalität jedoch auf keinen Fall auf so vage Fragen wie zum Beispiel »Wie zufrieden sind Sie mit unserem Service?« oder auf so unverbindliche Bitten wie: »Ich würde mich freuen, wenn Sie mich weiterempfehlen könnten.« Darauf reagiert der Kunde nur zu oft mit einem schnell dahingeworfenen Ja. Wie bei der berühmten Kellnerfrage, ob es geschmeckt hat. Begeisterung hört sich anders an.

So ergab eine Stichprobe bei einem Telekommunikationsunternehmen, dass 85 Prozent der abgewanderten Kunden eigentlich »ganz zufrieden« waren. Aber warum haben sie dann gewechselt?

### Wovon hängt die aktive Empfehlungsbereitschaft der Kunden ab?

Vereinfacht gesagt, hängt sie von der Befriedigung der sich stets verändernden sachlichen und emotionalen Kundenbedürfnisse und Kundenerwartungen ab. Zu den sachlichen gehören **das Preis-Leistungs-Verhältnis, die Produktqualität, die Funktionalität, die Bedienungsfreundlichkeit und der konkrete Praxisnutzen**. Sie müssen alle dem Kunden einen herausragenden, am besten einzigartigen Wert bieten. Zu den emotionalen Bedürfnissen des Kunden gehören seine **Wünsche nach positiven Kontakten und begeisternden Erfahrungen mit dem Unternehmen und seinen Mitarbeitern**, mit denen er zu tun hat. Sowie das gute Gefühl, dass man ihn dort kennt, versteht und schätzt und dass man ihm zuhört und seine Werte teilt.

Das heißt: Alle Untersuchungen deuten daraufhin, dass letztlich das Engagement der Mitarbeiter an den Kundenschnittstellen eine herausragende Rolle spielt. Und noch besser:

> Die Prozentzahl der zufriedenen und loyalen Kunden entspricht genau dem Engagement der Mitarbeiter und Verkäufer!

Sie sehen, wie weit wir heute von dem früheren »Anhauen, umhauen, abhauen!« entfernt sind und wie sehr anstatt der schönen Formen (Essenseinladungen) heute der Inhalt unserer Kundenbeziehungen – unser echtes Engagement für ihn – zählt!

### Und wonach sollte sich dieses Engagement richten?

Am besten nach der goldenen Regel: »Behandle andere stets so, wie du auch von ihnen behandelt werden möchtest!« Dieses Motto sorgte bei eBay in den letzten Jahren für Umsatzschübe von über 40 Prozent pro Jahr und einem Nettoanteil topzufriedener Kunden von 70 Prozent. Ein wahrhaft erfolgreiches Motto.

## Welche Rolle kommt den Verkäufern bei der Kundenloyalität zu?

Als Verkäufer haben Sie durch Ihre häufigen Kundenkontakte einen maßgeblichen Einfluss auf das **Bild,** das sich die Kunden von Ihnen und Ihrem Unternehmen machen und in Erinnerung behalten. Daher kennen Sie auch die Gefahren der Kundenunzufriedenheit. Und die nehmen von Tag zu Tag zu. Denn aufgrund der immer mächtiger werdenden, oft internetgestützten Mundpropaganda sind heute **unzufriedene, kritische Kunden der wahre Grund, dass Firmen und Verkäufer keine neuen Kunden mehr gewinnen!** Warum? Weil Kritiker-Kunden nicht nur den Ruf einer Firma beschädigen, sondern auch die persönliche Stimmung und Überzeugungskraft der Verkäufer belasten. Denn gegenüber dem negativen Antipathiefeld eines Unternehmens kann niemand überzeugen. Dazu kommt noch, dass sich allein durch die normalen Störfälle in einem Unternehmen durchschnittlich 33 Prozent der Kunden ganz von selbst in Kritiker verwandeln. Denn Kunden bewerten negative Ereignisse fünfmal stärker als positive.

Wenn der Anteil der Kritiker dann auf 50 Prozent und mehr steigt, ist der Kampf um neue Umsätze geradezu hoffnungslos. Denn so viele neue Kunden können kein Unternehmen und kein Verkäufer der Welt gewinnen, wie an unzufriedenen Kunden wegbrechen.

**Die Konsequenz daraus:** Gute Verkäufer wissen daher, dass nichts das Wachstum ihrer Umsätze und ihres Einkommens stärker beeinflusst als die steigende Anzahl topzufriedener Kunden, die sie aktiv weiterempfehlen. Daher bemühen sie sich **mit aller Kraft**, ihren Kunden eine überdurchschnittliche Qualität, eine außergewöhnliche Lösung und einen überraschend positiven Service zu bieten. Daher konzentrieren sie sich konsequent auf die Bedürfnisse und die Wünsche ihrer Kunden und versuchen ihre Erwartungen immer wieder zu übertreffen. Und daher suchen sie auch immer wieder das **Gespräch** mit ihren Kunden, um zu erfahren: Warum haben sie gekauft? Werden sie mich weiterempfehlen? Was muss ich tun, um ihre Wünsche noch besser zu erfüllen? Alles mit dem Ziel, mehr Förderer und weniger Kritiker zu haben!

**Welche Bedeutung dabei auch dem regelmäßigen Kontakt zwischen Verkäufer und Kunde zukommt,** zeigen Untersuchungen bei Banken. Bei ihnen ist der Nettoanteil loyaler Kunden mit 22 Prozent am höchsten, wenn das persönliche Gespräch zwischen Berater und Kunde im letzten Monat stattfand und er sinkt auf ein (!) Prozent, wenn Kunde und Berater länger als ein Jahr keinen **Kontakt** mehr hatten!

Entscheidend ist dabei auch der **Inhalt** der Gespräche: Der Nettoanteil topzufriedener Kunden ist mit 30 Prozent dann am höchsten, wenn es um das eigene Konto geht, er halbiert sich auf 15 Prozent, wenn es um Hypotheken oder Kredite geht, er drittelt sich auf zehn Prozent, wenn es um Anlageempfehlungen geht und er sinkt auf minus zwölf Prozent, wenn es um Beschwerden geht. Das muss man wissen und in diesen Situationen besonders sensibel und kundenorientiert vorgehen.

Daher sollte jeder Verkäufer ganz genau wissen, in **welchem Zeitraum seine Kunden einen regelmäßigen Kontakt am liebsten erwarten**. Und Finanzdienstleister sollten wissen, dass sie ihn bei abstürzenden Aktienkursen ganz besonders erwarten. Jeder Verkäufer sollte auch wissen, welche Themen(!) für seine Kunden am angenehmsten sind und wie er brisante Themen präsentieren muss, dass sie beim Kunden Begeisterung und Wohlgefühl auslösen. Und er sollte auch ganz genau wissen, wie er seine Bestandskunden zu echten Förderern machen kann.

Joe Gandolfo, einer der erfolgreichsten Finanzdienstleister aller Zeiten, der Provisionen in zweistelliger Millionenhöhe verdiente, sagte einmal: »Sie können als Verkäufer alle Techniken beherrschen, aber wenn Sie nicht den Service für Ihre Kunden beherrschen, werden Sie nie in die Liga der Topverkäufer aufsteigen.« Als er gefragt wurde, wie er es schaffe, 80 Prozent seines Geschäfts mit Stammkunden und Empfehlungskunden zu tätigen, zählte er folgende Maßnahmen auf:

### 10 Maßnahmen, mit denen ein Topverkäufer seine Kunden langfristig an sich bindet

- Ich schicke jedem neuen Kunden nach einem Abschluss noch am selben Tag einen handgeschriebenen »Danke-für-den-Auftrag-Brief«.
- Ich rufe jeden neuen Kunden zwei Tage später an, um ihn nochmals auf meinen außergewöhnlichen Service aufmerksam zu machen.
- Ich sende an jeden Kunden, der eine 1-Million-Dollar-Police gekauft hat, eine Plakette aus Wallnussholz.
- Ich schicke jedem Kunden jährlich eine Geburtstags- und eine Weihnachtskarte zu.
- Ich rufe jeden Kunden am Jahrestag des ersten Verkaufs wieder an, um mich nach seiner Zufriedenheit und seinen Wünschen zu erkundigen.
- Ich sende regelmäßig Fragebögen an meine Kunden, mit der Bitte, mir ihr Feedback bzw. ihr Urteil über unseren Kontakt zuzusenden.
- Ich schicke jedem Kunden jeden Monat eine E-Mail-Nachricht mit wertvollen Tipps.
- Ich sende meinen Kunden laufend Kopien von Magazinen und Zeitungsartikeln zu, die für sie von persönlichem Interesse sind.
- Ich sende sehr schöne Weihnachtsgeschenke an meine großen Kunden.
- Ich schreibe jedem, der mir eine Empfehlung gegeben hat, einen Dankeschön-Brief.

Was Sie sonst noch tun können, um die wahren, sich stets verändernden Kundenbedürfnisse zu erkennen und Ihren Kunden immer wieder neue begeisternde Kundenerfahrungen zu geben, zeigt Ihnen die folgende Übersicht:

## 20 Tipps, wie Sie dauerhaft eine hohe Kundenloyalität erreichen

1. Entwickeln Sie den **Leitsatz**: »Der Kunde soll sich mit meinem Produkt so wohl fühlen, dass er allen seinen Freunden und Bekannten sagt, sie sollen ebenfalls bei mir kaufen!«
2. Bitten Sie z. B. als Software-Verkäufer Ihre Kunden, ihnen bei der Installation **über die Schulter blicken** zu dürfen, um zu sehen, welche Probleme dabei auftreten, wie sie damit zurechtkommen und wie Sie ihnen helfen können.
3. Schaffen Sie einen Kreis von Kunden, um **Feedback** zu bekommen. Nehmen Sie auch Kritiker auf und fragen Sie sie: Welche Verbesserungen wünschen Sie sich?
4. Fragen Sie die Kunden, wie viele Empfehlungen sie schon ausgesprochen haben? Und **warum**? Und was man verändern sollte?
5. Listen Sie bei Ihrem Verkauf alle **Kontaktpunkte** zum Kunden auf: vom ersten Telefonkontakt bis zum Service. Überlegen Sie dann, wie Sie diese Kontakte zu Erfahrungen für Ihre Kunden machen können, die sie begeistern.
6. Lernen Sie von den **Besten**: Was machen sie anders in der Kontakt- und Beziehungspflege mit ihren Kunden? Und was können Sie übernehmen oder verbessern?
7. Fragen Sie auch die Kunden, wie Sie Ihre Erfahrungen beim Kauf oder Service **verbessern** können und werden Sie sofort aktiv. Informieren Sie Ihre Kunden über die Veränderungen und danken Sie ihnen für ihre Anregungen.
8. Fragen Sie die Kunden bei einer Reparatur oder Reklamation: Was können wir tun, um Ihre Erfahrung noch zu verbessern? Und falls es ein Problem gab: Wie können wir Sie dafür **entschädigen**? Dokumentieren Sie alle Probleme und Reaktionen der Kunden, um daraus zu lernen.
9. Segmentieren Sie Ihre Kunden und definieren Sie für jedes Segment positive Kundenerfahrungen. Entwickeln Sie immer wieder neue, attraktive **Erfahrungen** für Ihre Kunden.
10. Finden Sie heraus, weshalb manche Kunden nicht begeistert sind, was sie **begeistern** würde und ob die notwendigen Investitionen oder Einsätze sich dafür lohnen.

11. Haben Sie den Mut, allen Kunden die **ultimative Frage** zu stellen, um so die Kunden zu identifizieren, die mit großer Wahrscheinlichkeit Stammkunden und Empfehlungsgeber werden. Aber stellen Sie die ultimative Frage nicht sofort nach dem Abschluss, sondern erst nach der Produktübergabe oder einer gewissen Eingewöhnungszeit. Fragen Sie sich dann: Wie kann ich sie an mich binden? Wie kann ich ihre Empfehlungsbereitschaft aktivieren?
12. Spüren Sie heraus, was die Kunden beim Kauf wirklich **fasziniert**. So war es bei einer Bäckerei der Duft frisch gebackenen Brotes, der viele Kunden anlockte.
13. Versuchen Sie Bedürfnisse der Kunden auch **vorauszuahnen**. Rufen Sie z. B. Ihre Autokunden an, wenn ein günstiger Verkaufszeitpunkt für ihren Gebrauchten vorliegt oder eine Sonderaktion läuft.
14. Machen Sie **Rollenspiele** mit Kollegen und überlegen Sie dabei immer bessere Antworten in bestimmten Kontaktsituationen, z. B. in kritischen Situationen.
15. Sprechen Sie auch mit den **Kritiker-Kunden**. Erforschen Sie, was ihnen nicht gefällt, was sie bei der Konkurrenz kaufen, warum sie es dort kauften und wie Ihr Unternehmen gegenüber der Konkurrenz abschneidet? Denn unzufriedene Kunden liefern oft das beste Feedback.
16. Geben Sie den Kunden für ihre Anregungen **»Gutpunkte«**, die zwischen 50 Cent und zehn Euro wert sind.
17. Fragen Sie die **Förderer**, was sie ihren Freunden im Einzelnen über Ihre Firma, Ihren Kontakt und Ihr Produkt erzählen und warum.
18. Laden Sie fünf Kunden zu einem **Stammtisch** ein. Lassen Sie sie über ihre Erfahrungen berichten, über positive wie negative und über ihre Wünsche.
19. Bauen Sie im Internet oder über E-mail **Foren** auf, wo Ihnen Ihre Kunden ihre Erfahrungen mitteilen können.
20. Mobilisieren Sie Ihre Förderer, im Internet über ihre Erfahrungen zu **schreiben**, wie es z. B. bei amazon geschieht.

# 20. Kapitel
# Die dramatische Notwendigkeit neuer Einstellungen

»Überzeugungen sind gefährlichere Feinde der Wahrheit als Lügen.«

*Friedrich Nietzsche*

Soeben rief mich der Chef eines großen Autohauses an und klagte mir sein Leid. Er musste wieder einmal einen Verkäufer entlassen. Warum? Weil er ihn erst kürzlich auf ein Seminar geschickt hatte, damit er lernt, wie man Empfehlungen bekommt. Das habe er zwar sehr gut gefunden, aber nichts davon umgesetzt! Die Folge: In zehn Monaten verkaufte er nur zwei Autos! So dramatisch kann sich heute eine fehlende Veränderungsbereitschaft auswirken!

Und warum setzte er nichts um? **Weil es nichts bringt, Kunden um Empfehlungen zu bitten, wenn man ihnen dafür nichts Besonderes bietet!** Und man bietet ihnen erst dann etwas Besonderes an, wenn man zuerst seine Einstellung in Richtung Kundenservice und Kundenbetreuung geändert hat. Erst dann sollte man auch ein Seminar für Empfehlungen besuchen. Vorher ist es vergebliche Liebesmüh. Denn ohne eine neue Einstellung wird ein Verkäufer niemals eine neue Methode engagiert umsetzen.

Die Folge daraus: Der hoffnungsvolle, aber ergebnislose Seminarbesuch spiegelte nur das Ende der Lern- und Anpassungsfähigkeit dieses Verkäufers wider! Und das war auch das Ende seiner Karriere in dieser Firma.

Wie sagte schon **Darwin** vor 150 Jahren: Im Kampf ums Überleben überlebt die Art, die am fittesten ist und meinte damit die Art, die sich am besten an die veränderte Umwelt anpassen kann.

Ein ähnliches Ergebnis ergab eine groß angelegte Studie von **SHELL**: Sie stellte fest, dass die meisten der 500 größten US-Firmen schon 40 Jahre nach der Gründung vom Markt verschwunden waren.[9] Warum? Weil sie unfähig gewesen waren, sich an



*Die Neuen Spielregeln im Verkauf.* Hans Christian Altmann

ISBN: 978-3-527-50484-8

die veränderte Umwelt – die veränderten Marktbedingungen, Kundenbedürfnisse und technologischen Entwicklungen – anzupassen und sich weiterzuentwickeln.

Das fehlende Wissen um veränderte Kundenbedürfnisse ist nach Untersuchungen der Unternehmensberatung Bain & Company auch die Ursache, dass nur noch jedes zehnte Unternehmen ein nachhaltiges Wachstum schafft.[10] Das bedeutet:

> Die Fähigkeit sich an veränderte Bedingungen anzupassen, ist auch für Verkäufer die größte evolutionäre Herausforderung!

Denn von ihr hängt das Grundprinzip jeder Entwicklung ab: das Streben und die Chance nach Selbsterhaltung und Selbstentfaltung! Also seine Möglichkeiten voll auszuschöpfen und so stark wie möglich zu werden! Bei diesem Prozess spielt die Lernfähigkeit und das Lerntempo die entscheidende Rolle.

Auch dazu ein Beispiel aus dem Verkauf:

### Der Verkäufer, der an seinen falschen Einstellungen scheiterte

Fritz Hebel verkaufte anfangs höchst erfolgreich lehrreiche Lexika. Doch schon im zweiten Jahr ging sein Umsatz drastisch zurück. Die Kunden verweigerten den Kauf von Nachfolge-Bänden, da sie schon die alten Bände nicht optimal nutzen konnten. Hebel fragte mich um Rat. Ich nannte ihm ein halbes Dutzend Ideen, darunter auch die Idee, zehn gute Kunden zusammenzurufen, um von ihnen zu erfahren, wie sie seine Lexika nutzten. Diese Erfahrungen sollte er dann an alle seine Kunden weitergeben. Seine Reaktion: Ablehnung! Seine Begründung: Das rentiert sich nicht! Meine Kollegen und ich wechseln alle sechs Monate die Gebiete. Die Folge: Von da an strahlte er unbewusst die Einstellung aus: Ich bin nur an neuen Umsätzen interessiert, aber nicht daran, meinen Kunden einen echten Nutzen zu bieten! Die Reaktion der Kunden: Seitdem hagelte es

Einwände dieser Art. Warum? Seine negative Ausstrahlung war so stark, dass er fast automatisch Kunden mit ähnlichen Einstellungen anzog. Zum Beispiel mit der Einstellung: Misstraue allen Verkäufer-Versprechungen! Hier gilt:

| Gleiches zieht Gleiches an! |
| --- |

Ein halbes Jahr später war er aus dem Geschäft! Er konnte oder wollte sich nicht an die aktuellen Kundenwünsche anpassen.

**Unser Fazit**: Verkäufer scheitern nicht an mangelnden Verkaufserfolgen, sondern sie haben mangelnde Verkaufserfolge, weil sie an der Anpassung an veränderte Kundenbedürfnisse scheitern!

**Im Gegensatz dazu sind Topverkäufer so erfolgreich, weil sie veränderte Kundenwünsche sogar vorausahnen und vorwegnehmen!**

Wohin Sie schauen: Überall geraten Firmen und Verkäufer heute in die Krise, weil sie die veränderten Kundenbedürfnisse entweder nicht rechtzeitig wahrnehmen oder sich nicht optimal anpassen konnten. Auch dazu ein Beispiel:

## Krise! An den wahren Kundenbedürfnissen vorbeiargumentiert!

Autoverkäufer größerer Modelle verzweifeln heute, weil die Firmen zwar wunderschöne Autohäuser gebaut haben, aber nicht die veränderten Kundenbedürfnisse nach spritsparenderen, umweltfreundlicheren und preisgünstigeren Modellen berücksichtigt haben. Aber! Auch sie selbst sind nicht auf das eingegangen, was den Kunden viel wichtiger gewesen wäre als Hochglanzfassaden oder Top-Präsentationen. Kunden legen nämlich – so die Untersuchung der Unternehmensberatung Accenture[11)] – heute auf etwas ganz anderes Wert: 1. auf eine kompetente Beratung, die ihnen bei der Entscheidungsfindung wirklich hilft; 2. auf ein Angebot, das genau auf ihre individuellen Wünsche eingeht und 3. auf eine Preisgestaltung, die transparent und für sie nachvollziehbar ist.

Das Fazit der Accenture-Untersuchung: Man hat an den wahren Kundenbedürfnissen vorbeiinvestiert und vorbeiargumentiert!

Damit sind wir bei unserem Kernthema, das über die Zukunft jedes Verkäufers entscheidet. Und das lautet:

> Wenn sich die Bedürfnisse der Kunden ändern,
> müssen die Verkäufer ihre Einstellungen ändern!

Warum? Aus drei Gründen:

- **Erstens**, weil sie nur mit neuen, richtigen Einstellungen überhaupt erst neue Methoden optimal einsetzen können. Neues zu lernen, ohne seine Einstellungen zu verändern, ist sinnlos!
- **Zweitens**, weil sie nur mit Einstellungen, die mit den neuen Kundenbedürfnissen übereinstimmen, Kunden überzeugen können. Denn nur wer mit andern übereinstimmt, mit dem stimmen auch die andern überein.
- **Drittens**, weil sie ohne diese Veränderungs- und Anpassungsbereitschaft unweigerlich in größte Schwierigkeiten kommen, wie wir gleich sehen werden.

## Worum dreht es sich bei diesen Einstellungen?

Zu unserer Einstellung gehören auch unsere Glaubensüberzeugungen, Werte, Denkgewohnheiten und Verhaltensgewohnheiten. Sie müssen – so wie der Schlüssel zum Schlüsselloch passen muss – mit den veränderten Marktbedingungen, Technikentwicklungen und Kundenbedürfnissen übereinstimmen. Sonst gibt es Probleme!

Und wie funktioniert diese positive veränderte Einstellung? Dazu gehören **vier Kernfähigkeiten**:

- frühzeitig die leisesten Veränderungen bei den Kundenbedürfnissen wahrzunehmen;

- intuitiv zu spüren, ob die Einstellungen noch mit den veränderten Kundenbedürfnissen übereinstimmen;
- alles zu unternehmen, um Einstellungen und veränderte Kundenbedürfnisse wieder in Übereinstimmung zu bringen. Und:
- auf der Basis neuer Einstellungen mit den richtigen Strategien zu reagieren.

Genau da beißt es in der Regel aus! Die Verkäufer verspüren zwar den Druck, sich zu verändern. Aber sie beschreiten den falschen Weg! Sie konzentrieren sich darauf, bei Schwierigkeiten sofort neue Techniken, Methoden oder Strategien zu erlernen oder ihre Motivation zu verstärken. Das ist ein Irrweg! Hier gilt nach dem weltberühmten Lernforscher Piaget die umgekehrte Regel:

> Zuerst müssen wir unsere persönlichen Einstellungen verändern, dann erst sollten wir neue Fähigkeiten erlernen!

Auch dazu ein Beispiel:

### Was ein IT-Berater erlebte, als er sich nicht änderte

Wenn die Anpassung der Einstellung an veränderte Kundenbedürfnisse – zum Beispiel, dass die Kunden heute nach dem Kauf noch weitere, positive Service-Dienstleistungen vom Verkäufer erwarten – nicht geschieht, blockieren diese veralteten Einstellungen nicht nur jede weitere Entwicklung, sondern werden auch zu Auslösern von ernsthaften Disharmonien. Das sah zum Beispiel bei einem IT-Berater so aus: In der ersten Stufe erlebte unser IT-Berater zunehmende **Misserfolge.** Er verspürte nicht nur weniger Nachfrage, sondern er verlor sogar Bestandskunden an die Konkurrenz, weil sie sich von ihm nicht gut betreut fühlten. In der zweiten Stufe nahmen die **Spannungen** mit seiner Umwelt, also mit seinen Kunden zu. Unser IT-Berater, der spürte, dass ihm die Stammkunden wegbrachen, ließ sich mit seinen Kunden immer häufiger auf Streitgespräche ein, drängte sie zum Abschluss oder reagierte aggressiv, weil es bei rückläufigen Zahlen um jeden Kunden geht! In der dritten Stufe folgte eine schwere, innere **Krise,** die sich sogar existenzbedrohend auswirkte. Denn aufgrund seiner veralteten Einstellungen und seiner aggressiven Stimmung häuften sich die Misserfolge, weil sich seine Kunden bei ihm nicht mehr wohlfühlten. Diese Misserfolge führten wiederum zu weniger Einkommen und die wiederum zu bohrenden Zweifeln, ob sich der ganze Einsatz noch lohnte. Und diese Zweifel belasteten wiederum jedes weitere Engagement, das sich nicht sofort auszahlte. Und dann ist es endgültig Schluss mit jedem Kundenservice! So beginnt ein **Teufelskreis**: Je mehr der Verkäufer jede intensive Kundenbetreuung ablehnt, umso weniger verdient er auf Dauer und umso mehr lehnt er jeden zusätzlichen Kundenservice ab. [12)]

## ›Introzeption‹ – die Geheimformel für alle erfolgreichen Verkäufer!

Der amerikanische Psychologe William Stern nannte diese Herausforderung, sich die eigenen inneren Einstellungen und ihre Beziehung zu der sich veränderten Welt immer wieder bewusst zu machen, **»Introzeption«**.[13)] Und das heißt: Der Verkäufer darf nicht statisch bleiben. Er muss erkennen, ob seine inneren Einstellungen noch zu der sich verändernden Außenwelt passen. Und er muss bereit sein, sich zu bewegen, also zu lernen und sich zu verändern. All das verändert natürlich auch die Bedeutung der Motivation. Motivation hat jetzt auch die Aufgabe, diesen Veränderungsprozess anzustoßen und zu einem guten Ende zu führen.

Zu diesen Einstellungen gehören Glaubensüberzeugungen, Werte, Denk- und Verhaltensgewohnheiten. Die Notwendigkeit von Veränderungen ersehen Sie am besten aus dem Kontrast zwischen den alten und neuen Einstellungen:

**Glaubensüberzeugungen:**
*Alte Glaubensüberzeugung:* Aufmerksamkeit und Interesse des Kunden hängen von der Neuheit meines Produkts ab.
*Neue Glaubensüberzeugung:* Ich habe es heute in der Hand, ob ich sofort die Aufmerksamkeit und das Interesse der Kunden gewinne.

*Alte Glaubensüberzeugung:* Kunden können nur durch die Service-Abteilung meiner Firma optimal betreut werden.
*Neue Glaubensüberzeugung:* Ich habe durch meine persönliche Kundenbetreuung die beste Chance, meine Kunden zu Stammkunden und Empfehlungsgebern zu machen.

*Alte Glaubensüberzeugung:* Wenn ich neue Kunden und Umsätze brauche, muss ich neue Kunden akquirieren.
*Neue Glaubensüberzeugung:* Ich weiß, dass ich durch eine steigende Zahl von topzufriedenen Kunden am besten ein profitables Umsatzwachstum erreiche.

*Alte Glaubensüberzeugung:* Die Marketingabteilung muss veränderte Kundenbedürfnisse wahrnehmen und darauf eingehen.
*Neue Glaubensüberzeugung:* Ich bin selbst am besten in der Lage, die veränderten Kundenbedürfnisse zu erkennen und darauf zu reagieren.

*Alte Glaubensüberzeugung:* Ich kann aus einem Me-too-Produkt kein individuelles Produkt machen.
*Neue Glaubensüberzeugung:* Ich kann sehr wohl aus einem Me-too-Produkt ein »einzigartiges« Angebot machen.

*Alte Glaubensüberzeugung:* Ich kann die preislichen und technischen Nachteile meines Produkts nicht durch meine Kompetenz ausgleichen.
*Neue Glaubensüberzeugung:* Ich kann die preislichen und technischen Nachteile meines Produkts sehr wohl bis zu einem gewissen Grad durch meine Kompetenz ausgleichen

**Werte:**
*Alter Wert:* Gute Produkte sind die wichtigste Erfolgsvoraussetzung.
*Neuer Wert:* Topzufriedene Kunden sind mein wichtigstes Kapital.

**Denkgewohnheiten:**
*Alte Denkgewohnheit:* Für mich ist der Verkauf nach dem Abschluss beendet.
*Neue Denkgewohnheit:* Ich muss alles tun, um meinen Kunden auch nach dem Kauf weiter begeisternde Erfahrungen zu bieten, auf dass sie Stammkunden werden, mich weiterempfehlen und positive Mundpropaganda für mich machen.

**Verhaltensgewohnheiten:**
*Alte Verhaltensgewohnheit:* Neue Kunden erfordern neue Akquiseanstrengungen!
*Neue Verhaltensgewohnheit:* Topzufriedene Kunden, die Förderer für mich werden, bewirken heute am risikolosesten ein nachhaltiges und profitables Wachstum.

Was sagt die moderne Lernforschung dazu, dass neue Einstellungen im Rahmen von Veränderungen so entscheidend sind:

## Es kommt heute auf das ›richtige Lernen‹ an!

Jean Piaget, der weltberühmte Lernforscher, fand heraus, dass die meisten Menschen (wie auch die meisten Firmen) am liebsten ein **»Lernen durch Assimilation«** betreiben. Das heißt, dass sie sich bei Schwierigkeiten nur darauf konzentrieren, neue Methoden und Fähigkeiten zu erlernen. Aber das reicht in einer sich permanent verändernden Umwelt bei Weitem nicht. Viel wichtiger und entscheidender wäre jetzt ein **»Lernen durch Akkomodation«** und das bedeutet, dass man als Erstes seine inneren Einstellungen, Glaubensüberzeugungen, Werte und Denkweisen verändern muss und dann erst seine Methoden und Fähigkeiten. Nur so kann man wieder in Übereinstimmung, also ins Gleichgewicht mit einer veränderten Umwelt kommen.[14)] Und wir erkennen die vielleicht wichtigste Eigenschaft von Spitzenverkäufern:

Die Königseigenschaft von Spitzenverkäufern besteht darin, dass sie schon die leisesten Signale veränderter Kundenbedürfnisse und Marktbedingungen wahrnehmen und darauf zuerst mit neuen Einstellungen und dann mit neuen Strategien reagieren.

Lernen durch Akkomodation setzt fünf Fähigkeiten voraus:

Nehmen wir als Beispiel einen Autoverkäufer, wie wir ihn in der Accenture-Untersuchung kennengelernt haben: Er müsste **erstens** schon die leisesten Signale wahrnehmen, wenn sich die Kundenbedürfnisse und Kundenwünsche verändern. Das wäre der Fall, wenn plötzlich die Kunden den Abschluss hinauszögern. Er müsste **zweitens** überprüfen, was er dagegen tun könnte. So könnte er in diesem Fall seine Kunden nach den Ursachen dieser Verzögerungen fragen und dann verstärkt auf ihre drei wahren Wünsche eingehen. Er müsste **drittens** überlegen, ob er auch die innere Einstellung dafür hat, sich um mehr Kompetenz, um individuellere Angebote und um eine transparentere Preisgestaltung wirklich zu bemühen. Und er müsste sich **viertens** überlegen, welche neuen Einstellungen jetzt notwendig wären, wie sie genau aussehen würden und wie er sie erreichen könnte, um seine Ziele – bessere Kundenbeziehungen und eine bessere Abschlussquote – zu erreichen. Und erst, wenn er diese neue Einstellung verinnerlicht hat, sollte er sich **fünftens** überlegen, mit welchen Methoden und Strategien er diese Kundenwünsche besser erfüllen kann. Hier gilt:

Zuerst muss eine Veränderung der Einstellung erfolgen, dann erst eine Veränderung der Strategien!

Denn was hilft es unserem Autoverkäufer, wenn er weiß, wie man Bestandskunden anruft und um Empfehlungen fragt, wenn er eine intensivere Kundenbetreuung als »Anbiederung«, als »verlorene Zeit« und als »nicht geeignet für eine Premium-Marke« ansieht?

Nichts! Was geschieht, wenn ein Verkäufer sich weigert oder unfähig ist, eine neue Einstellung zu gewinnen, erleben Sie am besten in dem folgenden Praxis-Beispiel:

### Ein schmerzhafter, aber geglückter Veränderungsprozess

Andreas Matern verkauft Autos einer Premium-Marke. Als die Krise kam, fiel er in ein Loch. Jetzt hätte er irgendetwas verändern müssen: zuerst seine Einstellungen und dann seine Strategien. Doch statt sich zu ändern, reagierte er – nachdem die Krise sein Einkommen halbiert hatte – mit den bekannten Negativreaktionen wie Schuldzuweisungen, Kritik, Ausreden, Selbstmitleid, Opferrolle und zuletzt mit der Überlegung, ob es nicht besser wäre, seinen Beruf aufzugeben. **Nur das, worauf es jetzt angekommen wäre, zeigte er nicht: Selbstverantwortung und Veränderungsbereitschaft!**

Stattdessen verfestigte er noch seine veralteten Einstellungen und blockierte durch seine Aussagen sogar noch jede Veränderung! Das hörte sich dann so an: »Ich berate meine Kunden kompetent. Daher brauche ich kein besonderes Kundenbindungsprogramm. Was soll ich denn noch alles für die Kunden tun?« Damit verbot er sich geradezu jede intensive Kundenbetreuung nach dem Abschluss und verbaute sich die Chance, durch sein Engagement neue Stammkunden und Empfehlungsgeber zu gewinnen.

Und da eine veraltete Einstellung selten allein kommt, kamen bei diesen Gesprächen gleich noch weitere veraltete Einstellungen zutage, die ebenfalls neue Strategien sofort abblockten. So sagte er jedem, der es hören wollte: »Ich vertrete eine Premium-Marke und das verträgt sich nicht mit Kaltakquise und Klinkenputzerei!« **Damit verbaute er sich jede Chance, zum Beispiel durch Kaltakquise in seinem Stadtteil neue Kunden zu gewinnen.** Oder er sagte zu sich: »Ich tue alles für meine Kunden. Da kann ich doch verlangen, dass meine Firma korrekte Navigationssysteme liefert. Wozu soll ich mich sonst so einsetzen?« Damit machte er seinen Einsatz nicht von den Kunden, sondern von seiner Firma abhängig und verbaute sich die Möglichkeit, gerade in kritischen Situationen seinen Kunden zu helfen, was sie besonders schätzen.

Das größte Problem veralteter Einstellungen zeigte sich jedoch darin, dass solche Verkäufer auch alle weiteren Vorschläge ablehnen. Als man ihm riet, den Verkauf höherwertiger Modelle zu forcieren, weil hier die Kunden weniger preissensibel seien, lehnte er es ab: »Diese neue Kundenzielgruppe ist mir zu fremd!« Als man ihm riet, dem besten Verkäufer, Herrn Kluge, über die Schulter zu schauen und von ihm zu lernen, lehnte er es ab: »Herr Kluge hat viel mehr Bestandskunden als ich und daher ist sein Vorgehen nicht mit meinem zu vergleichen.« Als man ihm riet, seine Kunden nach dem Abschluss zu fragen, ob sie ihn weiterempfehlen würden und was er dafür tun müsse, lehnte er es ab: »Das ist mir zu aufdringlich!« Was heißt das?

> Frust, Spannungen, spontane Ablehnungen und Negativgefühle sind der beste Hinweis darauf, dass Einstellungen und veränderte Kundenbedürfnisse nicht mehr übereinstimmen!

Bei der folgenden Übersicht ersehen Sie, wie sich bei unserem Verkäufer veränderte Kundenbedürfnisse, neue Vorschläge und veraltete Einstellungen gegenseitig ausschließen.

### Der kritische Veränderungsprozess unseres Autoverkäufers

| Veränderte Umwelt- und Kundenbedürfnisse | Vorschlag/Idee | Ablehnende innere Einstellung |
|---|---|---|
| Willenskraft und Begeisterung allein erschöpfen frühzeitig, sie müssen durch bessere Strategien ergänzt werden | Aus Fehlern und Schwächen zu lernen und die Erkenntnisse aus den Feedbackgesprächen mit seinem Verkaufsleiter umzusetzen | Verkaufskonzepte mit einer geplanten Schritt-für-Schritt-Vorgehensweise liegen mir nicht. |

| Veränderte Umwelt- und Kundenbedürfnisse | Vorschlag/Idee | Ablehnende innere Einstellung |
|---|---|---|
| Wenn wenig Kunden in den Laden kommen, muss der Verkäufer auf neue Kunden zugehen | Kaltakquise in einem Stadtteil | Kunden mit Kaltakquise zu überrumpeln passt nicht zu einer Premium-Marke |
| Kunden kleinerer Modelle halten das Geld mehr zurück, sind preissensibler und bewirken ein rückläufiges Einkommen bei dem Verkäufer | Kunden höherwertiger Modelle gezielter ansprechen und sich in ihre speziellen Bedürfnisse einzuarbeiten | Ich habe bisher nur sehr wenig Kunden höherer Modelle beraten. Sie sind mir nicht so vertraut wie meine bisherigen Kunden |
| Kunden erwarten eine aktive Betreuung, mit begeisternden Erfahrungen, sonst verlieren sie aufgrund des fehlenden emotionalen Mehrwerts den Verkäufer und den Kauf eines Neuwagens bei ihm aus den Augen. Zufriedene Kunden sind die beste Chance zu gutem Kunden-Feedback und neuem Wachstum | Alte Kunden nach neuen Käufen und Empfehlungen ansprechen | Das halte ich für ein Anbiedern, das mir nicht liegt und das auch nicht zu einer Premium-Marke passt |
| Topverkäufer sind so erfolgreich, weil sie sich am besten auf die veränderten Kunden-Bedingungen anpassen können | Dem besten Verkäufer über die Schulter schauen | Der ist seit 15 Jahren im Geschäft und hat viel mehr Stammkunden als ich: Bei dem ist es ganz anders! |
| Neukundenakquise wird immer teurer, zeitaufwendiger und schwieriger; die Kundenloyalität nimmt mehr ab; Topzufriedene Kunden bieten die einzige Wachstumschance und außerdem das beste Feedback für neue Verbesserungen | Jedem Kunden die ultimative Frage nach seiner Empfehlungsbereitschaft stellen | Das ist mir gleich nach dem Kauf zu aufdringlich, das passt nicht zu einer Premium-Marke |
| Kunden erwarten heute vom Verkäufer über die gute Beratung hinaus auch noch einen Zusatznutzen und einen besonderen emotionalen Mehrwert | Seinen Kunden bessere und intensive Kundenbindungsmaßnahmen anbieten | Ich tue alles, um meine Kunden kompetent, fair und engagiert zu beraten: Das muss genügen! |

Doch es gab noch eine glückliche Wendung und die kam so: Als er eines Tages wieder niedergeschlagen nach Hause kam und seiner Frau die Monatsabrechnung seiner Provisionen vorlegte, stellte sie ihm nur eine einzige Frage: »Und wovon sollen wir und dein Kind leben?« Das brachte ihn endlich zum **Umdenken**. Dieser Schock und die Empfehlungen seines Verkaufsleiters änderten seine Einstellungen und brachten ihm schlagartig Erfolg. Schon zwei Tage später schaffte er seinen ersten Verkauf und drei Monate später gehörte er wieder zu den besten Verkäufern. Und wir erkennen:

> Nichts bewirkt so schnell neue Erfolge wie veränderte Einstellungen gegenüber veränderten Kundenbedürfnissen!

## 7 Empfehlungen, wie man neue Einstellungen gewinnt

### 1. Lernfähigkeit steigern:

Matern sollte sich daran erinnern, wie er schon früher durch neue Erkenntnisse spontan neue Erfolge erreichte. Zum Beispiel beim Sport durch verstärkten Kampfgeist. Das sollte ihn motivieren, auch im Verkauf neue Einstellungen und Strategien in Angriff zu nehmen.

### 2. Kaltakquise in Angriff nehmen:

Er sollte die Kaltakquise nicht als Klinkenputzerei ansehen, sondern als Kontaktchancen, indem er bei neuen Kunden zunächst nur sein Autohaus und sich selbst als zuständigen Betreuer vorstellt. Und er sollte jeden Druck vermeiden, indem er vorerst auf Verkaufsgespräche verzichtet und die Kunden zunächst nur über aktuelle Aktionen seines Autohauses informiert und sie auf eine Tasse Kaffee in seinem Autohaus einlädt.

### 3. Neue Kundenzielgruppe ansprechen:

Er sollte sich daran erinnern, dass er sich auch bei seiner Frau zuerst in ihre Wünsche einfühlen und für ihre Ansichten interessieren musste, um sie so zu gewinnen. Genauso sollte er sich zuerst für die Wünsche einer neuen Kundenzielgruppe für höherwertige Modelle interessieren.

**4. Kunden nach neuen Käufen und Empfehlungen fragen:**
Er sollte sich bei fehlenden Kunden bewusst machen, dass Stammkunden und Empfehlungen heute die beste Chance für profitables Wachstum bieten. Und damit er nicht gleich mit der Türe ins Haus fällt, sollte er die Anrufe bei seinen Bestandskunden mit nützlichen Infos, z.B. mit günstigen Angeboten für Jahreswagen oder Sonderprämien für Gebrauchtwagen verbinden, sodass die Kunden sehen, dass er ihnen sogar beim Sparen helfen will.

**5. Von dem Besten lernen:**
Natürlich sollte er sich auch klar machen, dass er die Vorgehensweisen des Topverkäufers nicht einfach nachahmen kann, aber dass er genau beobachten kann, wie er es schafft, so viele Stammkunden und Empfehlungen zu erreichen. Und er sollte erkennen, was er im Umgang mit den Kunden anders macht.

**6. Kunden die ultimative Frage stellen:**
Er sollte sich bewusst machen, dass er durch die Frage nach Empfehlungen das beste Feedback und die besten Hinweise bekommt, wie er die Zufriedenheit seiner Kunden steigern kann. Und er sollte sich im Vergleich zur Neukundenakquise die viel besseren Erfolgschancen durch eine starke Kundenbindung vorstellen.

**7. Bessere Kundenbindungsmaßnahmen:**
Er sollte sich bewusst machen, wie hoch der Kapitalwert eines Kunden in 25 Jahren ist, wenn er alle vier Jahre ein neues Auto kauft und was es ihm bringt, wenn jeder Stammkunde ihm pro Jahr nur eine Empfehlung gibt, die zum Erfolg führt.

**Ihr persönlicher Test:**

1. Überlegen Sie, wie sich die Bedürfnisse Ihrer Kunden in letzter Zeit verändert haben und welche Auswirkungen das hat (z. B. weniger Kundenanfragen)!
2. Überlegen Sie dann, welche Gründe hinter diesen Veränderungen liegen (z. B. dass die Kunden mehr Service erwarten) und ob Ihre Einstellungen noch diesen veränderten Bedürfnissen entsprechen (z. B. die Bereitschaft zu verstärkten Serviceleistungen und Betreuungsmaßnahmen)!
3. Überlegen Sie, wie Ihre neuen Einstellungen aussehen müssten und wie Sie sich dazu motivieren könnten (z. B. durch das letzte Kapitel »Die beste Wachstumsformel aller Zeiten«[15] und die Angst vor weiteren Umsatzeinbußen)!
4. Überlegen Sie, welche Maßnahmen für diese Veränderungen am besten passen (z. B. regelmäßige Kundenkontakte nach dem Kauf)!

# Schlusswort

»Ich glaube fest daran, dass das Leben ständige Anpassung bedeutet.«

*Maxwell Maltz*

Liebe Leserin, lieber Leser!

Sie haben viel über Veränderungen gehört. Und Sie wissen, dass eine schnelle Anpassung die größte Erfolgschance in der Zukunft darstellt. Mit welchen Veränderungen wollen Sie also anfangen?

Vorschlag 1: Lesen Sie noch mal das Kapitel durch, das Ihnen am besten gefallen hat! Das Sie emotional am meisten berührt hat! Warum? Weil da Ihre größte Herausforderung und zugleich Ihre größte Erfolgschance verborgen liegt! Denn Ihr emotionaler Impuls signalisiert Ihnen nur eins: Da gibt es etwas, das Sie verändern sollten!

Vorschlag 2: Lesen Sie noch mal das Kapitel 6 mit den Spielzeug-Verkäufern durch. Es ist mein Lieblingskapitel. Warum? Weil diese Topverkäufer sich nicht nur von ihren Konkurrenten durch einzigartige Angebote abheben, sondern sich auch untereinander unterscheiden und damit alle sehr erfolgreich sind.

Das beweist nur eins: **Alle Topverkäufer in diesem Buch sind megaerfolgreich, weil sie sich durch einzigartige Angebote oder einzigartige Vorgehensweisen unterscheiden!** Und weil sie wissen, dass nichts die Kunden so stark zum Kauf verführt und sie so langfristig bindet wie immer wieder etwas »Einzigartiges« zu bekommen. Diese Einzigartigkeit ist so erfolgreich, weil es das evolutionäre Erfolgsprinzip schlechthin ist! Denken Sie nur an Frank Sinatra und sein berühmtes Lied: **»I did it my way!«**

Diese Einzigartigkeit sollten Sie anstreben! Und aus Ihrem Produkt ein einzigartiges Angebot machen! Um selbst einzigartig zu werden! Denn es gibt nichts, was im Verkauf so schnell eine positive Kettenreaktion nach sich zieht wie das Gefühl, einzigartig zu sein.



*Die Neuen Spielregeln im Verkauf.* Hans Christian Altmann

ISBN: 978-3-527-50484-8

# Quellenangaben und Literaturverzeichnis


**1** Fred Reichheld: *Die ultimative Frage,* München, 2006, S. 43

**2** Vgl. Sonderdruck 11, Peter M. Gollwitzer: *Suchen, Finden und Festigen der eigenen Identität: Unstillbare Zielintentionen,* ohne Ort und Jahresangabe

**3** Vgl. Sonderdruck, Robert A. Wicklund und Peter M. Gollwitzer: »Symbolische Selbstergänzung«, in: D. Frey & M. Irle: *Theorien der Sozialpsychologie,* Bern: Huber, 1985

**4** Vgl. Ernst Pöppel: *Was kann die Hirnforschung zur Markenführung beitragen?,* überarbeitete Fassung eines Vortrages, 2003

**5** Vgl. »Und, wie schlecht geht es dir?«, und: »Kleine Fluchten«, beide in: *Süddeutsche Zeitung* vom 28. Febr./1. März 2009, »Wenn kein neuer Kühlschrank drin ist, soll der alte gut gefüllt sein«, in: *Süddeutsche Zeitung* vom 5. März 2009

**6** Vgl. Micha Hilgers: »Wir werden Umwelt neu denken müssen«, in: *Psychologie Heute,* Mai 2008, S 32–35

**7** Vgl. Heiko Ernst: »Herz plus Hirn: Emotionale Intelligenz im Alltag«, in: *Psychologie Heute,* Februar 2005, S. 20–27, und Heiko Ernst: »Warum positive Gefühle so wichtig sind«, in: *Psychologie Heute,* Januar 2006, S 20–27.

**8** Alle Beispiele und Zahlenangaben stammen aus Fred Reichheld, a. a. O.

**9** Arie de Geus: *Jenseits der Ökonomie,* Stuttgart, 1997, S 7

**10** Vgl. *RESULTS* 02/2007 und 03/2008 von BAIN & COMPANY, München

**11** Vgl. Accenture-Studie: *Viele Kunden von Autohändlern enttäuscht,* Internet-Ausdruck, 2008

**12** Arie de Geus, a. a. O., S 151 ff.

**13** Arie de Geus, a. a. O., S 150

**14** Arie de Geus, a. a. O., S 104

**15** Fred Reichheld, a. a. O.




*Die Neuen Spielregeln im Verkauf.* Hans Christian Altmann

ISBN: 978-3-527-50484-8

# Wie gehen Sie weiter vor?

Lesen ist gut. Aber den Erfolg – neue Umsätze und Provisionen – bringt erst die gekonnte Umsetzung. Beschleunigen Sie Ihren Erfolg durch die folgenden Möglichkeiten:

1. Rufen Sie im Internet meine Webseite *www.dr-hc-altmann.de* auf und klicken Sie für weitere, **aktuelle Informationen** »Die Neuen Spielregeln im Verkauf« an.
2. Erkundigen Sie sich hier auch nach aktuellen **Vorträgen** und **Seminaren** zum Thema »Die Neuen Spielregeln im Verkauf«.
3. Lassen Sie sich zur Verstärkung Ihrer neuen Erfolgsziele auch von den folgenden **Bestsellern** von Dr. Hans Christian Altmann inspirieren:
   **»Kunden kaufen nur von Siegern«**, in 8. Auflage, über 50 000 Leser! 32 Euro
   **»Mut zu neuen Kunden«**, in 7. Auflage, 32 Euro
   (Beide Bücher können Sie über eine Buchhandlung bestellen)
   **»Erfolgreicher verkaufen durch Positives Denken«**, in 7. Auflage! (Die Auflage ist vergriffen! Rest-Exemplare können Sie zum Preis von 16 Euro beim Autor telefonisch bestellen, solange der Vorrat reicht.)
4. Wenden Sie sich bei **Vorträgen** für Tagungen oder Ihre Verkaufsteams bitte an:
   Dr. Hans Christian Altmann
   Managementtraining
   Widmannstr. 8 a
   82110 Germering
   Tel. 089/8414700
   *www.dr-hc-altmann.de*



*Die Neuen Spielregeln im Verkauf.* Hans Christian Altmann

ISBN: 978-3-527-50484-8